Pedro G. Ferreira

DIE PERFEKTE THEORIE

Pedro G. Ferreira

DIE PERFEKTE THEORIE

Das Jahrhundert der Genies
und der Kampf um die Relativitätstheorie

*Aus dem Englischen
von Norbert Juraschitz
und Friedrich Pflüger*

C. H. Beck

Titel der amerikanischen Originalausgabe:
The Perfect Theory. A Century of Geniuses and the Battle over General Relativity
Copyright © 2014 by Pedro G. Ferreira. All rights reserved
Zuerst erschienen bei Houghton Mifflin Harcourt, Boston/New York 2014

Für die deutsche Ausgabe:
© Verlag C. H. Beck oHG, München 2014
Gesetzt aus der Adobe Garamond Pro und der TheSans: Janß GmbH, Pfungstadt
Druck und Bindung: CPI – Ebner & Spiegel, Ulm
Umschlaggestaltung: Anzinger | Wüschner | Rasp, München
Umschlagabbildung: © Nick Servian/Robert Harding/plainpicture
Gedruckt auf säurefreiem, alterungsbeständigem Papier
(hergestellt aus chlorfrei gebleichtem Zellstoff)
Printed in Germany
ISBN 978 3406 66047 4

www.beck.de

*Für Gisa, Bruno
und Mia*

Inhalt

Vorwort

Am 6. November 1919 erhob sich Arthur Eddington bei einer gemeinsamen Versammlung der Royal Society und der Royal Astronomical Society und läutete mit seiner Verlautbarung sang- und klanglos den Untergang des bislang herrschenden Paradigmas der Gravitationslehre ein. Der Astronom aus Cambridge beschrieb feierlich und etwas langatmig seine Reise zu der kleinen, üppig bewachsenen Insel Príncipe vor der westafrikanischen Küste, wo er mit einem Teleskop Bilder einer totalen Sonnenfinsternis aufgenommen hatte, und wies dabei insbesondere auf einen blassen Sternenhaufen im Hintergrund hin. Durch genaue Bestimmung der Position dieser Sterne konnte Eddington nachweisen, dass die von Isaac Newton, dem Schutzheiligen der britischen Wissenschaften, aufgestellte Gravitationstheorie, die mehr als zwei Jahrhunderte lang als Wahrheit gegolten hatte, nicht stimmte. Er forderte, dass eine neue und korrekte Theorie an ihre Stelle treten müsse – die von Albert Einstein vorgeschlagene «allgemeine Relativitätstheorie».

Schon damals war Einsteins Theorie für ihr Erklärungspotenzial bezüglich des Universums ebenso bekannt wie für ihre Unverständlichkeit. Nach dem offiziellen Programm, und bevor sich alles ins abendliche London zerstreute, standen Publikum und Redner noch etwas beisammen, und der polnische Physiker Ludwik Silberstein schlenderte zu Eddington hinüber. Silberstein, selbst Autor eines Buchs über Einsteins enger gefasste «spezielle Relativitätstheorie», hatte Eddingtons Vortrag mit großem Interesse verfolgt und erklärte nun: «Professor Eddington, Sie müssen einer der drei Menschen auf der Welt sein, die die allgemeine

Relativität verstanden haben.» Als Eddington nicht gleich antwortete, fügte er an: «Nur keine falsche Bescheidenheit, Eddington.» Der Angesprochene nahm ihn scharf ins Visier und entgegnete: «Ganz im Gegenteil. Ich überlege, wer die dritte Person sein könnte.»[1]

Schon zu der Zeit, als ich Einsteins allgemeine Relativitätstheorie für mich selbst entdeckte, musste Silbersteins Zahl höchstwahrscheinlich nach oben korrigiert werden. Das war zu Beginn der 1980er Jahre, als Carl Sagan in der Fernsehserie *Unser Kosmos* erklärte, wie sich Raum und Zeit ausdehnen und gleichzeitig schrumpfen können. Ich bat meinen Vater sofort, mir die Theorie zu erklären. Er konnte aber nur dazu sagen, dass sie sehr, sehr schwierig zu verstehen sei. «Kaum jemand versteht die allgemeine Relativitätstheorie», meinte er. So leicht ließ ich mich aber nicht davon abbringen. Etwas an dieser bizarren Theorie mit ihren verformten Gittern aus Raumzeit, die sich um tiefe, trostlose Abgründe des Nichts krümmen, übte eine gewaltige Anziehungskraft aus. Die Auswirkungen der allgemeinen Relativität konnte ich in alten Folgen von *Raumschiff Enterprise* sehen, wenn der Sternenkreuzer von einem Schwarzen Stern in der Zeit zurückkatapultiert wurde oder wenn sich Captain James T. Kirk mit den verschiedenen Dimensionen der Raumzeit vertat. War das denn wirklich so schwer zu verstehen?

Wenige Jahre später ging ich an die Universität von Lissabon und studierte Ingenieurwesen in einem für die faschistische Architektur des Salazar-Regimes typischen monolithischen Klotz aus Stein, Eisen und Glas. Passender hätte die Umgebung nicht sein können für die endlosen Vorlesungen, in denen man uns so nützliche Dinge beibrachte wie Computer, Brücken und Maschinen zu bauen. Manche von uns beschäftigten sich in der Freizeit als willkommene Abwechslung vom endlosen Büffeln mit moderner Physik, und wir alle träumten davon, Albert Einstein zu sein. Hin und wieder tauchte etwas von seinen Gedanken in unseren Vorlesungen auf. Wir lernten den Zusammenhang zwischen Energie und Masse und erfuhren, dass Licht aus Teilchen besteht. Als elektromagnetische Wellen an die Reihe kamen, führte man uns in Einsteins spezielle Relativitätstheorie ein. Diese hatte er 1905 entwickelt, im zarten Alter von 26 Jahren – nur wenig älter als wir selbst. Ein vergleichsweise fortschrittlicher Dozent riet uns, Einsteins Publikationen im Original zu lesen. Diese entpuppten sich als Muster an Prägnanz und Klarheit und standen in krassem Gegensatz zu den weitschweifigen Übungsaufgaben, die wir zu lösen hatten. Die allgemeine Relativitätstheorie, mit der Einstein die Raumzeit einführte, gehörte allerdings nicht zum Lehrplan.

Irgendwann beschloss ich, mir die allgemeine Relativitätstheorie selbst beizubringen. Beim Stöbern in der Bibliothek der Universität stieß ich auf eine faszinierende Sammlung von Monographien und Lehrbüchern der berühmtesten Physiker und Mathematiker des 20. Jahrhunderts. Da war Arthur Eddington, der königliche Astronom aus Cambridge; der Göttinger Geometer Hermann Weyl; Erwin Schrödinger und Wolfgang Pauli, beide Väter der Quantenphysik – und jeder mit seiner eigenen Ansicht, wie Einsteins Theorie zu vermitteln sei. Ein Wälzer von mehr als 1000 Seiten voller blumiger Anmerkungen dreier Relativisten aus Princeton erinnerte eher an ein riesiges schwarzes Telefonbuch. Ein vom Quantenphysiker Paul Dirac verfasstes Bändchen brachte es dagegen gerade einmal auf 70 Seiten. Mir war, als wäre ich in ein neues Universum der Ideen voller faszinierender Persönlichkeiten eingetreten.

Ihr Gedankengut war nicht leicht zu verstehen. Ich musste lernen, auf eine völlig neue Weise zu denken, und war dabei angewiesen auf eine anfangs kaum zu begreifende Geometrie und aberwitzige Mathematik. Wer Einsteins Theorie entschlüsseln wollte, musste diese mathematische Fremdsprache meistern. Damals wusste ich noch nicht, dass es Einstein beim Austüfteln seiner Theorie nicht anders ergangen war. Aber welche ungeahnten Möglichkeiten eröffneten sich, wenn man sich das nötige Vokabular und die Grammatik einmal angeeignet hatte! In diesem Moment begann meine lebenslange Liebe zur allgemeinen Relativitätstheorie.

Es mag wie eine maßlose Übertreibung klingen, aber ich kann der Versuchung nicht widerstehen: Wer sich Albert Einsteins allgemeine Relativitätstheorie aneignet, erhält zum Lohn nichts Geringeres als den Schlüssel zur Geschichte des Universums, zum Beginn der Zeit und der Entstehung der Sterne und Galaxien des Weltalls. Die allgemeine Relativität verrät uns, was in den entlegensten Fernen des Universums zu finden ist, und erklärt, in welcher Weise dieses Wissen unsere Existenz hier und heute beeinflusst. Einsteins Theorie wirft außerdem Licht auf das, was sich in den allerkleinsten Maßstäben abspielt, wo aus dem Nichts Teilchen höchster Energie entstehen können. Sie erklärt, wie

Raum und Zeit selbst als stoffliche Grundlagen der Wirklichkeit in Erscheinung treten und zu tragenden Säulen der Natur werden.

Bei der intensiven Beschäftigung wurde mir klar, dass Raum und Zeit mit der allgemeinen Relativitätstheorie eigentlich erst zum Leben erweckt wurden. Der Raum war fortan nicht mehr bloß ein Ort, wo Dinge existierten, und die Zeit keine tickende Uhr, um die Dinge im Auge zu behalten. Bei Einstein sind Raum und Zeit in einem kosmischen Tanz vereint und werden von allem beeinflusst – vom kleinsten Partikel bis zur größten Galaxie. Dabei verweben sie sich zu komplizierten Mustern, die äußerst bizarre Wirkungen hervorrufen können. Im Grunde seit dem Moment ihrer Entstehung half die Theorie beim Erforschen der Natur. Das Universum erwies sich nun als dynamisches Gebilde, das sich mit halsbrecherischer Geschwindigkeit ausdehnt. Es steckt voller verheerender Fehlstellen in Raum und Zeit, «Schwarze Löcher» genannt, und wird durchmessen von ungeheueren Wellen, jede annähernd mit dem Energiegehalt einer ganzen Galaxie. Die allgemeine Relativitätstheorie hat uns weiter vordringen lassen, als wir uns je hätten vorstellen können.

Und noch etwas an der allgemeinen Relativitätstheorie imponierte mir von Anfang an: Obwohl Einstein nur ein knappes Jahrzehnt zu ihrer Ausarbeitung benötigte, ist sie seither völlig unverändert geblieben. Seit beinahe einem Jahrhundert gilt sie vielen als perfekte Theorie, zutiefst bewundert von allen, die das Vorrecht genießen, sich mit ihr befassen zu können. Ihre Stabilität ist sprichwörtlich, sie gilt als Kernpunkt des modernen Denkens und genießt als kulturelle Errungenschaft den gleichen Rang wie die Sixtinische Kapelle, Bachs Cellosuiten oder ein Film von Antonioni. Die allgemeine Relativitätstheorie lässt sich kurz und knapp in einer Reihe von Gleichungen und Regeln zusammenfassen. Diese sind nicht nur sehr elegant, sie verraten uns auch etwas über die reale Welt. Sie erlauben Vorhersagen über das Universum, die sich durch Beobachtungen bestätigen lassen. Einer verbreiteten Überzeugung nach sind in der allgemeinen Relativitätstheorie sogar noch weitere tiefe Geheimnisse versteckt, die nur darauf warten, aufgedeckt zu werden. Was mehr konnte ich mir wünschen?

Fünfundzwanzig Jahre lang war die allgemeine Relativitätstheorie Teil meines Alltags. Sie war Gegenstand meiner Forschung und bildete die Basis von vielem, das meine Mitarbeiter und ich zu verstehen versuchten. Dabei stehe ich mit meiner Begegnung mit Einsteins Theorie keineswegs allein; auf der ganzen Welt habe ich Menschen getroffen, die in ähnlicher Weise Feuer gefangen haben und ihr Leben damit zubringen, die Rätsel der Theorie zu lösen. Und ich meine wirklich die ganze Welt. Von Kinshasa bis Krakau, von Canterbury bis Havanna schickt man mir regelmäßig wissenschaftliche Arbeiten über neue Lösungen oder sogar mögliche Veränderungen an der allgemeinen Relativitätstheorie. Einsteins Theorie mag schwer zu verstehen sein, aber dafür ist sie demokratisch; gerade weil sie schwierig und widerspenstig ist, bleibt noch so viel zu tun, bis sie in ihrer gesamten Auswirkung verstanden ist. Und jeder, der nur über Bleistift, Papier und Ausdauer verfügt, kann sich daran beteiligen.

Nur zu oft habe ich gehört, wie Doktorväter ihren Studenten aus Angst um deren Berufsaussichten von der Arbeit an der allgemeinen Relativitätstheorie abrieten. Vielen ist sie zu abgehoben. Wer sein Leben der allgemeinen Relativitätstheorie widmet, tut es höchstwahrscheinlich aus einer unwillkürlichen Berufung heraus, als eine Art Liebesdienst. Hat es einen aber einmal gepackt, dann ist es so gut wie unmöglich, diese Gedankenwelt hinter sich zu lassen. Kürzlich traf ich einen der Hauptakteure für die Modellierung des Klimawandels. Er ist ein echter Pionier seines Fachgebiets, Mitglied der Royal Society und Experte für Wetter- und Klimaprognosen – einem noch immer höllisch vertrackten Forschungsfeld. Damit hat er aber nicht immer seinen Lebensunterhalt bestritten, denn als junger Mann in den 1970er Jahren studierte er die allgemeine Relativitätstheorie. Das lag nun fast 40 Jahre zurück, doch als wir uns kennen lernten, gestand er etwas wehmütig: «Eigentlich bin ich ein Relativist.»

Ein Freund von mir hat schon vor einiger Zeit der Wissenschaft den Rücken gekehrt, nach 20 Jahren Arbeit an Einsteins Theorie. Jetzt ist er bei einer Softwarefirma beschäftigt, für die er Systeme zum Speichern großer Datenmengen entwickelt und einrichtet. Er fliegt in der ganzen Welt herum und installiert bei Banken, Unternehmen und Regierungsstellen hochkomplexe und teure Datenspeicher. Aber wann immer wir uns treffen, löchert er mich mit Fragen oder verrät mir seine neuesten Ideen über die allgemeine Relativitätstheorie. Er kommt einfach nicht davon los.

Was mich an der Theorie ebenfalls verblüfft, ist die Tatsache, dass sie auch fast 100 Jahre nach ihrer Formulierung noch immer zu neuen Erkenntnissen führt. Angesichts der ungeheuren Gedankenleistung, die ihr gewidmet worden ist, hätte ich angenommen, dass sie seit Jahrzehnten verstaubt und zu den Akten gelegt sein müsste. Sie mag schwierig zu begreifen sein, aber müssen die Erkenntnisse, die sie uns liefert, nicht auch ihre Grenzen haben? Sind denn Schwarze Löcher und ein expandierendes Weltall nicht genug? Im Laufe meiner langen Auseinandersetzung mit Einsteins Theorie und im persönlichen Austausch mit vielen brillanten Köpfen, die an ihr gearbeitet haben, ist mir klar geworden, dass die Geschichte der Relativitätstheorie einen Stoff bietet, der kaum weniger faszinierend und komplex ist als die Theorie selbst. Die Antwort auf die Frage, warum die Theorie noch immer so lebendig ist, liegt in ihrer wechselvollen, fast ein Jahrhundert während Geschichte verborgen.

Dieses Buch ist die Biographie der allgemeinen Relativitätstheorie. Einsteins Gedanken über den Zusammenhang zwischen Raum und Zeit haben längst ein Eigenleben entwickelt und den gescheitesten Köpfen des 20. Jahrhunderts gleichermaßen Freude und Frustration beschert. Die Theorie hat ständig neue und befremdliche Erkenntnisse über die Natur zutage gefördert, die auch Einstein selbst nur schwerlich akzeptieren konnte. Bei ihrer Weitergabe von einem Kopf zum nächsten haben sich immer wieder unerwartete Entdeckungen ergeben, und das in den merkwürdigsten Situationen. Das Konzept der Schwarzen Löcher entstand auf den Schlachtfeldern des Ersten Weltkriegs und wurde von den Vätern der amerikanischen *und* der russischen Atombombe zur Reife gebracht. Ein belgischer Priester und ein russischer Mathematiker und Meteorologe postulierten als Erste die Expansion des Universums. Neue und seltsame astronomische Objekte, die bei der Durchsetzung der allgemeinen Relativitätstheorie eine entscheidende Rolle spielten, wurden mehr oder weniger zufällig entdeckt. So kam Jocelyn Bell den Neutronensternen mit Maschendraht auf die Spur, das sie in den Marschen der Cambridge Fens über einem zusammengenagelten Lattengerüst aufspannte.

Die allgemeine Relativitätstheorie war Gegenstand der vielleicht bedeutendsten intellektuellen Auseinandersetzungen des 20. Jahrhunderts. In Nazideutschland war sie Ziel einer Hetzkampagne, in Russland unter Stalin wurde sie verfolgt und im Amerika der 1950er Jahre wenig geschätzt. Im Kampf um die Weltformel traten die Großen aus Physik und Astronomie in ihrem Namen in den Ring. Es ging darum, ob alles mit einem großen Knall begann oder das Universum schon seit Ewigkeit besteht, und um die grundlegende Struktur von Raum und Zeit. Die Theorie ließ sogar politische Blöcke näher aneinanderrücken, als sich mitten im Kalten Krieg sowjetische, britische und amerikanische Wissenschaftler zusammentaten, um den Ursprung der Schwarzen Löcher aufzuklären.

Dabei spielt die Geschichte der Relativitätstheorie nicht nur in der Vergangenheit. Erst in den letzten zehn Jahren ist klar geworden, dass der größte Teil des Weltalls – sofern die allgemeine Relativitätstheorie zutrifft – dunkel ist. Der Raum ist voller Materie, die nicht nur kein Licht ausstrahlt, sondern auch keines reflektiert oder absorbiert, was sich durch Beobachtungen bestätigen lässt. Fast ein Drittel des Weltalls scheint aus dunkler Materie zu bestehen – schwerem, unsichtbarem Zeug, das die Galaxien wie eine Wolke wütender Bienen umschwärmt. Die anderen zwei Drittel bildet eine flüchtige Substanz, die sogenannte dunkle Energie, die den Raum auseinandertreibt. Nur vier Prozent des Universums bestehen aus dem, womit wir vertraut sind: Atomen. Wir sind völlig unbedeutend. *Falls* Einsteins Theorie stimmt. Es wäre aber auch möglich, dass wir ihre Grenzen erreichen und die allgemeine Relativität langsam erste Risse zeigt.

Auch für die neue Fundamentaltheorie der Natur, die derzeit theoretische Physiker gegeneinander aufbringt, ist Einsteins Theorie von entscheidender Bedeutung. In der Stringtheorie wird versucht, über Newton und Einstein hinauszugehen und *alles* in der Natur zu vereinheitlichen; dies geschieht auf der Grundlage komplizierter Raumzeiten mit seltsamen geometrischen Proportionen in höheren Dimensionen und ist mithin noch esoterischer als Einsteins Gedankenmodell. Viele bejubeln sie als endgültige Lösung. Andere halten sie für eine romantische Einbildung ohne wissenschaftlichen Wert. Wie eine Sekte von Abtrünnigen würde es die Stringtheorie ohne die allgemeine Relativitätstheorie gar nicht geben, aber viele Relativisten betrachten sie mit großer Skepsis.

Dunkle Materie, dunkle Energie, Schwarze Löcher und String-theorie sind allesamt Früchte der Relativitätstheorie und als solche dominieren sie Physik und Astronomie. Bei meinen Vorträgen an verschiedenen Universitäten, bei Workshops und Sitzungen der Euro-päischen Weltraumorganisation ESA, die viele wichtige Wissenschafts-satelliten beaufsichtigt, ist mir klar geworden, dass wir in der moder-nen Physik gerade einen fundamentalen Umbruch erleben. Talentierte junge Physiker gehen heute mit einem Erfahrungsschatz an die all-gemeine Relativitätstheorie heran, den Genies über ein ganzes Jahr-hundert zusammengetragen haben. Sie rücken Einsteins Theorie mit beispielloser Rechenleistung auf den Leib, erproben alternative Gra-vitationstheorien, die Einsteins Theorie entthronen könnten, und suchen den Kosmos nach exotischen Objekten ab, die womöglich die Grundsätze der allgemeinen Relativität bestätigen oder auch wider-legen. Gleichzeitig entstehen immer größere Apparaturen, um weiter und mit größerer Klarheit denn je ins Weltall zu blicken, und Satelli-ten, die auf ihrem Weg die unglaublichen Vorhersagen testen sollen, die uns – wie es scheint – die allgemeine Relativitätstheorie aufgebür-det hat.

Die Geschichte der allgemeinen Relativitätstheorie ist großartig und allumfassend, und sie muss erzählt werden, denn das 21. Jahrhundert ist angebrochen und noch immer sind viele durch sie aufgeworfene Fragen und großartige Entdeckungen nicht befriedigend geklärt. In den kom-menden Jahren wird sich etwas Bedeutsames ereignen, und wir müssen die Ursachen verstehen. War das 20. Jahrhundert vor allem von der Quantenphysik bestimmt, so hege ich die Vermutung, dass das 21. Jahr-hundert ganz im Zeichen von Einsteins allgemeiner Relativitätstheorie stehen wird.

Kapitel 1

Wenn sich eine Person
im freien Fall befindet

Im Herbst 1907 arbeitete Albert Einstein unter großem Druck. Man hatte ihn gebeten, für das *Jahrbuch der Radioaktivität und Elektronik* eine maßgebliche Zusammenfassung seiner Relativitätstheorie zu erstellen – keine leichte Aufgabe, denn die Frist war kurz und Einstein konnte sich nur in seiner Freizeit damit beschäftigen. Von Montag bis Freitag arbeitete er von 8.00 bis 18.00 Uhr im Schweizer Patentamt in Bern, im neu erbauten Post- und Telegrafengebäude, wo er Konstruktionszeichnungen neuartiger elektrischer Gerätschaften auf ihre Tauglichkeit prüfte. Sein Vorgesetzter hatte ihm eingeschärft: «Wenn Sie ein Gesuch zur Hand nehmen, dann denken Sie, es sei alles falsch, was der Erfinder sagt»,[1] und er nahm sich diesen Rat zu Herzen. Den größten Teil des Tages verbannte er die Notizen und Berechnungen für seine eigenen Theorien und Entdeckungen in sein «Büro für theoretische Physik», wie er die zweite Schublade seines Schreibtischs nannte.

Einsteins Text war als Rekapitulation seiner triumphalen Vermählung der klassischen Mechanik von Galileo Galilei und Isaac Newton mit den neuen Lehren der Elektrizität und des Magnetismus von Michael Faraday und James Clerk Maxwell gedacht. Sein Ziel war, eine Reihe merkwürdiger Auswirkungen der Theorie zu erläutern, die ihm im Lauf der Jahre aufgefallen waren – wie Uhren, die langsamer gehen, wenn sie bewegt werden, oder Gegenstände, die bei hoher Geschwindigkeit schrumpfen. Darüber hinaus erklärte der Text die seltsame, magische Gleichung, der zufolge Masse und Energie austauschbar sind, sowie die Tatsache, dass sich nichts schneller als mit Lichtgeschwindigkeit bewegen kann. Nach dieser Abhandlung sollte sich fast die gesamte Physik durch ein neues, allgemeines Regelwerk beherrschen lassen.

Im Jahr 1905 hatte Einstein innerhalb weniger Monate eine Reihe von Publikationen verfasst, die in kurzer Zeit die Physik veränderten. Teil dieses kreativen Ausbruchs war die Erkenntnis, dass sich Licht – ähnlich wie Materiepartikel – wie Energiebündel verhielt. Das chaotische Zittern von Pollen und Staubteilchen in einer Schale voll Wasser hatte er mit der heftigen Bewegung schwingender und aneinanderstoßender Wassermoleküle erklärt. Und er war ein Problem angegangen, das Physiker beinahe ein halbes Jahrhundert geplagt hatte: Warum verhielten sich die physikalischen Gesetze verschieden, je nachdem, wie man sie betrachtete? Mit dem Relativitätsprinzip hatte er sie miteinander in Einklang gebracht.

All diese erstaunlichen Entdeckungen hatte er gemacht, während er als technischer Experte dritter Klasse im Schweizer Patentamt in Bern wissenschaftliche und technische Neuerungen prüfte. Im Jahr 1907 hatte er den ersehnten Sprung in die akademische Karriere noch immer nicht geschafft, und für jemanden, der gerade wichtige Grundregeln der Physik umgeschrieben hatte, wirkte Einstein ziemlich mittelmäßig. Beim Studium an der Eidgenössischen Technischen Hochschule (ETH) in Zürich war er allenfalls dadurch aufgefallen, dass er Vorlesungen, die ihn nicht interessierten, schwänzte und gelegentlich genau die Menschen gegen sich aufbrachte, die seine Begabung hätten fördern können. Ein Professor erklärte ihm: «Sie sind ein sehr gescheiter Junge, Einstein, ein ganz gescheiter Junge. Aber Sie haben einen großen Fehler: Sie lassen sich nichts sagen!»[2] Als sein Diplomvater die Betreuung eines selbst gewählten Themas verweigerte, lieferte Einstein eine lustlos zusammengeschriebene Arbeit ab, deren Note seine Aussicht auf eine Assistentenstelle am Polytechnikum oder an anderen Universitäten, bei denen er sich beworben hatte, zunichtemachte.

Vom Abschluss des Diploms 1900 bis zur Anstellung am Patentamt 1902 erlebte er beruflich eine Serie von Fehlschlägen. Zu allem Übel wurde seine 1901 an der Universität Zürich eingereichte Dissertation im folgenden Jahr abgelehnt. In dieser Arbeit hatte er sich zum Ziel gesetzt, einige von dem großen theoretischen Physiker des ausgehenden 19. Jahrhunderts Ludwig Boltzmann vorgebrachte Gedanken zu widerlegen, aber Einsteins Bilderstürmerei wurde nicht gut aufgenommen. Erst im Jahr 1905 erlangte er mit seiner wegweisenden Arbeit über *Eine neue Bestimmung der Moleküldimensionen* den Doktorgrad. «Er [der Doktortitel] erleichtert den Verkehr mit den Menschen nicht unwesentlich nach meiner Erfahrung»,[3] wie ein neuerdings diplomatischer Einstein bemerkte.

Während sich Einstein weiterhin schwertat, kam sein Freund Marcel Grossman auf dem Weg zur Professorenwürde rasch voran. Er war zuverlässig, fleißig und bei seinen Lehrern beliebt und half Einstein mit seinen präzisen Vorlesungsmitschriften mehr als einmal aus der Patsche. Einstein, seine zukünftige Ehefrau Mileva Marić und Grossman schlossen beim gemeinsamen Studium in Zürich Freundschaft. Anders als Einstein machte Grossman anschließend rasch Karriere. Er wurde Hochschulassistent in Zürich und schloss 1902 seine Promotion ab. Nach einer kurzen Phase als Gymnasiallehrer wurde er Professor für darstellende Geometrie an der ETH. Einstein hatte nicht einmal eine Lehrerstelle bekommen. Erst durch Grossmans Vater, der ihn dem mit ihm befreundeten Leiter des Berner Patentamts empfahl, kam Einstein schließlich als Sachverständiger unter.

Die Anstellung im Patentamt war ein Segen. Nach Jahren der finanziellen Abhängigkeit vom Vater konnte er nun endlich Mileva heiraten und in Bern eine Familie gründen. Die monotone Arbeit im Patentamt mit ihren klar definierten Pflichten und wenigen Ablenkungsmöglichkeiten bot Einstein einen fast idealen Rahmen, um seinen Gedanken nachzugehen. Dazu hatte er genügend Zeit, denn die täglichen Pflichten ließen sich in wenigen Stunden erledigen. So saß er mit einigen Büchern und den Notizen aus dem «Büro für theoretische Physik» an seinem kleinen Schreibtisch und konstruierte Experimente im Kopf. In diesen Gedankenexperimenten stellte er sich Situationen und Apparaturen vor, mit denen sich physikalische Gesetze untersuchen ließen, um herauszufinden, was sie in der realen Welt wohl anstellen würden. Da er nicht über ein Labor verfügte, spielte er alles sorgfältig in Gedanken durch und inszenierte Vorgänge, die er dann wieder peinlich genau untersuchte. Seine mathematischen Kenntnisse reichten gerade aus, um die Ergebnisse zu Papier zu bringen, wobei präzise ausgearbeitete wissenschaftliche Kleinode entstanden, die der Physik eine neue Richtung geben sollten.

Im Patentamt war man mit seiner Arbeit zufrieden und beförderte ihn bald zum technischen Experten zweiter Klasse. Niemand ahnte etwas von seinem wachsenden Ruhm. Er arbeitete sich noch immer täglich durch sein Pensum an Patentanträgen, als der deutsche Physiker Johannes Stark ihm 1907 den Auftrag für einen Essay *Über das Relativitätsprinzip und die aus demselben gezogenen Folgerungen* erteilte. In zwei Monaten sollte die Arbeit vorliegen. Während dieser Zeit gelangte Einstein zu der Einsicht, dass sein Relativitätsprinzip noch unvollständig war. Er musste es noch einmal völlig überarbeiten, wenn es wirklich *allgemein* gültig sein sollte.

Der Aufsatz im *Jahrbuch* war als Zusammenfassung von Einsteins ursprünglichem Relativitätsprinzip gedacht. Diesem zufolge sollten die Gesetze der Physik in jedem Inertialsystem in gleicher Weise gelten. Die Grundidee dazu war nicht neu, sondern schon seit Jahrhunderten bekannt.

Die Gesetze der Physik und der Mechanik beschreiben, wie sich Dinge unter Einwirkung von Kräften bewegen, wie sie beschleunigt oder abgebremst werden. Im 17. Jahrhundert formulierte der englische Physiker und Mathematiker Isaac Newton hierzu eine Reihe von Gleichungen. Seine Bewegungsgesetze beschreiben, was geschieht, wenn zwei Billardkugeln zusammenstoßen, eine Kugel aus einem Gewehr abgefeuert oder ein Ball in die Luft geworfen wird.

Ein Inertialsystem ist ein Bezugssystem, das sich mit gleichbleibender Geschwindigkeit bewegt. Wenn Sie dieses Buch an einem festen Ort lesen – einem gemütlichen Stuhl in Ihrem Arbeitszimmer beispielsweise oder am Tisch in einem Café –, dann befinden Sie sich in einem Inertialsystem. Ein anderes klassisches Beispiel ist ein gleichmäßig schnell fahrender Zug ohne Sicht nach draußen. Wenn Sie in einem solchen sitzen und er seine Reisegeschwindigkeit erreicht hat, lässt sich nicht mehr feststellen, ob Sie sich bewegen. Grundsätzlich sollte sich zwischen zwei Inertialsystemen nicht unterscheiden lassen, selbst wenn sich das eine mit hoher Geschwindigkeit bewegt und das andere stillsteht. Misst man in einem Inertialsystem die Kräfte, die auf einen Gegenstand wirken, dann sollte sich dasselbe Ergebnis ergeben wie in jedem anderen Inertialsystem. Die physikalischen Gesetze haben ihre Gültigkeit unabhängig vom Bezugssystem.

Im 19. Jahrhundert kam eine völlig neue Gruppe von Gleichungen hinzu, die zwei andere Naturkräfte zusammenbrachten – die Elektrizität und den Magnetismus. Zunächst erscheinen die beiden als völlig eigenständige Phänomene. Elektrizität kennen wir von der Beleuchtung zu Hause oder von den Blitzen am Himmel. Magnetismus dagegen lässt Magnete am Kühlschrank haften oder zieht die Kompassnadel nach Norden. Der schottische Physiker James Clerk Maxwell konnte jedoch zeigen, dass beide Kräfte als unterschiedliche Ausprägung einer einzigen Kraft – Elektromagnetismus – gesehen werden können. Wie sich diese Kraft darstellt, hängt davon ab, wie sich der Beobachter bewegt. Ein Mensch, der neben einem Stabmagneten sitzt, kann Magnetismus wahrnehmen, aber keine Elektrizität. Saust die Person aber mit hoher Geschwindigkeit vorbei, dann nimmt sie nicht nur Magnetismus, sondern auch ein bisschen Elektrizität wahr. Maxwell vereinte beide Naturkräfte zu einer einzigen, die unabhängig von der Position oder Geschwindigkeit des Beobachters denselben Wert annimmt.

Versucht man allerdings, Newtons Bewegungsgesetze und die maxwellschen Gleichungen für Elektromagnetismus zu kombinieren, dann ergeben sich Schwierigkeiten. Folgt die Welt tatsächlich beiden Gesetzen, dann müsste es prinzipiell möglich sein, aus Magneten, Drähten und Umlenkrollen eine Maschine zu bauen, die in einem Inertialsystem keine Kraft registriert, in einem anderen Inertialsystem hingegen wohl – ein klarer Verstoß gegen die Regel, dass Inertialsysteme nicht voneinander unterscheidbar sein sollten. Newtons Bewegungsgesetze und die maxwellschen Regeln sind also scheinbar nicht vereinbar. Einsteins Ziel war es, diese «Asymmetrien» in den physikalischen Gesetzen zu beheben.[4]

In den Jahren vor der Veröffentlichung von 1905 entwickelte Einstein das kurz gefasste Relativitätsprinzip mit Hilfe einer Reihe von Gedankenexperimenten, die dieses Problem lösen sollten. Er gelangte dabei zu zwei Postulaten. Das erste war im Grunde nur eine Neuformulierung des Prinzips, dass die Gesetze der Physik in jedem Inertialsystem dieselbe Form haben müssen. Das zweite Postulat war bereits radikaler: In *jedem* Inertialsystem hat die Lichtgeschwindigkeit denselben Betrag von 299 792 Kilometern pro Sekunde. Mit diesen Postulaten ließen sich Newtons Bewegungsgesetze so anpassen und mit den maxwellschen Gleichungen für Elektromagnetismus kombinieren, dass Inertialsysteme nicht mehr zu unterscheiden waren. Damit hatte Einsteins neues Relativitätsprinzip verblüffende Resultate erbracht.

Für das zweite Postulat mussten die newtonschen Gesetze etwas verändert werden. Im klassisch-newtonschen Universum gilt bei Geschwindigkeiten das Additionsprinzip. Das Licht, das ein fahrender Zug nach vorn ausstrahlt, bewegt sich schneller als das einer stationären Quelle. In Einsteins Universum ist das nicht mehr der Fall. Stattdessen gilt eine kosmische Geschwindigkeitsbeschränkung von 299 792 Kilometern pro Sekunde. Selbst die stärkste Rakete kann diese Schranke nicht durchbrechen. Dies hat erstaunliche Auswirkungen. So wird jemand, der sich annähernd mit Lichtgeschwindigkeit bewegt, langsamer altern, wenn er von jemandem beobachtet wird, der am Bahnsteig sitzt und den Zug vorüberfahren sieht. Und der fahrende Zug wird kürzer aussehen als der stehende. Die Zeit dehnt sich, der Raum zieht sich zusammen. Solche Effekte sind Anzeichen für etwas sehr Grundlegendes: In der Welt der Relativität sind Zeit und Raum miteinander verknüpft und wechselseitig austauschbar.

Es scheint, als habe Einstein die Physik mit seinem Relativitätsprinzip vereinfacht, allerdings mit kuriosen Auswirkungen. Als er sich im Herbst 1907 ans Schreiben machte, musste er sich jedoch eingestehen, dass seine Theorie zwar brauchbar war, aber nicht vollständig. So wie er sich die Relativitätstheorie vorstellte, passte Newtons Gravitationstheorie nicht hinein.

Vor Einstein war Isaac Newton in der Physik fast wie ein Gott verehrt worden. Sein Werk galt als höchste Ausprägung des menschlichen Geistes. Ende des 17. Jahrhunderts hatte er die auf sehr kleine wie auf sehr große Dinge wirkende Schwerkraft in einer einzigen einfachen Gleichung zusammengefasst. Damit ließ sich das Weltall genauso gut erklären wie Vorgänge im Alltagsleben.

Newtons Gesetz der allgemein wirkenden Schwerkraft oder das «(Quadrat-)Abstandsgesetz» könnte einfacher kaum sein. Es besagt, dass die Anziehungskraft zwischen zwei Objekten proportional zu der Masse jedes Objektes und umgekehrt proportional zum Quadrat ihres Abstandes ist. Wird also die Masse eines Objekts verdoppelt, so verdoppelt sich auch die Anziehungskraft. Verdoppelt sich dagegen der Abstand der beiden Objekte, dann beträgt die Anziehungskraft nur noch ein Viertel. Mehr als zwei Jahrhunderte lang lieferte Newtons Gesetz zuverlässig Erklärungen für unzählige physikalische Phänomene. Besonders spektakulär war neben der Beschreibung der Umlaufbahnen der bekannten Planeten insbesondere die Vorhersage neuer Himmelskörper.

Seit Ende des 18. Jahrhunderts war an der Umlaufbahn von Uranus eine seltsame Unwucht aufgefallen. Die Astronomen hatten immer mehr Beobachtungsdaten gesammelt und die Bahn des Planeten im Raum immer genauer bestimmt. Dabei war die Vorhersage von Uranus' Umlaufbahn keineswegs leicht. Man ging zwar von Newtons Gravitationsgesetz aus, musste aber den Einfluss der anderen Planeten auf seine Bewegung berücksichtigen, hier und da Korrekturen anbringen, wobei der Orbit immer komplizierter wurde. Die Astronomen und Mathematiker veröffentlichten ihre Bahnberechnungen in Form von Tabellen, aus denen für bestimmte Tage und Jahre abzulesen war, wo am Himmel Uranus zu sehen sein musste. Verglichen sie ihre Vorhersagen mit tatsächlichen Himmelsbeobachtungen, dann blieb allerdings immer eine gewisse Abweichung, die sie nicht erklären konnten.

Der französische Astronom und Mathematiker Urbain Le Verrier besaß besonderes Geschick bei der Bestimmung und Berechnung der Umlaufbahnen der verschiedenen Planeten des Sonnensystems. Als er sich den Planeten Uranus vornahm, ging er aufgrund seiner Erfahrung mit anderen Planeten davon aus, dass Newtons Theorie vollkommen war. Wenn das der Fall war, dann musste da etwas anderes sein, das noch nicht berücksichtigt worden war. Und so wagte es Le Verrier, die Existenz eines bisher unbekannten Planeten vorherzusagen, für den er eine eigene astronomische Tabelle anfertigte. Zu seiner großen Freude richtete der deutsche Astronom Gottfried Galle sein Fernrohr auf die in Le Verriers Tabelle angegebene Stelle und entdeckte einen großen, unbekannten Planeten, der in seinem Gesichtsfeld schimmerte. In seinem Brief an Le Verrier schrieb er: «Monsieur, der Planet, dessen Position Sie bestimmt haben, existiert tatsächlich.»

Le Verrier war mit Newtons Theorie einen Schritt weiter gegangen

und dafür belohnt worden, denn jahrzehntelang war Neptun nur als
«*Le Verriers Planet*» bekannt. Marcel Proust erwähnte Le Verriers Entdeckung in *Auf der Suche nach der verlorenen Zeit* als Beispiel für das
Aufdecken von Korruption,[5] und Charles Dickens verdeutlichte an ihr
in seiner Kurzgeschichte *The Detective Police* die Mühen der Kriminal-
arbeit.[6] Es war zweifellos eine besonders gelungene Nutzung der Regeln
wissenschaftlicher Deduktion. Le Verrier sonnte sich in seinem Erfolg
und wandte sich dann Merkur zu – auch dieser folgte offenbar einer
merkwürdigen, unerwarteten Umlaufbahn.

Der newtonschen Schwerkraft zufolge kreist ein einzelner Planet in
einem einfachen, geschlossenen und etwas verformten Kreis um die
Sonne, in einer sogenannten Ellipse. Er kreist und kreist stets auf derselben Bahn und kommt der Sonne dabei abwechselnd näher und entfernt
sich wieder. Der sonnennächste Punkt der Umlaufbahn – das *Perihel* –
bleibt über die Zeit konstant. Manche Planeten, beispielsweise die Erde,
haben fast kreisförmige Umlaufbahnen, und die Ellipse des Orbits ist
kaum verformt. Andere Planeten, wie der Merkur, haben deutlich ellip-
tischere Umlaufbahnen.

Obwohl Le Verrier den Einfluss aller anderen Planeten auf die Bahn
des Merkur rechnerisch berücksichtigt hatte, hielt sie sich nicht an das
newtonschen Gravitationsgesetz: Das Perihel wanderte um etwa 40 Bogensekunden pro Jahrhundert. (Eine Bogensekunde ist eine Einheit der
Winkelmessung; der gesamte Himmelskreis misst etwa 1,3 Millionen
Bogensekunden oder 360 Grad.) Diese als *Präzession des Merkurperihels*
bekannte Anomalie konnte nicht mit Newtons klassischer Mechanik
erklärt werden. Es musste noch etwas anderes im Spiel sein.

Wieder nahm Le Verrier an, dass Newton recht haben musste, und
ging davon aus, dass es sehr nahe an der Sonne noch einen weiteren
Planeten etwa von der Größe Merkurs geben musste: Vulcan. Dies war
eine kühne, sehr unwahrscheinliche Mutmaßung, über die Le Verrier
selbst sagte: «Wie könnte ein äußerst heller und immer in Sonnennähe
befindlicher Planet während einer totalen Sonnenfinsternis übersehen
worden sein?»[7]

Le Verriers Vermutung war das Startsignal zu einem Wettrennen
um die Entdeckung des neuen Planeten Vulcan. In den folgenden Jahrzehnten gab es immer wieder Meldungen über in Sonnennähe gesich-

tete Objekte, aber keine Beobachtung erwies sich als stichhaltig. Die Suche nach Vulcan endete nicht mit Le Verriers Tod und die Präzession des Merkurperihels blieb den Astronomen im Gedächtnis. Statt eines unsichtbaren Planeten musste sich eine andere Erklärung für die Abweichung von 40 Bogensekunden finden lassen.

Bei den Gedanken, die sich Einstein 1907 über die Schwerkraft machte, ging es darum, Newtons Theorie mit seinem eigenen Relativitätsprinzip in Einklang zu bringen. Dass damit auch die Erklärung des Merkurorbits anstand, war zumindest ein Hintergedanke – was die Sache nicht einfacher machte.

Newtons Erklärung der Schwerkraft verstieß gegen beide Postulate von Einsteins Relativitätsprinzip. Zum einen ist die Wirkung der Schwerkraft nach Newton unmittelbar. Befinden sich zwei Objekte plötzlich nahe beieinander, dann wirkt die Anziehungskraft sofort zwischen ihnen – sie muss nicht erst von einem Objekt zum anderen wandern. Aber wie ist das möglich, wenn sich nach dem Relativitätsprinzip nichts, weder ein Signal noch eine Wirkung, schneller als mit Lichtgeschwindigkeit ausbreiten kann? Ebenso bedeutsam wie irritierend war die Tatsache, dass Einstein bei der Vereinheitlichung von Mechanik und Elektromagnetismus Newtons Gravitationsgesetz nicht berücksichtigen konnte. Die newtonsche Schwerkraft variierte je nach Inertialsystem.

Den ersten Schritt zur Lösung des Gravitationsproblems und hin zur allgemeinen Relativitätstheorie machte Einstein – in Gedanken – eines Tages an seinem Schreibtisch im Patentamt in Bern. Jahre später erinnerte er sich an die Idee, die zu seiner Gravitationstheorie führte: «Wenn sich eine Person im freien Fall befindet, dann spürt sie ihr eigenes Gewicht nicht.»[8]

Stellen Sie sich vor, Sie wären Alice im Wunderland, die ins Kaninchenloch fällt, und nichts könnte Sie aufhalten. Ihre Geschwindigkeit wird unter dem Einfluss der Schwerkraft stetig zunehmen. Da die Beschleunigung dabei genau der wirkenden Schwerkraft entspricht, werden Sie keinerlei Kräfte – sei es Zug oder Druck – verspüren, auch wenn Ihnen die immer schnellere Bewegung einen gehörigen Schrecken einjagen dürfte. Stellen Sie sich nun einige Gegenstände vor, die mit Ihnen fallen, ein Buch, eine Teetasse und ein ebenso erschrockenes weißes

Kaninchen. Sie alle werden ebenso stark beschleunigen, um die wirkende Schwerkraft auszugleichen, und daher mit Ihnen im Fallen zusammen schweben. Wollen Sie anhand der Bewegung dieser Gegenstände relativ zu Ihnen selbst die wirkende Schwerkraft experimentell bestimmen, so werden Sie scheitern. Sie werden sich schwerelos fühlen und die Gegenstände werden schwerelos wirken. All dies deutet auf eine enge Beziehung zwischen Beschleunigung und Schwerkraft hin, die sich in diesem Fall gegenseitig aufheben.

Vielleicht gehen wir mit dem freien Fall einen Schritt zu weit. Um Sie herum passiert zu viel; der Wind zerrt an ihnen und die Angst, schließlich am Boden aufzuschlagen, hilft nicht gerade, klar zu denken. Beginnen wir lieber etwas einfacher und geruhsamer. Stellen wir uns vor, dass Sie gerade den Fahrstuhl im Erdgeschoss eines hohen Gebäudes betreten haben. Der Fahrstuhl fährt nach oben, und während der ersten Sekunden, in denen er beschleunigt, fühlen Sie sich ein bisschen schwerer. Nehmen wir umgekehrt an, Sie seien ganz oben im Gebäude und der Fahrstuhl setzt sich nach unten in Bewegung. Während der Aufzug in den ersten Augenblicken Fahrt aufnimmt, fühlen Sie sich leichter. Erreicht die Kabine dann ihre normale Fahrgeschwindigkeit, dann fühlen Sie sich natürlich weder schwerer noch leichter. Ganz zu Anfang aber, während der Aufzug beschleunigt, ist ihr Gefühl für das eigene Gewicht, und mithin der Schwerkraft, beeinträchtigt. In anderen Worten, ihre Wahrnehmung der Schwerkraft hängt völlig davon ab, ob Sie aufwärts oder abwärts beschleunigt werden.

Als sich Einstein an jenem Tag des Jahres 1907 den Menschen im freien Fall dachte, kam er einer Verbindung zwischen der Schwerkraft und der Beschleunigung auf die Spur, die entscheidend für die Eingliederung der Schwerkraft in seine Relativitätstheorie sein sollte. Wenn er diese so abwandelte, dass die Gesetze der Mechanik nicht nur in gleichförmig bewegten, sondern auch aufwärts oder abwärts beschleunigten Systemen galten, dann sollte es gelingen, die Schwerkraft mit dem Elektromagnetismus und der Mechanik zusammenzubringen. Wie das gehen sollte, wusste er nicht, aber diese Erkenntnis war der erste Schritt hin zu einer umfassenderen Relativitätstheorie.

Auf Druck des Herausgebers des Jahrbuchs vollendete Einstein seinen Aufsatz *Über das Relativitätsprinzip und die aus demselben gezogenen*

Folgerungen und fügte ihm ein Kapitel über die Konsequenzen an, wenn er sein Prinzip auf die Gravitation ausdehnte. Dann würde die Schwerkraft die Lichtgeschwindigkeit ändern und Uhren langsamer gehen lassen. Überdies könnten die Auswirkungen des verallgemeinerten Relativitätsprinzips sogar die geringe Abweichung des Merkurorbits erklären. Diese beiden am Ende des Essays eingestreuten Vermutungen waren geeignet, Einsteins Idee in der Praxis zu erproben, aber sie mussten zuerst sorgfältig und in allen Einzelheiten ausgearbeitet werden. Doch vorerst war dazu keine Zeit, und Einstein sollte für mehrere Jahre nicht an der Relativitätstheorie weiterarbeiten.

Mit dem Jahr 1907 neigte sich Einsteins Wirken im Verborgenen dem Ende zu. Seine Veröffentlichungen von 1905 hatten die Runde gemacht und er erhielt nun regelmäßig Briefe von berühmten Physikern, die seine Ideen diskutierten und um Sonderdrucke baten. Erfreut über diese Entwicklung, berichtete Einstein einem Freund: «Meine Arbeiten finden viel Würdigung und geben Anlaß zu weiteren Untersuchungen.»[9] Ein Bewunderer scherzte: «Ich muß Ihnen offen sagen, daß ich mit Staunen gelesen habe, daß Sie 8 Stunden am Tage in einem Bureau sitzen müssen! Es gibt oft einen Treppenwitz in der Geschichte!»[10] Dabei führte Einstein kein schlechtes Leben. Durch die Stelle in Bern hatte er mit Mileva eine Familie gründen können, und 1904 war der Sohn Hans Albert geboren worden. Die Arbeitszeit am Patentamt ließ ihm sogar Zeit, zu Hause Spielzeug für seinen kleinen Sohn zu bauen, aber Einstein war bereit, in die akademische Welt zu wechseln.

Im Jahr 1908 wurde er endlich Privatdozent an der Universität Bern und konnte fortan für zahlende Studenten Vorlesungen halten. Das Unterrichten fand er aber sehr beschwerlich, was sich schnell in seinem Ruf als Dozent niederschlug. Dennoch folgte er 1909 einer Berufung als außerordentlicher Professor an die Universität Zürich. Dort blieb er allerdings wenig länger als ein Jahr, denn 1911 trug man ihm eine Stelle als ordentlicher Professor an der deutschsprachigen Prager Universität an – ohne Lehrverpflichtung. So fand er fern von der Hektik universitärer Lehrverpflichtungen wieder zu einem Geisteszustand zurück, wie ihn auch die geordnete und isolierte Umgebung des Berner Patentamts ermöglicht hatte. Nun konnte er sich wieder Gedanken über die Verallgemeinerung der Relativitätstheorie machen.

Kapitel 2
Der wertvollste Fund

Seinem Freund und Kollegen, dem Physiker Otto Stern, vertraute Albert Einstein einmal an: «Wissen Sie, wenn man zu rechnen anfängt, b'scheisst man unwillkürlich.»[1] Schon in der Schule hatte er in Mathematik geglänzt und wusste sie für seine Zwecke zu nutzen. Seine Veröffentlichungen boten eine ausgewogene Mischung aus physikalischem Denken und gerade so viel Mathematik, wie als Grundlage nötig war. Seine Vorhersagen von 1907 bezüglich der allgemeinen Relativitätstheorie waren in mathematischer Hinsicht allerdings äußerst dürftig – einer seiner Züricher Professoren nannte die Präsentation der Arbeit «mathematisch umständlich».[2] Einstein verachtete die Mathematik als «überflüssige Gelehrsamkeit»[3] und spottete: «Seit die Mathematiker über die Relativitätstheorie hergefallen sind, verstehe ich sie selbst nicht mehr.»[4] Aber als er sich 1911 seinen Essay wieder vornahm, erkannte er, dass er seine Ideen mit Hilfe der Mathematik noch etwas weiter voranbringen könnte.

Wieder dachte er im Zusammenhang mit dem Relativitätsprinzip über das Licht nach. Stellen Sie sich vor, Sie reisen fern von Planeten und Sternen mit einem Raumschiff durch das All. Angenommen, ein Lichtstrahl von einem weit entfernten Stern tritt durch ein kleines Fenster zu Ihrer Rechten ein, wandert durch das Raumschiff und verlässt es wieder durch ein Fenster zur Linken. Wenn Ihr Raumschiff stillsteht und das Licht direkt auf das Fenster trifft, dann wird es durch das Fenster links von Ihnen wieder austreten. Bewegt sich das Raumschiff beim Eintritt des Lichtstrahls dagegen sehr schnell, aber mit konstanter Geschwindigkeit, dann hat sich das Raumschiff ein Stück weiterbewegt, wenn der Lichtstrahl die andere Seite der Kabine erreicht, und das Licht wird durch ein Fenster weiter hinten ins Freie treten. Von Ihrem Gesichtspunkt aus tritt das Licht unter einem Winkel in die Kabine ein und durchquert sie in einer geraden Linie. Ganz anders sieht es aus, wenn das Raumschiff *beschleunigt:* Dann *biegt* sich der Lichtstrahl in der Kabine und tritt weiter hinten wieder ins Freie.

Hier kommt Einsteins Erkenntnis über die Natur der Schwerkraft ins Spiel. Eigentlich sollte sich die Wirkung der Schwerkraft in einem beschleunigenden Raumschiff nicht anders anfühlen als in einem ruhenden, denn Beschleunigung lässt sich nicht grundsätzlich von Gravitation unterscheiden. Jemand, der im Raumschiff sitzt, während es an der Oberfläche eines Planeten steht, muss dasselbe sehen wie der Passagier eines beschleunigenden Raumschiffs: einen Lichtstrahl, der durch die Schwerkraft gebogen wird. Einstein begriff, anders gesagt, dass die Schwerkraft das Licht genau so ablenkt wie eine Linse.

Die Gravitationskraft musste natürlich ziemlich stark sein, um eine sichtbare Ablenkung zu bewirken. Die Anziehung eines Planeten genügte möglicherweise nicht. Einstein schlug folgenden einfachen Test vor – an einem sehr viel massereicheren Objekt: Die Sonne sollte das Licht entfernter Sterne in ihrer Nähe messbar ablenken. Wenn die Sonne vor ihnen vorbeiwanderte, sollte sich ihre Winkelposition um den winzigen Betrag von etwa einem viertausendstel Grad ändern – eine fast unmerkliche Abweichung, die mit den damaligen Teleskopen aber durchaus messbar war. Da die entfernten Sterne neben der hellen Sonne unmöglich genau auszumachen waren, musste ein solches Experiment allerdings während einer totalen Sonnenfinsternis erfolgen.

Nun hatte Einstein zwar eine Möglichkeit gefunden, die Gültigkeit seiner neuen Ideen zu testen, aber mit der Theorie selbst kam er nicht richtig voran. Noch immer hing alles an seiner Idee aus dem Patentamt mit dem Menschen im freien Fall. Und obwohl er frei von Lehrverpflichtungen war und alle Zeit der Welt hatte, um seine Gedankenexperimente durchzuführen und sich noch mehr in seine Theorie zu vertiefen, war er nicht glücklich. Seine Familie war inzwischen gewachsen. Kurz vor der Ankunft in Prag war der zweite Sohn Eduard geboren worden, aber Einsteins Frau war unzufrieden und fühlte sich fern der gewohnten Umgebung in Bern und Zürich einsam. Schon 1912 packte Einstein die erste Gelegenheit beim Schopf und kehrte als Professor an der ETH nach Zürich zurück.

In Prag war Einstein klar geworden, dass er zum Erforschen seiner Ideen eine neue Art von Sprache brauchte. Die eleganten physikalischen Gedanken, die er zu einem Ganzen fügen wollte, sollten nicht hinter schwer verständlichen mathematischen Formeln verschwinden. So wandte er sich wenige Wochen nach der Rückkehr nach Zürich an seinen alten Freund Marcel Grossman und flehte: «Du musst mir helfen, sonst werd' ich verrückt.»[5] Grossman hielt nicht allzu viel von der nachlässigen Weise, wie Physiker ihre Probleme angingen, sagte dem Freund aber seine Hilfe zu.

Einstein beschäftigte sich mit Objekten, die beschleunigt wurden oder auf die die Schwerkraft einwirkte. Sie bewegten sich auf gebogenen Bahnen durch den Raum, nicht entlang von geraden Linien wie in Inertialsystemen. Einfache Geometrie genügte nicht, um diese komplizierten Bewegungen zu beschreiben. Grossman gab Einstein ein Lehrbuch über nichteuklidische oder riemannsche Geometrie (heute als Differentialgeometrie bekannt).

Fast ein Jahrhundert bevor sich Einstein mit dem Relativitätsprinzip auseinanderzusetzen begann, hatte der deutsche Mathematiker Carl Friedrich Gauß es gewagt, die Grenzen der euklidischen Geometrie zu durchbrechen. Bis heute lernen wir in der Schule euklidische Geometrie. Sie besagt, dass sich parallele Linien niemals schneiden und dass sich zwei Geraden höchstens einmal kreuzen. Wir lernen, dass die Summe der Winkel im Dreieck 180 Grad beträgt und Quadrate vier rechte Winkel haben – alles in allem eine ganze Menge Regeln, die sich auf flachem Papier oder an der Schultafel darstellen lassen und für die es praktische Anwendungen gibt.

Wenn wir aber nun auf gewölbtem Papier arbeiten sollen? Was passiert, wenn wir unsere geometrischen Objekte auf der Oberfläche eines Basketballs zeichnen? Dann versagen unsere einfachen Regeln. Zeichnen wir beispielsweise zwei Linien, die im rechten Winkel vom Äquator ausgehen, dann sollten sie parallel zueinander sein. Das sind sie auch, aber wenn wir ihnen folgen, dann treffen sie an einem der Pole aufeinander. Wir können weitergehen und die Linien so weit voneinander entfernt am Äquator beginnen lassen, dass sie sich am Pol im rechten Winkel schneiden. Damit haben wir ein Dreieck mit einer Winkelsumme von 270 statt 180 Grad konstruiert. Erneut haben die üblichen Regeln für Dreiecke keine Gültigkeit.

So hat jede eindeutig konturierte Oberfläche – sei es eine Kugel, ein Ring oder ein zerknülltes Blatt Papier – ihre eigene Geometrie mit ihren eigenen Regeln. Gauß beschäftigte sich mit den Regeln für die Geometrie einer *beliebigen* Oberfläche und vertrat ganz demokratisch die Ansicht: Alle Oberflächen sind gleichwertig und gehorchen allgemein gültigen Gesetzmäßigkeiten. Die gaußsche Geometrie war ebenso leistungsfähig wie schwierig. Sein Schüler, der Mathematiker Bernhard Riemann, entwickelte sie in den 1850er Jahren zu einem eigenen Teilgebiet der Mathematik, das so kompliziert war, dass selbst Grossman, der Einstein in diese Richtung gewiesen hatte, die Ansicht vertrat, Riemann könnte darin zu weit gegangen sein. Die riemannsche Geometrie war ein Durcheinander unzusammenhängender Funktionen in einem fürchterlich nichtlinearen Grundgerüst, aber sie eröffnete Möglichkeiten. Wenn Einstein sie in den Griff bekam, dann konnte er seine Theorie vielleicht meistern.

Die neue Geometrie war höllisch kompliziert, aber Einstein, der bei der Generalisierung seiner Relativitätstheorie in einer Sackgasse steckte, machte sich an die Arbeit. Es war eine ungeheure Herausforderung, so als lerne man Sanskrit von Grund auf, um dann einen Roman damit zu schreiben.

Anfang 1913 hatte sich Einstein die neue Geometrie angeeignet und arbeitete mit Grossman an zwei Publikationen, die seinen Entwurf der Theorie beschreiben sollten. «Die Gravitationsangelegenheit ist zu meiner vollen Zufriedenheit geklärt», verriet er einem Kollegen.[6] Die Theorie war in der Ausdrucksweise der neuen Mathematik formuliert und enthielt Einsteins frühe Vorhersagen. Grossman steuerte ein Kapitel bei, um der möglicherweise unkundigen Gemeinschaft der Physiker die neue Geometrie nahezubringen. Einstein war es gelungen, fast allen physikalischen Gesetzen in jedem beliebigen Bezugssystem, nicht nur in einem unbeschleunigten Inertialsystem, die gleiche Form zu geben. Den Elektromagnetismus und Newtons Bewegungsgesetze beschrieb er genauso wie in seiner ersten, speziellen Relativitätstheorie. Die einzige Ausnahme davon bildete weiterhin die Gravitation. Das neue von Einstein und Grossman vorgeschlagene Gravitationsgesetz fiel noch immer aus der Reihe und ging nicht im allgemeinen Relativitätsprinzip auf, obwohl Einstein seine physikalische Intuition eigens zu diesem Zweck mit der neuen Mathematik unterfüttert hatte. Dennoch war Einstein davon überzeugt, dass er einen wichtigen Schritt in die richtige Richtung getan hatte und für die Vollendung der Theorie nur noch ein paar offene Probleme lösen musste. Hier irrte er sich. Der restliche Weg zu seiner Theorie der Raumzeit sollte kein kurzer Sprint werden, sondern eher ein mühsames Stolpern.

Im Jahr 1914 wurde Einstein endlich sesshaft. Auf Betreiben von Max Planck wurde er hauptamtlich besoldetes Mitglied der Preußischen Akademie der Wissenschaften in Berlin und 1917 Direktor des neu gegründeten Kaiser-Wilhelm-Instituts für Physik. Dies war ein Brennpunkt der akademischen Welt; Einstein brauchte nicht zu lehren und war umgeben von berühmten Kollegen wie Planck und Walther Nernst. Die Stelle war ideal für ihn, aber er musste einen persönlichen Schlag verkraften. Seine Frau Mileva war das Vagabundenleben leid und folgte ihm nicht nach Berlin, sondern blieb mit den beiden Söhnen in Zürich. Sie lebten fünf Jahre lang getrennt und ließen sich 1919 scheiden. Einstein begann eine neue Liebesbeziehung mit seiner jüngeren Cousine Elsa Löwenthal, die er noch im Jahr der Scheidung seiner ersten Ehe heiratete und mit der er bis zu ihrem Tod im Jahr 1936 zusammenblieb. Einstein traf gewissermaßen mit Beginn des Ersten Weltkrieges in Berlin ein, «im Narrenhaus»,[7] wie er sagte, des deutschen Nationalismus. Kaum jemand konnte sich dem entziehen. Kollegen gingen entweder an die Front oder entwickelten neue Waffen für die Schlachtfelder, wie das gefürchtete Senfgas. Im September 1914 erschien der nationalistische «Aufruf an die Kulturwelt», in dem sich die 93 unterzeichnenden deutschen Wissenschaftler, Schriftsteller, Künstler und Kulturschaffenden gegen verleumderische Propaganda der Kriegsgegner verwahrten. Die Deutschen seien nicht für den Ausbruch des Krieges verantwortlich. Dass Deutschland gerade im neutralen Belgien einmarschiert war und insbesondere in der Universitätsstadt Löwen verheerende Zerstörungen angerichtet hatte, wurde bemäntelt mit der Behauptung: «Es ist nicht wahr, daß eines einzigen belgischen Bürgers Leben und Eigentum von unseren Soldaten angetastet worden ist, ohne daß die bitterste Notwehr es gebot.»[8] Das waren kühne, strittige Aussagen, die kaum der Realität entsprachen.

Einstein war bestürzt über das, was um ihn herum vorging. Pazifistisch und internationalistisch gesinnt, schloss er sich der von Georg Friedrich Nicolai verfassten Gegenschrift «Aufruf an die Europäer» an, in der sich eine Handvoll Unterzeichner vom «Manifest der 93» distanzierten und an die «gebildeten und wohlwollenden Europäer»[9] appellierten, sich gegen den zerstörerischen Krieg einzusetzen. Dieser Appell verhallte weitgehend ungehört. Von außen betrachtet, gehörte auch Einstein zu den nationalistisch gesinnten deutschen Wissenschaftlern und war damit ebenfalls Feind. Zumindest in England wurde das so gesehen.

Der Engländer Arthur Eddington fuhr mit Begeisterung lange Strecken mit dem Rad. Zum Maß seiner Ausdauer hatte er eine Zahl E erdacht. E stand für die größte Anzahl von Tagen in seinem Leben, an denen er mehr als E Meilen zurückgelegt hatte. Meine eigene Zahl E dürfte kaum größer als fünf oder sechs sein, weil ich sechs Meilen kaum öfter als sechsmal im Leben geradelt bin – eine jämmerliche Zahl, keine Frage. Eddington hatte es bis zu seinem Tod bis auf ein E von 87 gebracht; er war bei 87 Radtouren jeweils mehr als 87 Meilen – 140 Kilometer – geradelt. Dieses Durchhaltevermögen verhalf ihm auch in den anderen Bereichen seines Lebens zu außergewöhnlichen Leistungen.

War Einsteins wissenschaftliche Karriere nur mühsam in Gang gekommen, so hatte Eddington in kürzester Zeit seinen Platz im Zentrum der britischen Wissenschaft gefunden. Eddington konnte beim Verfechten seiner Ideen durchaus arrogant, überheblich und auf irritierende Weise dickköpfig sein, aber er war ein hartnäckiger Forscher, der sich von schwierigen astronomischen Beobachtungen und neuartiger esoterischer Mathematik nicht abschrecken ließ. Er war in einer frommen Quäkerfamilie aufgewachsen und schon früh durch außerordentliche Schulleistungen aufgefallen. Mit sechzehn hatte er in Manchester ein Mathematik- und Physikstudium aufgenommen. Mit dem Bachelor war er nach Cambridge gewechselt, wo er sich in Mathematik als *Senior*

Wrangler, wie dort der Jahrgangsbeste genannt wird, hervortat. Kurze Zeit nach dem Master-Abschluss wurde er Assistent des königlichen Astronomen und Fellow des Trinity College in Cambridge.

Cambridge war wissenschaftlich erstklassig und Eddington befand sich dort in Gesellschaft herausragender Gelehrter. Zu diesen zählten J. J. Thomson, der das Elektron entdeckt hatte, sowie Alfred North Whitehead und Bertrand Russell, die mit den *Principia Mathematica* so etwas wie die Bibel der Logiker verfasst hatten. Später sollten auch noch Ernest Rutherford, Ralph Fowler, Paul Dirac und weitere aus dem *Who's Who* der Physik des 20. Jahrhunderts hinzukommen. Eddington passte bestens dazu. Nach einigen Jahren am Observatorium von Greenwich kehrte er nach Cambridge zurück. Schon mit 31 Jahren übernahm er den angesehenen Lehrstuhl als Plumian Professor für Astronomie und experimentelle Philosophie an der dortigen Universität. Im folgenden Jahr wurde er Direktor des Observatoriums am Stadtrand von Cambridge, wo er sich mit seiner Schwester und seiner Mutter niederließ und alsbald zum führenden Astronomen Englands aufstieg. Dort verbrachte er den Rest seines Lebens, nahm am College-Leben mit seinen offiziellen Diners und seriösen Debatten teil und besuchte regelmäßig die Royal Astronomical Society, wo er seine Forschungsergebnisse präsentierte. Hin und wieder reiste er für astronomische Messungen und Himmelsbeobachtungen in einen entlegenen Teil der Welt.

Bei einer solchen Reise kam Eddington zum ersten Mal mit Einsteins neuen Erkenntnissen in Berührung. Die von Einstein vorgeschlagene Ablenkung des Lichts hatte einige Astronomen so sehr elektrisiert, dass sie diese durch Messungen selbst bestätigen wollten. So waren sie in Amerika, Russland und Brasilien, ja rund um den Erdball unterwegs und hofften, bei einer Sonnenfinsternis genau den richtigen Moment zu erwischen, um leichte Abweichungen in der Position entfernter Sterne zu messen. Anlässlich einer Sonnenfinsternis in Brasilien traf Eddington auf einen solchen Astronomen, den Amerikaner Charles Perrine, und fand Interesse an dessen Arbeit.[10] Zurück in Cambridge, machte er sich mit Einsteins neuen Ideen vertraut.

Als der Krieg ausbrach, stemmte sich Eddington als einer von wenigen gegen die Welle des ungezügelten Nationalismus, die nicht nur sein Land, sondern auch seine Kollegen erfasst hatte. Die Sache trieb ihn zur

Verzweiflung. Im *Observatory*, dem Sprachrohr der britischen Astronomen, erschien eine ganze Serie wütender Artikel, in denen angesehene Fachkollegen gegen die Zusammenarbeit mit deutschen Astronomen polemisierten. So merkte J. H. Turner, Savilian Professor der Astronomie in Oxford, kurz und bündig an: «Wir können Deutschland entweder wieder in die internationale Gemeinschaft aufnehmen und unsere internationalen Rechtsnormen auf dessen Stufe herunterschrauben, oder wir können Deutschland ausschließen und den Standard heben. Einen dritten Weg gibt es nicht.»[11] Die Ablehnung alles Deutschen war so stark, dass der Präsident der Royal Astronomical Society, der deutsche Vorfahren hatte, zum Rücktritt gedrängt wurde. Die Beziehungen britischer Wissenschaftler zu ihren deutschen Kollegen wurden für die Dauer des Krieges eingefroren.

Eddington dachte und handelte anders. Als Sohn von Quäkern war er leidenschaftlicher Kriegsgegner. Während die Wut auf die deutsche Intelligenz immer stärker anschwoll, meldete er sich mit seiner abweichenden Meinung zu Wort. «Denken Sie nicht an einen symbolischen Deutschen, sondern zum Beispiel an Ihren früheren Freund Professor X», appellierte er an seine Kollegen. «Nennen Sie ihn einen Hunnen, einen Piraten oder Kindermörder und versuchen Sie, ein bisschen in Rage zu kommen. Sie werden jämmerlich scheitern.»[12] Eddington sprach sich nicht nur für die Deutschen aus, er verwahrte sich auch dagegen, eingezogen und in den Kampf geschickt zu werden. Als Freunde und Kollegen von ihm an die Front gekarrt wurden und im Kampf fielen, setzte er sich gegen den Krieg ein. Als Wissenschaftler von «nationaler Bedeutung» war er allerdings vom Dienst freigestellt – so konnte er dem Land mehr nutzen denn als Fußsoldat. Freunde machte er sich damit keine.

Einstein saß unterdessen mitten im Kriegstrubel einsam in Berlin und versuchte, seine Theorie zu perfektionieren. Sie sah zwar korrekt aus, aber er brauchte noch mehr Mathematik, damit alles stimmte. So reiste er ins damalige Mekka der modernen Mathematik, zu David Hilbert nach Göttingen. Hilbert war der unangefochtene Anführer der Mathematiker. Er hatte das Feld geprägt mit seinem Versuch, unverrückbare Grundlagen – Axiome – zu etablieren, auf denen die ganze Mathematik aufbauen sollte. Formalistische Ungenauigkeiten sollte es keine mehr geben. Alles sollte anhand fester Regeln aus diesen Grundprinzipien abgeleitet werden. Mathematisch wahr sollte nur sein, was sich gemäß diesen Regeln als wahr erwiesen hatte. Dies war als *Hilbertprogramm* bekannt geworden.

Hilbert hatte einen Hofstaat der bedeutendsten Mathematiker der Welt um sich geschart. Einer von ihnen, Hermann Minkowski, hatte Einstein darauf hingewiesen, dass seine spezielle Relativitätstheorie in mathematischer Form sehr viel eleganter ausgedrückt werden könne – jene «überflüssige Gelehrsamkeit», die Einstein Jahre zuvor noch verachtet hatte. Hilberts Studenten und Assistenten – wie Hermann Weyl, John von Neumann und Ernst Zermelo – sollten später zu den führenden Mathematikern des 20. Jahrhunderts werden. Hilbert verfolgte mit seiner Göttinger Gruppe ehrgeizige Pläne: Wie in der Mathematik wollten sie für die gesamte Welt der Natur eine vollständige, auf Grundprinzipien aufgebaute Theorie erschaffen. Einsteins Arbeit sah Hilbert dabei als zentralen Beitrag zu diesem Vorhaben.

Einstein hielt während seines kurzen Besuchs in Göttingen im Juni 1915 eine Vorlesung, bei der sich Hilbert Notizen machte. Dann diskutierten sie intensiv über die Einzelheiten. Einstein wusste in der Physik Bescheid, Hilbert in der Mathematik, aber sie kamen nicht voran. Einstein, der die Mathematik noch immer mit Argwohn betrachtete und in der riemannschen Geometrie nicht ganz sattelfest war, konnte Hilberts detaillierten technischen Einwänden nicht ganz folgen.

Nach dem offenbar fruchtlosen Besuch fing er an, an seiner neuen Relativitätstheorie zu zweifeln. Er wusste bereits, dass sie nicht wirklich allgemeine Gültigkeit hatte – als Grossman und er 1913 die Veröffentlichungen abgeschlossen hatten, war ihm klar, dass das Gravitationsgesetz noch immer nicht hineinpasste. Auch seine Vorhersagen stimmten nicht alle. So sagte seine Theorie die Merkurdrift voraus, wie es Le Verrier fast 50 Jahre zuvor beobachtet hatte, aber die Vorhersage war nicht *genau*, sondern lag um den Faktor zwei daneben. Einstein musste sich wieder seinen Gleichungen widmen.

Innerhalb von drei Wochen verwarf er das neue mit Grossman entwickelte Gravitationsgesetz, das dem allgemeinen Relativitätsprinzip widersprach. Er wollte ein Gravitationsgesetz, das in jedem Bezugsrahmen galt, wie es ihm auch mit den anderen physikalischen Gesetzen gelungen war. Und er wollte die neue riemannsche Geometrie einbringen, die er von Grossman gelernt hatte. Alle paar Tage nahm er leichte Veränderungen an den bestehenden Gleichungen vor, lockerte einige Voraussetzungen und ersetzte sie durch andere. Dabei machte er sich von gewissen physikalischen Vorurteilen frei, die ihm im Weg standen, und tauchte immer tiefer in die Mathematik ein, die er sich angeeignet hatte. Sein Gefühl für physikalische Vorgänge hatte ihm während seiner Karriere stets gute Dienste geleistet, aber er wusste, dass dies das große Bild, das sich nun aus der Mathematik ergab, nicht trüben durfte.

Gegen Ende November war es endlich so weit. Er hatte ein allgemeines Gravitationsgesetz gefunden, das das allgemeine Relativitätsprinzip erfüllte. Im Maßstab des Sonnensystems war das newtonsche Gravitationsgesetz genau die gewünschte Näherung. Nun wurde auch die Präzession des Merkurperihels exakt vorhergesagt. Und Lichtstrahlen wurden in der Nähe eines schweren Objekts nun stärker abgelenkt, und zwar doppelt so stark, wie er in den ersten Vermutungen in Prag angenommen hatte.

Durch Einsteins nun vollständige allgemeine Relativitätstheorie ließ sich die Physik auf ganz andere Weise betrachten, als es mit der newtonschen Sichtweise über Jahrhunderte möglich gewesen war. Sie enthielt ein System von Gleichungen, die einsteinschen Feldgleichungen, die eine Verbindung der Geometrie von Gauß und Riemann mit der Gravitation herstellten – eine elegante Idee, wie Physiker sagen mochten. Bei den Gleichungen aber steckte der Teufel im Detail. Es handelte sich um ein System von zehn Gleichungen von zehn Funktionen der Geometrie von Raum und Zeit. Genauer gesagt, handelt es sich um nichtlineare, partielle Differentialgleichungen, die miteinander gekoppelt sind. Es ist deshalb grundsätzlich nicht möglich, für eine einzelne Differentialgleichung eine Funktion als Lösung zu finden. Sie mussten alle zugleich angegangen werden – eine ziemlich beängstigende Aufgabe. Trotzdem hatten sie großes Potenzial, denn anhand der Lösungen ließen sich Naturphänomene vorhersagen, von der Bewegung einer Gewehrkugel oder eines Apfels, der vom Baum fällt, bis zu den Bahnen der Planeten im Sonnensystem. Die Geheimnisse des Universums, so schien es, lagen in den Lösungen von Einsteins Gleichungen.

Am 25. November 1915 legte Einstein seine neuen Gleichungen in einer dreiseitigen Publikation bei der Preußischen Akademie der Wissenschaften vor. Sein neues Gravitationsgesetz unterschied sich radikal von allen anderen Vorschlägen. Im Wesentlichen vertrat Einstein, dass das, was wir als Schwerkraft empfinden, nichts anderes ist als Objekte, die sich in der Geometrie der Raumzeit bewegen. Objekte großer Masse beeinflussen diese Geometrie, indem sie Raum und Zeit verbiegen. Einstein war endlich zu seiner wirklich allgemein gültigen Relativitätstheorie gelangt.

Einstein war allerdings nicht der Einzige. Hilbert hatte sich Einsteins Vorlesung in Göttingen noch einmal durch den Kopf gehen lassen und ohne Einsteins Wissen selbst versucht, neue Gleichungen zur Gravitation aufzustellen. Dabei war er völlig unabhängig exakt zum selben Gravitationsgesetz gelangt. Am 20. November, also fünf Tage vor Einstein, reichte Hilbert seine Ergebnisse bei der Königlichen Akademie der Wissenschaften zu Göttingen ein und es schien, als sei er Einstein zuvorgekommen.

In den folgenden Wochen waren die Beziehungen zwischen den beiden Wissenschaftlern angespannt. Hilbert schrieb Einstein, er könne sich an nichts aus der Vorlesung erinnern, in der Einstein über seine Versuche beim Aufstellen der Gravitationsgleichungen gesprochen hatte, und um die Weihnachtszeit war auch Einstein davon überzeugt, dass alles mit rechten Dingen zugegangen war. In einem Brief an Hilbert schrieb er: «Es gab gewisse Ressentiments zwischen uns», aber er sei mit den Geschehnissen im Reinen. «Jetzt denke ich wieder von Ihnen mit unverminderter Freundlichkeit ...»[13] Sie blieben Freunde und Kollegen, nicht zuletzt weil Hilbert nie die Urheberschaft an Einsteins Opus magnum beanspruchte. Bis zu seinem Tod sprach Hilbert immer nur von *Einsteins Gleichungen,* obwohl sie doch beide darauf gestoßen waren.

Einsteins Suche war vorüber. Um zu den Gleichungen zu gelangen, hatte er sich nach und nach der Macht der Mathematik gefügt. Von nun an folgte er nicht nur seinen Gedankenexperimenten, sondern auch der Mathematik. Die mathematische Schönheit seiner fertigen Theorie erstaunte ihn selbst. Von den Gleichungen sagte er, es sei «der wertvollste Fund, den ich in meinem Leben gemacht habe».[14]

Eddington war über den befreundeten holländischen Astronomen Willem de Sitter nach und nach in den Besitz von Sonderdrucken von Einsteins Arbeiten aus Prag, Zürich und schließlich Berlin gekommen. Ihn reizte diese völlig neue Betrachtungsweise der Gravitation in einer schwierigen Sprache. Seine eigentliche Aufgabe als Astronom bestand darin, Dinge zu beobachten, zu messen und zu interpretieren, aber er war durchaus in der Lage, Riemanns Geometrie so weit zu erlernen, dass er Einsteins Gedankengängen folgen konnte. Dies lohnte insbesondere wegen Einsteins eindeutigen Vorhersagen, an denen die Stichhaltigkeit der Theorie erprobt werden konnte. Eine für einen solchen Test geeignete Sonnenfinsternis sollte sich schon am 29. Mai 1919 ereignen – und war nicht Eddington selbst am besten geeignet, eine Forschungsgruppe bei diesem Vorhaben anzuführen?

Es gab nur ein Problem, und zwar ein schwerwiegendes. Europa befand sich im Krieg, Eddington war Pazifist und Einstein steckte mit dem Feind unter einer Decke. Eddingtons Kollegen wollten ihm das jedenfalls weismachen. Der Krieg erreichte 1918 seinen Höhepunkt und es sah so aus, als würden Briten und Franzosen von der deutschen Armee überrannt werden, was zu einer neuerlichen Einberufungswelle führte. Auch Eddington wurde zu den Waffen gerufen, aber er hatte anderes im Sinn.

Während Eddington ein glühender Anhänger von Einsteins neuem Gravitationsgesetz wurde, erfuhr er von seinen Kollegen immer heftigere Abneigung. Einer kanzelte die Bedeutung der deutschen Wissenschaft mit folgenden Worten ab: «Wir haben die übertriebenen und falschen aktuellen Behauptungen der Deutschen auf eine vorübergehende und erst kürzlich ausgebrochene Krankheit zurückzuführen versucht. In diesem Fall muss man sich jedoch fragen, ob die traurige Wahrheit nicht sehr viel tiefer zu suchen ist.»[15] Was die Leitung der Expedition betraf, genoss Eddington zwar die Rückendeckung des königlichen Astronomen Frank Dyson, aber noch drohte ihm Haft, weil er sich der Einberufung widersetzte. Die staatlichen Behörden beriefen in Cambridge eine Verhandlung zur Prüfung von Eddingtons Haltung ein. Je länger sich das Verfahren hinzog, desto kritischer sah das Gericht seinen Standpunkt. Es war nicht mit seiner weiteren Freistellung vom Kriegsdienst zu rechnen, bis Frank Dyson eingriff. Eddington sei die Schlüsselfigur der Sonnenfinsternis-Expedition und außerdem werde «unter den gegenwärtigen Umständen die Sonnenfinsternis nur von sehr wenigen Menschen beobachtet werden. Professor Eddington ist in besonderem Maße qualifiziert, diese Beobachtungen vorzunehmen, und ich hoffe, das Tribunal wird ihm gestatten, diese Aufgabe zu erfüllen.»[16] Die Sonnenfinsternis beeindruckte das Gericht und Eddington erhielt ein weiteres Mal die Freistellung wegen «nationaler Belange». Einstein hatte ihn vor der Front bewahrt.

Aus Einsteins Theorie ließ sich folgende Vorhersage ableiten: Licht von entfernten Sternen, das dicht an einem massiven Himmelkörper wie der Sonne vorüberstreicht, wird abgelenkt. Eddingtons Vorschlag war, die Position des fernen Sternenhaufens der Hyaden zu zwei verschiedenen Jahreszeiten möglichst genau zu bestimmen. Zuerst wollte er die Hyaden in einer klaren Nacht anpeilen, wenn nichts seinen Blick verstellte und keine anderen Himmelsobjekte ihre Lichtstrahlen ablenken konnten. Dann wollte er ihre Position abermals bestimmen, wenn sich die Sonne vor dem Sternhaufen befand. Das musste während einer totalen Sonnenfinsternis geschehen, wenn der Mond fast das gesamte helle Sonnenlicht blockierte. Am 29. Mai 1919 würden die Hyaden direkt hinter der Sonne liegen und die Bedingungen wären perfekt. Ein Vergleich der beiden Messungen – eine mit der Sonne und eine ohne – würde dann zeigen, ob eine Ablenkung des Lichts stattgefunden hatte. Und wenn diese Ablenkung etwa vier Tausendstel eines Grads oder 1,7 Bogensekunden betrug, dann träfe Einsteins Vorhersage zu – eigentlich ein klares, einfaches Vorhaben.

Doch ganz so einfach war es nicht. Die Sonnenfinsternis konnte nur an wenigen entlegenen und weit voneinander entfernten Punkten beobachtet werden. Um die nötige Ausrüstung aufzubauen, mussten die Astronomen weit reisen, und das in einer Welt, die eben erst einen verheerenden Krieg erlebt hatte. Eddington richtete sich zusammen mit Edward Cottingham vom Observatorium in Greenwich auf der Insel Príncipe ein. Sicherheitshalber wurde ein zweites Team mit den Astronomen Andrew Crommelin und Charles Davidson in ein Dorf namens Sobral mitten in der äquatornahen, bettelarmen und staubigen Region Nordeste von Brasilien entsandt.

Die kleine, üppig bewachsene Insel Príncipe im Golf von Guinea liegt in den feuchtheißen Tropen und wird regelmäßig von Stürmen heimgesucht. Die damalige portugiesische Kolonie war vor allem für den Kakao bekannt, den ortsansässige Landarbeiter für die Eigentümer einiger weniger ausgedehnter *Roças* – Plantagen – produzierten. Jahrzehntelang hatte man den englischen Schokoladenkonzern Cadbury mit Kakaobohnen versorgt. Anfang des 20. Jahrhunderts aber waren die Plantagen der Sklavenarbeit beschuldigt und daraufhin die Lieferverträge gekündigt worden, was den wirtschaftlichen Ruin der Insel bedeutete. Beim Eintreffen Eddingtons war die Insel schon fast in Vergessenheit geraten.

Eddington installierte seine Apparaturen in einem entlegenen Bereich der Roça Sundy, stets umhegt von deren Eigentümer. Die Zeit bis zum Tag der Sonnenfinsternis vertrieb er sich mit täglichem Tennisspiel auf dem einzigen Platz der Insel und mit Gebeten, sein Vorhaben möge nicht durch die häufigen Gewitter oder einen wolkenverhangenen Himmel zunichtegemacht werden. Cottingham richtete das Teleskop aus und sorgte sich, ob die Aufnahmen nicht durch die Hitze verzerrt würden.

Am Morgen der Sonnenfinsternis regnete es heftig und die Wolkendecke blieb vollständig geschlossen. Weniger als eine Stunde vor der Totalität klarte es dann etwas auf, so dass Eddington und Cottingham einen ersten Blick auf das Ereignis erhaschen konnten. Ein Teil der Sonne war bereits verdeckt. Gegen 14.15 Uhr war der Himmel so weit frei, dass Eddington und Cottingham ihre Messungen vornahmen und 16 Fotoplatten mit Aufnahmen der Sonne vor dem Sternhaufen der Hyaden belichteten. Gegen Ende der Sonnenfinsternis war der Himmel komplett wolkenlos und wunderschön. Eddington telegrafierte an Frank Dyson: «Durch Wolke. Voller Hoffnung.»[17]

Der wolkenverhangene Beginn in Príncipe war möglicherweise eine glückliche Fügung. In Sobral im brasilianischen Nordeste war der 29. Mai 1919 ein heißer, wolkenloser Tag und die Sonnenfinsternis konnte von Anfang an beobachtet werden. Crommelin und Davidson waren von ausgelassenen Einheimischen umringt, die sich das historische Ereignis nicht entgehen lassen wollten, und konnten den 16 Aufnahmen von Eddington und Cottington weitere 19 fotografische Platten hinzufügen. «Sonnenfinsternis fantastisch»,[18] telegrafierten sie in Feier-laune zurück. Was sie nicht wussten, war, dass die Messgeräte bei den ausgezeichneten Beobachtungsbedingungen durch die brasilianische Hitze so sehr verformt worden waren, dass die Messungen auf den Foto-platten wertlos waren. Nur mit den zur Sicherheit mit einem kleineren Reserveteleskop ermittelten Messdaten konnte die Expedition nach Sobral zum Experiment beitragen.

Da den Astronomen eine rasche Heimkehr nicht möglich war, konnte erst Ende Juli mit der Untersuchung der Fotoplatten begonnen werden. Von den 16 Platten, die Eddington belichtet hatte, zeigten nur zwei genügend Sterne für eine ernsthafte Messung der Ablenkung. Es ergab sich ein Wert von 1,61 Bogensekunden bei einer Fehlergrenze von 0,3 Bogensekunden, was mit Einsteins Prognose von 1,7 Bogensekunden im Einklang war. Die Aufnahmen aus Sobral ergaben dagegen beun-ruhigende 0,93 Bogensekunden. Das lag fernab der relativistischen Vor-hersage, aber sehr nahe am newtonschen Wert. Dies waren allerdings die Werte von Fotoplatten, die sich in der Hitze verformt hatten. Aus den Reservemessungen aus Sobral mit dem kleineren Teleskop ergab sich dann aber eine Ablenkung von 1,98 Bogensekunden bei einer sehr kleinen Fehlergrenze von 0,12 Bogensekunden – also wieder ein Wert nahe an Einsteins Prognose.

Am 6. November 1919 präsentierte das Forscherteam in einer von Frank Dyson angeführten Vortragsreihe bei einer gemeinsamen Tagung der Royal Society und der Royal Astronomical Society (RAS) die verschie-denen Messergebnisse. Die Redner schilderten zunächst die Schwierig-keiten der Forschergruppe in Sobral, um dann zu demonstrieren, dass die Beobachtung der Sonnenfinsternis Einsteins Vorhersage in spekta-kulärer Weise bestätigte.

J. J. Thomson, der Präsident der Royal Society, nannte die Messun-gen «die bedeutendste Erkenntnis auf dem Gebiet der Gravitations-theorie seit Newton» und fügte an: «Wenn sich bestätigen sollte, dass Einsteins Schlussfolgerung Gültigkeit behält – und sie hat mit dem Merkurperihel und der vorliegenden Sonnenfinsternis zwei ernsthafte Prüfungen bestanden –, dann ist sie das Ergebnis einer der größten Leistungen menschlichen Denkens.»[19]

Bereits am Tag nach der Tagung im Burlington House erschienen Thomas' Worte in der Londoner *Times*. Neben einer Anzahl von Artikeln, in denen der Jahrestag des Waffenstillstands und die «Ruhmreichen Gefallenen» gewürdigt wurden, stand ein Bericht über die Ergebnisse der Sonnenfinsternis-Expeditionen mit dem Titel «Wissenschaftliche Revolution. Neue Theorie des Universums. Newtons Vorstellungen verworfen».[20] Die Kunde über Einsteins neue Theorie und Eddingtons Expedition verbreitete sich im angelsächsischen Sprachraum wie ein Lauffeuer und erreichte am 10. November Amerika mit den reißerischen Schlagzeilen der *New York Times:* «Alles Licht am Himmel ist schief», «Einsteins Theorie triumphiert», und, etwas umständlicher, «Sterne nicht dort, wo sie zu sein scheinen oder rechnerisch sein sollten, aber niemand braucht sich deswegen zu sorgen».[21]

Eddington hatte richtig spekuliert. Er hatte sich Einsteins neue allgemeine Relativitätstheorie angeeignet und auf die Probe gestellt und war so zum Vorboten der neuen Physik aufgestiegen. Von nun an zählte Eddington zum kleinen Kreis von Experten, deren Meinung zur neuen Relativität, ihrer Interpretation und Weiterentwicklung gefragt war.

Einstein selbst wurde durch Eddingtons Aufsehen erregende Expedition zum Superstar, sein Leben ein völlig anderes. Die allgemeine Relativitätstheorie erlangte zumindest zeitweise eine Popularität und einen Ruhm, wie Wissenschaftler sie nur äußerst selten erleben. Newton, der über Jahrhunderte unangefochten regiert hatte, war entthront, und obwohl kaum jemand die mathematische Sprache der Theorie wirklich verstand, hatte sie Eddingtons Überprüfung bravourös standgehalten. Außerdem wurde Einstein nun nicht mehr als Feind gesehen; der Krieg war zu Ende. Deutschen Wissenschaftlern begegnete man zwar noch immer mit einer gewissen Feindseligkeit, aber Einstein wurde hiervon ausgenommen. Inzwischen war allgemein bekannt, dass er das Manifest der 93 nicht unterzeichnet hatte. Er war nicht einmal Deutscher, sondern Schweizer und Jude. In einem Artikel für die *Times* schrieb er kurz nach Eddingtons historischem Vortrag vor der RAS: «Heute gelte ich in Deutschland als ‹deutscher Mann der Wissenschaft›, in England dagegen als ‹Schweizer Jude›. Sollte ich aber einst in Ungnade fallen, dann werden sich die Bezeichnungen vertauschen, und ich werde für die Deutschen ein ‹Schweizer Jude› und für die Engländer ein ‹deutscher Mann der Wissenschaft› sein.»[22]

Aus dem unbekannten und von nur wenigen Koryphäen seines Fachs geschätzten Prüfer im Patentamt mit Neigung zur Unverfrorenheit war eine Kulturikone und ein in Amerika, Japan und ganz Europa gefragter Vortragsredner geworden. Die einem einfachen Gedankenexperiment im Berner Büro im Patentamt entsprungene allgemeine Relativitätstheorie hatte sich in einen neuen und vollständig ausgearbeiteten Ansatz für die Physik verwandelt. Damit hatte die Mathematik in der Physik der Relativität Einzug gehalten, mit einem System ineinander verwobener, eleganter Gleichungen, das die Welt erobern sollte. Andere mussten nun herausfinden, was diese Gleichungen bedeuteten.

Kapitel 3

Korrekte Mathematik, schreckliche Physik

Einsteins Feldgleichungen waren ein Wirrwarr vieler unbekannter Funktionen, konnten prinzipiell aber gelöst werden – die nötigen Fähigkeiten und Entschlossenheit vorausgesetzt. In den folgenden Jahrzehnten nahmen sich der vielseitige sowjetrussische Mathematiker und Meteorologe Alexander Friedmann und der brillante und entschlossene belgische Priester und Astrophysiker Abbé Georges Lemaître die Gleichungen der allgemeinen Relativitätstheorie vor und erschufen daraus ein radikal neues Bild des Universums, das Einstein selbst sehr lange nicht akzeptieren konnte. Die beiden verhalfen der Theorie zu einem Eigenleben, auf das Einstein keinen Einfluss mehr hatte.

Beim Aufstellen seiner Feldgleichungen im Jahr 1915 war Einstein davon ausgegangen, diese auch selbst zu lösen. Eine Lösung, die das ganze Universum genau abbildete, schien ihm dafür ein guter Ausgangspunkt zu sein. So machte er sich 1917 an die Arbeit, mit einigen einfachen Annahmen. Laut seiner Theorie diktierte die Verteilung von Materie und Energie, was die Raumzeit zu tun hatte. Um das Weltall als Ganzes zu modellieren, musste er die gesamte im Universum befindliche Materie und Energie berücksichtigen. Für seinen ersten Versuch wählte Einstein die einfachste und logische Annahme, Masse und Energie seien gleichmäßig im ganzen Raum verteilt. Damit folgte er einer Auffassung, die im 16. Jahrhundert die Astronomie grundlegend verändert hatte. Damals hatte Nikolaus Kopernikus den Vorschlag gewagt, dass die Erde nicht den Mittelpunkt des Weltalls darstellt, sondern stattdessen um die Sonne kreist. Diese «kopernikanische Wende» ließ unseren Platz im Universum über die Jahrhunderte immer unbedeutender erscheinen. Mitte des 19. Jahrhunderts stellte sich heraus, dass selbst die Sonne nicht besonders wichtig war, sondern irgendwo in einem Spiralarm unserer Galaxie lag – der Milchstraße. Als sich Einstein an seine Gleichungen machte, erweiterte er die Vorstellung, dass das Universum überall mehr oder weniger gleich aussah, um den logischen Schluss, dass es dort keine bevorzugte Stelle, kein Zentrum geben könne.

Wenn man von einem Weltall ausging, in dem alles gleichmäßig verteilt war, wurden die Feldgleichungen sehr viel einfacher, doch ergab sich eine verblüffende Konsequenz: Einsteins Feldgleichungen sagten voraus, dass sich in einem solchen Universum eine Entwicklung vollzog. An einem bestimmten Punkt mussten all die gleichmäßig verteilten Energie- und Materiehäppchen anfangen, sich in geordneter Weise zu bewegen. Kein Stillstand, nirgends. Am Ende stürzte möglicherweise alles in sich zusammen, zog die Raumzeit dabei mit sich und das Weltall hörte auf zu existieren.

Vom Universum insgesamt hatte die Astronomie um das Jahr 1916 bestenfalls eine eingeschränkte Vorstellung. In der Milchstraße kannte man sich zwar ganz passabel aus, aber über das, was dahinter lag, war im Grunde nichts bekannt. Niemand hatte konkrete Anhaltspunkte dafür, wie sich das Universum als Ganzes verhielt. Den Beobachtungen zufolge bewegten sich die Sterne ein bisschen, aber nicht dramatisch und in großem Maßstab ganz bestimmt nicht in geordneter Weise. Wie den meisten Menschen erschien Einstein der Sternenhimmel feststehend; nichts deutete darauf hin, dass das Weltall zusammenstürzte oder sich ausdehnte. Nicht ganz unvoreingenommen und im Vertrauen auf seine physikalische Intuition schlug Einstein eine Korrektur vor, die das veränderliche Universum aus seiner Theorie tilgte. Dazu fügte er den Feldgleichungen eine neue kosmologische Konstante (auch kosmologisches Glied genannt) ein, die das Universum stabilisierte, indem sie alles, was darin enthalten war, kompensierte. Die gesamte Energie und Materie, die Einstein gleichmäßig im Weltall verteilt hatte, zog die Raumzeit zusammen, aber die kosmologische Konstante drückte dagegen, damit das Universum nicht kollabierte. Dieses Ziehen und Drücken hielt das Universum in einem labilen Gleichgewicht, unveränderlich und in sich ruhend, wie es nach Einsteins Überzeugung sein musste.

Dass er von einem sich entwickelnden Universum zurückschreckte, machte seine Theorie ungleich komplizierter, und er räumte später selbst ein, dass die Einführung einer solchen Konstante eine beträchtliche Abkehr von der logischen Einfachheit der Theorie bedeute.[1] Einem Freund sagte er, mit dem Einfügen der Konstante habe er «etwas angestellt in der Gravitationstheorie, was mich mit der Einweisung in ein Irrenhaus bedroht».[2] Aber es erfüllte seinen Zweck.

Im Vorfeld der Entdeckung der Relativität stand Einstein häufig im schriftlichen Austausch mit Willem de Sitter, einem holländischen Astronomen an der Universität Leiden. Als Einwohner eines neutralen Staates war de Sitter während des Ersten Weltkrieges entscheidend beteiligt gewesen an der Übermittlung von Informationen über Einsteins Theorie nach England, wo Eddington die Erkenntnisse eingehend geprüft hatte; de Sitter war es auch gewesen, der bei der Vorbereitung der Sonnenfinsternis-Expedition in aller Stille die Fäden gezogen hatte.

De Sitter, von Haus aus eigentlich Mathematiker, war bestens geeignet, um es mit den Feldgleichungen aufzunehmen. Als er einen Entwurf von Einsteins Arbeit darüber erhielt, wie sich aus den mit der kosmologischen Konstante verunstalteten Feldgleichungen ein statisches Universum ergibt, da war de Sitter vom ersten Moment an klar, dass Einsteins Lösung nicht die einzig mögliche war. Genau genommen, so gab er zu bedenken, könnte man sogar ein Universum entwerfen, das nichts als die kosmologische Konstante umfasste. Er schlug ein realistisches Modell eines Universums vor, das zwar Sterne, Galaxien und andere Materie enthielt, aber in so geringen Mengen, dass sie auf die Raumzeit keinen Einfluss hatten und die kosmologische Konstante nicht aufwiegen konnten. Die Geometrie von de Sitters Universum war folglich durch Einsteins Hilfskonstante vollständig determiniert.

Sowohl Einsteins als auch de Sitters Weltall waren statisch und unveränderlich, genau wie es Einstein aufgrund seiner Voreingenommenheit angenommen hatte. De Sitter bemerkte an seinem Entwurf jedoch eine seltsame Eigenschaft. Verstreute man einige Sterne und Galaxien in diesem Universum – eine durchaus vernünftige Vorstellung, wo das Weltall doch voll von solchen Dingen zu sein scheint –, dann setzten sie sich alle gemeinsam in Bewegung und trieben fort vom Mittelpunkt des Universums. Die *Geometrie* von de Sitters Universum war zwar für alle Zeit unveränderlich, aber die Objekte darin standen nicht still.

Schon wenige Wochen nachdem er Einsteins Arbeit über dessen statisches Universum erhalten hatte, konnte de Sitter ihm seine eigene Lösung zurücksenden. Einstein erkannte wohl, dass de Sitters Modell mathematisch schlüssig war, konnte sich aber mit einem Universum völlig ohne die Planeten und Sterne, die wir doch am Nachthimmel sehen, überhaupt nicht anfreunden. Für Einstein waren all diese Dinge wichtig, da sie uns doch überhaupt erst einen Sinn dafür gaben, dass wir uns bewegten oder drehten. Nur relativ zum Firmament der Sterne ließ sich sagen, ob wir beschleunigten, langsamer wurden oder uns im Kreis bewegten. Sie waren der Bezugspunkt für die Anwendung aller physikalischen Gesetze. Ohne sie versagte Einsteins Intuition. In einem Brief an Paul Ehrenfest äußerte er seine Verwirrung über diese Welt ohne Materie: «Es scheint unsinnig, solche Möglichkeiten einzuräumen.»[3] Einsteins Murren zum Trotz waren aus der allgemeinen Relativitätstheorie schon wenige Jahre nach ihrer Formulierung zwei statische, im Kern jedoch sehr unterschiedliche Modelle des Universums hervorgegangen.

Während Einstein an seiner allgemeinen Relativitätstheorie arbeitete, warf Alexander Friedmann Bomben auf Österreich. Er hatte sich als Pilot 1914 freiwillig zur kaiserlich russischen Armee gemeldet und diente zunächst bei einem Aufklärungsgeschwader an der Nordfront, später in Lemberg. Für eine kurze Zeit sah es aus, als könnten die Russen dort die Oberhand behalten. Friedmann und seine Kameraden flogen regelmäßig nächtliche Einsätze über dem Süden Österreichs, um Städte, die von der russischen Infanterie eingekesselt waren, zur Aufgabe zu zwingen. Die Russen konnten eine Stadt nach der anderen einnehmen.

In einem unterschied sich Friedmann von den anderen Piloten. Während seine Kameraden sich beim Abwurf der Bomben auf ihr Augenmaß verließen und die Trefferpunkte grob abschätzten, berechnete er mit einer selbst erdachten Formel aus seiner Fluggeschwindigkeit, der Flughöhe über Grund, dem Gewicht der Bombe und ihrer Geschwindigkeit, wo er sie ausklinken musste, um das gewünschte Ziel zu treffen. Und Friedmanns Bomben trafen immer. Für Tapferkeit im Feld bekam er später das Georgskreuz verliehen.

Vor dem Ausbruch des Krieges hatte sich Friedmann auf reine und angewandte Mathematik spezialisiert und besaß im Rechnen großes Geschick. Immer wieder nahm er sich Probleme vor, die sich im Zeitalter vor dem Computer nicht exakt lösen ließen. Friedmann war unerschrocken und reduzierte seine Gleichungen rigoros aufs Wesentliche, vereinfachte, wo er nur konnte, und warf alles Verwirrende als Ballast über Bord. Konnte er die Gleichungen dann immer noch nicht lösen, dann konstruierte er als Näherung an die Lösung Kurven und Schaubilder, die ihm die benötigten Antworten lieferten. Sein Hunger auf mathematische Probleme war unersättlich, und er packte alles an, von Wettervorhersagen und dem Verhalten von Wirbelstürmen bis zu den Wurfparabeln seiner Bomben. Nichts war so schwierig, dass es ihm Angst eingejagt hätte.

Anfang des 20. Jahrhunderts befand sich Russland im Umbruch. Das Zarenreich stolperte von einer Krise in die nächste und hatte der wachsenden Unzufriedenheit der hoffnungslos verarmten Bevölkerung und den zunehmenden politischen Spannungen in Europa nichts entgegenzusetzen. Friedmann wirkte begeistert am sozialen Wandel mit. Als Oberschüler führte er während der ersten Russischen Revolution von 1905 einige der Schülerdemonstrationen an, die das Land schockierten. Er brillierte beim Studium an der Sankt Petersburger Universität, er kämpfte und führte im Krieg an vorderster Front, als Aufklärungs- und Bomberpilot, Ausbilder für Luftfahrt sowie als Leiter einer Fabrik für Navigationsinstrumente.

Nach dem Krieg ließ sich Alexander Friedmann als Professor in Petrograd nieder – dem ehemaligen Sankt Petersburg, das bald schon Leningrad heißen sollte. Damit war der «Relativitätszirkus», wie Einstein ihn nannte, in Russland angekommen. Die bizarre und zugleich wunderbare Mathematik von Einsteins Gleichungen verlockte Friedmann natürlich sofort, seine herausragenden Fähigkeiten an ihrer Lösung zu erproben. Genau wie Einstein zuvor löste er das Gewirr zunächst, indem er von einem im großen Maßstab einfachen Universum mit gleichmäßig verteilter Masse ausging. Die Raumgeometrie sollte dann mit einer einzigen Zahl für die Gesamtkrümmung beschrieben werden. Nach Einsteins Überzeugung war diese Zahl endgültig festgelegt durch das Gleichgewicht zwischen seiner kosmologischen Konstante und der Dichte der Materie, die in Gestalt von Sternen und Planeten den Raum durchsetzte.

Friedmann ignorierte Einsteins Vorgaben und wählte einen eigenen Ansatz. Er prüfte den Einfluss von Materie und kosmologischer Konstante auf die Geometrie des Raums und kam zu einem verblüffenden Ergebnis: Diese eine Zahl, die Gesamtkrümmung des Raums, veränderte sich mit der Zeit. Der gewöhnliche Stoff des Universums, die überall verstreuten Sterne und Galaxien, führte dazu, dass sich der Raum zusammenzog und in sich zusammenstürzte. War die kosmologische Konstante eine positive Zahl, dann drückte diese den Raum auseinander und ließ ihn expandieren. Einstein hatte die beiden Effekte, wie gesagt, so ausbalanciert, dass sich Druck und Zug die Waage hielten und der Raum unbewegt blieb. Friedmann erkannte, dass es sich dabei lediglich um einen Spezialfall handelte. Die allgemeine Lösung besagte, dass das Universum veränderlich sein musste; es kontrahierte oder expandierte, je nachdem, ob die Materie oder die kosmologische Konstante überwog.

Im Jahr 1922 demonstrierte Friedmann in seiner bahnbrechenden Arbeit «Über die Krümmung des Raums», dass sowohl Einstein als auch de Sitter nur Spezialfälle für das mögliche Verhalten des Universums beschrieben hatten. Die allgemeinste Lösung umfasste dagegen die gesamte Bandbreite von zeitlich kontrahierenden bis zu expandierenden Universen. Eine besondere Klasse von Modellen konnte sogar zunächst expandieren und sich dann wieder zusammenziehen, in endloser Folge. Friedmann entlastete Einsteins kosmologische Konstante auch von der Aufgabe, das Weltall in Ruhe zu halten. Entgegen Einsteins ursprünglichem Modell gab es keinerlei Grund, die kosmologische Konstante auf irgendeinen Wert festzulegen. In der Schlussfolgerung seiner Arbeit bemerkte Friedmann etwas abschätzig: «Es ist noch zu bemerken, daß die ‹kosmologische› Größe … unbestimmt bleibt, da sie eine überzählige Konstante … ist.»[4] Durch die Abkehr von Einsteins Forderung nach einem statischen Universum hatte Friedmann gezeigt, dass die kosmologische Konstante im Grunde bedeutungslos war. Die von Einstein willkürlich in die Theorie eingefügte Komplikation war in einem dynamischen Universum völlig unnötig.

Diese Erkenntnis kam aus heiterem Himmel. Friedmann hatte weder mit Einstein korrespondiert noch dessen Vorlesungen an der Preußischen

Akademie der Wissenschaften gehört. Er hatte sich als Außenstehender von der Welle der Begeisterung nach Eddingtons Sonnenfinsternis-Expedition anstecken lassen und als mathematischer Physiker dieselben Fähigkeiten und Vorgehensweisen wie bei seinen Forschungen an Bomben oder am Wetter angewandt. Dabei war er auf ein Ergebnis gestoßen, das Einsteins Bauchgefühl widersprach.

Ein veränderliches Universum war für Einstein eine absurde Vorstellung. Als er Friedmanns Arbeit las, weigerte er sich anzuerkennen, dass seine Theorie eine solche Möglichkeit offenließ. Friedmann *musste* sich irren, und Einstein wollte das beweisen. Sorgfältig arbeitete er Friedmanns Ableitungen durch und stieß auf einen vermeintlich grundsätzlichen Fehler. War dieser korrigiert, dann ergab Friedmanns Rechnung genau das von Einstein vorhergesagte statische Universum. Rasch veröffentlichte er eine Notiz mit der Bemerkung, «die Bedeutung»[5] von Friedmanns Arbeit sei der Nachweis, dass das Universum konstant und unveränderlich ist.

Friedmann war fassungslos. Er war sich sicher, keinen Fehler gemacht zu haben; Einstein musste sich verrechnet haben. Er schrieb Einstein einen Brief, in dem er beschrieb, wo sich Einstein geirrt hatte, und fügte am Ende an: «Für den Fall, dass Sie die in meinem vorliegenden Schreiben auseinandergesetzten Berechnungen für richtig befinden, so schlagen Sie es mir, bitte, nicht ab, davon die Redaktion der *Zeitschrift für Physik* in Kenntnis zu setzen.»[6] Er schickte den Brief nach Berlin und hoffte, dass Einstein rasch handeln würde.

Dieser Brief sollte Einstein nie erreichen. Sein Ruhm hatte ihm Einladungen zu einer endlosen Folge von Seminaren und Konferenzen eingebracht und er reiste um die Welt, von Holland und der Schweiz bis Palästina und Japan, während Friedmanns Brief daheim in Berlin Staub ansetzte. Nur zufällig traf Einstein auf der Durchreise bei der Sternwarte von Leiden einen Freund von Friedmann, der ihm von dessen Antwort erzählte. Und so kam es, dass Einstein sechs Monate später in einer Richtigstellung *seiner* Richtigstellung von Friedmanns Arbeit einräumte, dass dessen Ergebnis stimmte und es zeitveränderliche Lösungen für das Universum gab. Seine allgemeine Relativitätstheorie ließ also ein dynamisches Weltall zu. Dennoch hatte Friedmann nur gezeigt, dass es Lösungen zu Einsteins Theorie gab, die ein dynamisches Universum ergaben. Dies war nach Einsteins Meinung nur Mathematik und nicht die Realität. Noch immer war er davon überzeugt, dass das Weltall statisch sein musste.

Friedmann erlangte Berühmtheit, weil er den großen Meister selbst korrigiert hatte. Doch obwohl er einige Doktoranden darauf ansetzte, seine Ideen weiterzuentwickeln, und Einsteins Werk in der inzwischen entstandenen Sowjetunion auch weiter propagierte, wandte er sich wieder der Meteorologie zu. Im Jahr 1925 starb er mit 37 Jahren an Typhus, den er sich im Urlaub auf der Krim zugezogen hatte, und sein mathematisches Modell eines dynamischen Universums wurde für einige Jahre nicht weiterverfolgt.

Georges Lemaître kam schon in jungen Jahren zur Mathematik und zur Religion. Er war gewandt im Umgang mit Gleichungen und glänzte in der Schule bei mathematischen Denkaufgaben mit sauberen, neuen Lösungen. Nach der Jesuitenschule in Brüssel studierte er im belgischen Löwen Bauingenieurwesen, bis er 1914 zum Militärdienst einberufen wurde. Während Einstein und Eddington für den Frieden eintraten, kämpfte Georges Lemaître in Belgien im Schützengraben gegen den Einmarsch der Deutschen, die mit der Zerstörung von Löwen die internationale Gemeinschaft gegen sich aufbrachten. Dies führte zum berüchtigten Manifest der 93 deutschen Wissenschaftler, das die Beziehung zwischen der englischen und deutschen Wissenschaft so nachhaltig vergiftete. Lemaître zeichnete sich als Soldat aus, wurde Kanonier und stieg bald zum Offizier der Artillerie auf. Wie Alexander Friedmann wandte er seine Vorliebe für knifflige Aufgaben auf ballistische Fragen an. Bei Kriegsende wurde er von der belgischen Armee für besondere Tapferkeit ausgezeichnet.

Die Erfahrungen auf dem Schlachtfeld, die vernichtende Wirkung von Chlorgas in den Schützengräben und die Brutalität an der Front hinterließen bei Lemaître bleibende Erinnerungen. Nach seiner Entlassung studierte er nicht nur Physik und Mathematik, sondern trat auch ins Maison Saint Rombaud ein, wo er 1923 zum Jesuitenpriester geweiht wurde. Zeitlebens folgte er neben seiner Faszination für Mathematik auch seiner geistigen Berufung und stieg in der katholischen Kirche bis zum Präsidenten der Päpstlichen Akademie der Wissenschaften auf. So machte er sich als wissenschaftlicher Priester daran, die Gleichungen des Universums zu lösen.

Schon während seines Studiums an der Universität Löwen begeisterte sich Lemaître für Einsteins allgemeine Relativitätstheorie. Er hielt Seminare und schrieb kurze Artikel zu diesem Thema. Im Jahr 1923 wechselte er ins englische Cambridge, wohnte in einem Wohnheim für katholische Geistliche und forschte mit Eddington an der Relativitätstheorie. Bei Eddington erlernte Lemaître die nötigen Grundlagen und erlebte die Suche nach der wahren Theorie des Universums aus erster Hand. Lemaître machte großen Eindruck auf Eddington, der ihn als «hochintelligenten, hellsichtigen Studenten mit wunderbar wachem Verstand und außerordentlichen mathematischen Fähigkeiten»[7] bezeichnete. Als Lemaître 1924 nach Cambridge, Massachusetts, weiterzog, wurde die Frage nach der Gestalt des Universums zur zentralen Aufgabe, der er sich in seiner Doktorarbeit am MIT widmete.

Im Jahr 1923, als sich Lemaître der Kosmologie zuwandte, waren die Weltmodelle von Einstein und de Sitter noch immer aktuell, denn andere waren aus Einsteins Gleichungen bislang nicht entwickelt worden, aber sie waren eben nur mathematische Modelle. Keines von beiden war durch Beobachtungen bestätigt worden. Alexander Friedmanns veränderliches Universum hatte keinen bleibenden Eindruck hinterlassen, und noch immer genügte Einsteins Abneigung gegen ein dynamisches Universum, um andere davon abzuhalten, solche Gedanken weiterzuverfolgen. Nach vorherrschender Meinung war das Universum noch immer sehr unbeweglich. Eddington hatte allerdings Gefallen an de Sitters Modell gefunden, in dem Sterne und Galaxien vom Mittelpunkt auseinanderdrifteten. De Sitter hatte angemerkt, sein Weltallmodell müsse sich durch Beobachtung überprüfen lassen. Das Licht weit entfernter Objekte sei ins Rote verschoben.

Wir können uns das Licht als Ansammlung von Wellen verschiedener Wellenlänge vorstellen, die unterschiedlichen Energiezuständen entsprechen. Rotes Licht hat eine größere Wellenlänge und einen niedrigeren Energiezustand als blaues Licht am anderen Ende des sichtbaren Spektrums. Das Licht eines Sterns, einer Galaxie oder eines anderen hellen Gegenstands ist eine Mischung dieser Wellen mit unterschiedlichem Energieinhalt. De Sitter erkannte, dass das Licht weit entfernter

Objekte immer zum Roten hin verschoben erscheint, mit größerer Wellenlänge und geringerer Energie als ähnliche, umliegende Objekte. Je weiter ein Gegenstand entfernt war, desto röter sah er aus. Um de Sitters Modell zu testen, brauchte man also im wirklichen Universum nur nach diesem Effekt zu suchen.

Gemeinsam mit Hermann Weyl, einem Schüler von David Hilbert aus Göttingen, unterzog Eddington de Sitters Modell einer eingehenden Prüfung.[8] Es stellte sich heraus, dass zwischen der Rotverschiebung und der Entfernung eines Sterns oder einer Galaxie ein sehr enger linearer Zusammenhang bestand, wenn die Objekte ursprünglich gleichmäßig in der Raumzeit verteilt gewesen waren. Ein Gegenstand, der doppelt so weit von der Erde entfernt war wie ein anderer, musste demnach eine Rotverschiebung doppelter Größe aufweisen. Dieses Prinzip wird De-Sitter-Effekt genannt.

Als Lemaître 1924 de Sitters Universum sowie Eddington und Weyls Erkenntnisse genauer untersuchte, erkannte er, dass die Gleichungen in de Sitters Arbeit auf merkwürdige Weise notiert waren. De Sitter war für seine Theorie von einer seltsamen Voraussetzung ausgegangen: Sein Universum hatte einen Mittelpunkt, und für einen Beobachter in diesem Mittelpunkt gab es einen Horizont, jenseits dessen nichts gesehen werden konnte. Dies widersprach Einsteins Grundannahme, der zufolge alle Orte in diesem Universum gleich sein sollten. Als Lemaître de Sitters Weltall so umformte, dass der Horizont verschwand und alle Punkte im Raum gleichwertig wurden, verhielt sich das Universum völlig anders. In Lemaîtres einfacherer Betrachtungsweise des Universums veränderte sich die Krümmung des Raums mit der Zeit, und auch die Geometrie änderte sich, als ob alle Punkte im Raum voneinander wegstrebten. Diese zeitliche Veränderung konnte den De-Sitter-Effekt erklären. Genau wie Friedmann einige Jahre zuvor war auch Lemaître über ein dynamisches Universum gestolpert. Lemaîtres Entdeckung, dass die Rotverschiebung mit dem expandierenden Universum zusammenhing, besaß etwas, das Friedmanns früherer Erkenntnis fehlte: Sie ließ sich durch Beobachtung der Wirklichkeit überprüfen.

Lemaître führte seine Analyse noch einen Schritt weiter und suchte nach weiteren Lösungen. Zu seiner Überraschung fand er heraus, dass Einsteins und de Sitters statische Modelle Sonderfälle, ja geradezu Abweichungen von Einsteins Theorie der Raumzeit darstellten. De Sitters Modell konnte wenigstens zu einem dynamischen Universum umgeformt werden, aber Einsteins Modell war in beinahe grotesker Weise instabil. Schon beim kleinsten Ungleichgewicht zwischen Materie und der kosmologischen Konstante begann sein Universum rasch zu expandieren oder zu kontrahieren und entfernte sich damit von dem beschaulichen Zustand, den Einstein so ersehnte. Lemaître kam zu dem Schluss, dass Einsteins und de Sitters Modelle genau genommen nur zwei aus einer riesigen möglichen Bandbreite waren, die allesamt mit der Zeit expandierten.

Der De-Sitter-Effekt war den Astronomen nicht verborgen geblieben. Schon 1915 und mithin bevor de Sitter sein Modell und den nach ihm benannten Effekt vorstellte, hatte der amerikanische Astronom Vesto Slipher die Rotverschiebungen von am Himmel verstreuten leuchtenden flächenhaften Objekten gemessen, sogenannten Nebeln. Dazu hatte er die Lichtspektren dieser Objekte aufgenommen. Die chemischen Elemente, aus denen ein leuchtendes Objekt besteht – sei es eine Glühbirne, ein Stück glühende Kohle, ein Stern oder ein Spiralnebel –, senden Licht in einem charakteristischen Muster verschiedener Wellenlängen aus. Wird dieses mit einem Spektrometer gemessen, dann erscheinen diese Wellenlängen als eine Abfolge von Strichen wie bei einem Barcode. Dieser Barcode wird das Spektrum des Objekts genannt.

Slipher benutzte seine Apparatur am Lowell-Observatorium in Flagstaff in Arizona, um am ganzen Himmel die Spektren von Nebelflecken zu messen. Dann verglich er diese Spektren mit dem, was er bei einer Spektralanalyse eines Gegenstands aus denselben Elementen auf seinem Schreibtisch im Büro erhalten hätte. (Die Spektren der Elemente, aus denen die Nebel bestanden, waren sattsam bekannt, so dass er sich die Messung im Büro sparen konnte.) Es zeigte sich, dass die Spektren der Nebelflecke am Himmel gegenüber dem, was er erwartet hatte, allesamt verschoben waren, und zwar entweder nach links oder nach rechts.

Die Verschiebung der Spektren bedeutete, dass die gemessenen Objekte in Bewegung waren. Wenn sich eine Lichtquelle vom Beobachter entfernt, dann erscheinen die Wellenlängen ihres Spektrums gedehnt.

Dieses Licht sieht dann röter aus. Bewegt sich eine Lichtquelle aber auf den Betrachter zu, dann wird das Spektrum zu kürzeren Wellenlängen verschoben und sieht blauer aus. Dies wird Doppler-Effekt genannt und dürfte den meisten vom Schall her vertraut sein. Kommt beispielsweise ein Krankenwagen rasch auf Sie zugefahren, dann ändert sich die Tonhöhe seines Martinshorns, wenn es an Ihnen vorbeifährt, und klingt tiefer, wenn sich der Wagen entfernt. Derselbe Effekt beim Licht ermöglichte es Slipher herauszufinden, wie sich die Dinge im Universum bewegten.

Sliphers Erkenntnisse kamen allerdings nicht völlig überraschend. Er erwartete, dass die Bewegung durch die Gravitationskraft benachbarter Objekte zustande kam. Eine seiner ersten Messungen deutete sogar darauf hin, dass Andromeda, ein heller Spiralnebel, sich auf uns zubewegte: Sein Licht zeigte eine Blauverschiebung. Aber Slipher arbeitete systematisch und zeichnete auch die Spektren weiterer Nebel auf. Zu seiner Überraschung schienen sie allesamt von uns wegzudriften. Es gab eindeutig einen Trend.[9]

Im Jahr 1924 machte der junge schwedische Astronom Knut Lundmark anhand von Sliphers Daten eine grobe Schätzung, wie weit diese Nebel von uns entfernt waren. Die exakte Distanz für jeden Nebel konnte er nicht bestimmen und war sich seiner Ergebnisse auch nicht sicher, aber er stieß auf einen weiteren verräterischen Trend: Je weiter die Nebel entfernt waren, desto schneller bewegten sie sich offenbar.[10]

Inzwischen schrieb man das Jahr 1927, und der Abbé Lemaître war dem Trend in de Sitters Modell, den auch Slipher in den Daten zu sehen glaubte, mathematisch auf die Spur gekommen. Seine Berechnungen ergaben sogar, dass Messungen eine lineare Abhängigkeit zwischen der Rotverschiebung und der Entfernung der Galaxien ergeben müssten. Wenn man in einem Diagramm die Entfernung auf der horizontalen und die Rotverschiebung auf der vertikalen Achse abtrug, dann mussten die Galaxien alle mehr oder weniger genau auf einer Geraden liegen. Ohne von Friedmanns Arbeit Kenntnis zu haben, schrieb Lemaître seine Ergebnisse für seine Doktorarbeit zusammen und veröffentlichte sie in einer unbedeutenden belgischen Fachzeitschrift.[11] Darin enthalten waren seine Berechnungen und ein kurzer Abschnitt über astronomische Beobachtungen, in dem er mit der Steigung der Geraden die lineare

Abhängigkeit genau bestimmte, die Eddington, Weyl und er erkannt hatten. Schlüssig durch Beobachtungen nachweisen ließ sich die Expansion nicht und die Daten waren voller Fehler, aber es war doch erstaunlich, wie gut alles zusammenpasste.

Zu Lemaîtres Entsetzen ignorierten alle führenden Theoretiker – sein früherer akademischer Lehrer Eddington eingeschlossen – seine Arbeit. Als Lemaître später im Jahr bei einer Konferenz mit Einstein zusammentraf, zeigte sich dieser von Lemaîtres Erkenntnissen nicht beeindruckt. Nicht ohne Nachsicht wies Einstein darauf hin, Lemaître habe mit seiner Arbeit lediglich die Ergebnisse Alexander Friedmanns repliziert. Einstein hatte zwar eingeräumt, dass Friedmanns Berechnungen korrekt waren, aber er klammerte sich noch immer an den Gedanken, dass diese merkwürdigen expandierenden Lösungen nur eine mathematische Kuriosität darstellten, die mit dem wirklichen Universum nichts zu tun hatte, da er doch wusste, dass dieses statisch war. Seine Einschätzung zu Lemaîtres Veröffentlichung schloss er mit einer abfälligen Breitseite: «Ihre Berechnungen sind zwar mathematisch richtig, aber Ihre Physik ist schrecklich.»[12] Und damit landete Lemaîtres Universum – wenigstens für eine Weile – auf dem Abstellgleis.

Edwin Hubble war eher für seine außerordentlichen Problemlösungen bekannt als für seinen persönlichen Charme. Er hatte an der Universität von Chicago studiert und war dort Boxchampion gewesen – zumindest behauptete er das. Dann verbrachte er als Rhodes-Stipendiat einige Jahre an der Universität Oxford, wo er einen schwer erträglichen britischen Akzent aufschnappte, den er bis ans Lebensende nicht mehr loswurde. Mit seinem aufgeblasenen Gehabe samt Tweedanzug und Pfeife war er die Personifikation eines englischen Landedelmanns. Nach seiner Zeit in Oxford zog Hubble genau wie Friedmann und Lemaître in den Krieg, doch der war schon vorüber, bevor er zum Einsatz kam.

Ende der zwanziger Jahre genoss Hubbles Forschung Aufmerksamkeit, da er Jahre zuvor einen Volltreffer gelandet hatte. Anfang des 20. Jahrhunderts war allgemein bekannt, dass wir in einem ungeheueren Strudeltopf voller Sterne leben, die unsere Galaxie bilden, die Milchstraße. Aber eine Frage beschäftigte die Astronomen: War die Milchstraße die einzige Galaxie im Weltall? Am Nachthimmel waren zwischen den Sternen schwache, rätselhafte Lichtflecke zu sehen – die Nebel, die Slipher beobachtete und deren Spektren er bestimmte. Waren diese Nebel nun entstehende Sterne in der Milchstraße oder sich neu bildende Galaxien? Wenn die Nebel tatsächlich andere Galaxien waren, dann war die Milchstraße nur eine Galaxie von vielen.

Hubble beantwortete die Frage, indem er die Entfernung eines bestimmten Nebels namens Andromeda bestimmte. Er hatte erkannt, dass er dazu besonders helle Sterne, die Cepheiden genannt werden, als Leuchtfeuer benutzen konnte. Dazu maß er, wie viel schwächer die Cepheiden, die er im Andromedanebel fand, verglichen mit denen in der Umgebung leuchteten. Je dunkler sie waren, desto weiter mussten sie entfernt sein. Die Entfernung bis zum Andromedanebel, die Hubble so ermittelte, war gewaltig: fast eine Million Lichtjahre, mithin fünf- bis zehnmal so weit wie die damals geschätzte Größe der Milchstraße. Der Andromedanebel konnte demnach nicht zur Milchstraße gehören – er war viel zu weit entfernt. Er war einfach eine andere Galaxie, genau wie die Milchstraße. Und wenn das für den Andromedanebel galt, warum nicht auch für viele andere Nebel? Mit dieser einen Messung machte Hubble das Universum 1925 auf einen Schlag sehr viel größer.[13]

Im Jahr 1927 besuchte Hubble eine Tagung der Internationalen Astronomischen Union in Holland. Dort bekam er die große Aufregung über die von de Sitter, Eddington und Weyl postulierte Rotverschiebung in den Nebeln mit und erfuhr von Sliphers Messungen, die möglicherweise erste Hinweise darauf lieferten, dass sich der Effekt nachweisen ließ.[14] Lundmarks Diagramm der linearen Abhängigkeit von Geschwindigkeit und Entfernung war 1924 kurz vor Hubbles Bestimmung der Entfernung zum Andromedanebel erschienen und mit einiger Skepsis aufgenommen worden. Der Abbé Lemaître hatte Hubbles Entfernungsmessungen für seine Publikation von 1927 verwendet, aber diese war in einem wenig verbreiteten belgischen Fachblatt – und dazu auf Französisch – erschienen und niemand hatte sie gelesen. Hubble sah die Möglichkeit, sich hier einzuschalten, den De-Sitter-Effekt selbst nachzuweisen und die vorigen Versuche zu übergehen, um sich selbst als Entdecker zu positionieren.

Zu diesem Zweck verpflichtete Hubble Milton Humason vom technischen Personal des Teleskops auf dem Mount Wilson. Allnächtlich richteten die beiden in den Bergen hoch über dem kalifornischen Pasadena die Prismen ein und bestimmten Spektren. Es war eine undankbare Aufgabe. In der Kuppel war es kalt und dunkel, und Humason bekam auf dem Stahlboden taube und wunde Füße. Sein Rücken schmerzte, weil er sich beim Blick durchs Okular auf der Suche nach den Spektrallinien der betreffenden Nebel so verrenkte. Er wusste, dass er Slipher übertreffen und wirklich schwach leuchtende Nebel untersuchen musste. Denn je dunkler diese waren, desto weiter waren sie entfernt. Dabei musste er sich allerdings mit einer Apparatur herumschlagen, die für diese Art von Messungen eigentlich nicht gedacht war. Für ein einziges Spektrum brauchte er hier zwei oder drei Tage, während das an anderen Teleskopen schon in ein paar Stunden zu schaffen war.[15]

Humason maß Rotverschiebungen, während sich Hubble auf Entfernungsbestimmungen konzentrierte. Er maß für jeden Nebel die ausgestrahlte Lichtmenge und glich die Resultate ab. Wenn er diese mit der von ihm bestimmten Entfernung zum Andromedanebel verglich, erhielt er grobe Anhaltspunkte dafür, wie weit die Objekte entfernt waren. Diese Entfernungswerte kombinierte er mit Sliphers und Humasons Werten der Rotverschiebung, um zu sehen, ob zwischen beiden tatsächlich ein linearer Zusammenhang bestand, das Merkmal des De-Sitter-Effekts.

Im Januar 1929 verfügten Hubble und Humason über die Rotverschiebung von 46 Nebeln. Bei den 24 näher gelegenen hatte Hubble die Entfernung bestimmt und trug die Werte in einem Diagramm auf: auf der x-Achse die Entfernungen, auf der y-Achse die aus der beobachteten Rotverschiebung bestimmten Geschwindigkeiten.

Hubble reichte das Ergebnis – ohne Humason zu nennen – zur Veröffentlichung ein, eine kurze Arbeit mit dem Titel «Ein Zusammenhang zwischen Entfernung und Radialgeschwindigkeit extragalaktischer Nebel». Eigentlich war ihm Lundmark zuvorgekommen, aber Hubble erwähnte Lundmarks Arbeit nur flüchtig und betonte stattdessen die Bedeutung seines eigenen Beitrags. In seinem letzten Absatz resümierte er: «Das Herausragende ist allerdings die Möglichkeit, dass der Zusammenhang zwischen Geschwindigkeit und Entfernung durch den De-Sitter-Effekt bedingt ist, weswegen die Messdaten Eingang in die Diskussion der allgemeinen Krümmung des Raumes finden könnten.» Am selben Tag reichte Humason eine kurze, bescheidene Arbeit über seine Messungen der Rotverschiebung und Entfernung eines Nebels mit etwa der doppelten Distanz wie bei den von Hubble angeführten Beispielen ein.[16] Auch dieser Nebel erfüllte offenbar die von Hubble publizierte Gesetzmäßigkeit. Da war er also, der De-Sitter-Effekt.

Lundmark und Lemaître mochten ihm zuvorgekommen sein, aber erst Hubbles Arbeit von 1929 über die lineare Abhängigkeit von Rotverschiebung und Entfernung war der Katalysator, der die Kosmologie zusammenführte. In den Folgejahren konnten die seit einem Jahrzehnt reifenden Ideen von Einstein, de Sitter, Friedmann und Lemaître endlich zu einem einzigen schlüssigen Bild vereint werden. Der Beweis für das Zurückweichen der Galaxien war in Sliphers Daten, in Lundmarks und Lemaîtres vorsichtigen Analysen zwar schon enthalten gewesen, aber erst Hubbles und Humasons Publikationen überzeugten die Astronomen, dass der De-Sitter-Effekt Wirklichkeit war.

Ein Jahr nachdem Hubble die Arbeit eingereicht hatte, schrieb Eddington ein Diskussionspapier über den De-Sitter-Effekt und Hubbles Beobachtungen für dieselbe Zeitschrift *The Observatory,* die in den dunklen Tagen des Weltkriegs seine Friedensappelle abgedruckt hatte. Der Abbé Lemaître, inzwischen an der Universität Löwen etabliert, las den Aufsatz mit einiger Verblüffung. Seine eigene Arbeit wurde mit keinem Wort erwähnt, sein weit einfacheres Modell eines expandierenden Universums war vergessen. Lemaître schickte sofort einen Brief an Eddington und beschrieb seine Arbeit von 1927, in der er andere Lösungen von Einsteins Gleichungen aufgezeigt hatte, bei denen das Universum expandierte. Am Ende fügte er an: «Ich schicke Ihnen zwei Exemplare der Arbeit. Vielleicht finden Sie Gelegenheit, eines an de Sitter zu senden. Ich habe ihm damals ebenfalls eines geschickt, aber wahrscheinlich hat er es nicht gelesen.»[17] Eddington war zutiefst beschämt. Sein «hochintelligenter» und «hellsichtiger» Student hatte ihn über seine Fortschritte auf dem Gebiet der Relativität auf dem Laufenden gehalten, doch Eddington hatte seine Arbeit schlicht ausgeblendet und vergessen. Er machte sich umgehend an die Verbreitung von Lemaîtres Vorstellung vom Universum und brachte de Sitter dazu, sein eigenes Modell zugunsten von Lemaîtres fallen zu lassen. Nun musste nur noch Einstein vom expandierenden Weltall überzeugt werden.

Einstein hatte so sehr im Rampenlicht gestanden, dass ihm die von Friedmann und Lemaître mit Hilfe seiner Theorie angestoßenen Umwälzungen genauso entgangen waren wie die Beobachtung sich entfernender Galaxien. Im Sommer 1930 musste allerdings auch er anerkennen, dass etwas in der Luft lag. Bei einem Aufenthalt in Cambridge wohnte er bei Eddington und dessen Schwester, wo er sich von Eddingtons Begeisterung für Hubbles Messungen und Lemaîtres Universum anstecken ließ. Auf einer seiner vielen Reisen machte er in Kalifornien halt und traf sich auf dem Mount Wilson mit Hubble, wo sich die beiden etwas unbeholfen über die neue Vorstellung vom Universum unterhielten. Einstein lernte erst später, fließend Englisch zu sprechen, und Hubble konnte kein Deutsch, aber beide erkannten, dass das expandierende Universum sowohl von Physikern als auch Astronomen angenommen wurde. So kam es, dass sich Einstein auf einer anderen Reise in Leiden mit de Sitter zusammensetzte und sich die neue aus seiner Theorie geborene Kosmologie zu eigen machte, indem er seine eigene Version eines expandierenden Universums vorstellte. Sie waren sich einig darin, das zusätzliche Glied fallen zu lassen, das Einstein einfügen zu müssen geglaubt hatte, damit seine Theorie funktionierte und das Universum statisch blieb. Damit verschwand die kosmologische Konstante, ein nachträglicher Einfall Einsteins aus dem Jahr 1917.

Lemaître hatte aus Einsteins Gleichungen bereits das expandierende Universum entwickelt, aber damit war die allgemeine Relativitätstheorie für ihn noch nicht erschöpft. Mit ihr musste auch eine Aussage über den Anfang der Zeit möglich sein. Ließ man sich erst einmal auf die Tatsache ein, dass das Weltall auseinanderstrebte, dann lag die Frage auf der Hand, warum es das tat. Verfolgt man die Entwicklung des Universums zurück, dann kommt man an einen Punkt, an dem die gesamte Raumzeit in einem einzigen Punkt zusammengedrängt war – ohne Frage eine bizarre Situation, ohne jede Entsprechung in unserer erlebbaren Umwelt. Und doch deuteten Friedmanns und Lemaîtres Modelle genau darauf hin: einen Ursprungsmoment, in dem die Raumzeit entsteht.

So präsentierte Lemaître einen radikal neuen Vorschlag für den Anfang des Universums, in dem wirklich alles seinen Ursprung hatte.

Seiner Ansicht nach ging es aus einem einzigen Ding hervor, einem Ur-atom oder Urei, wie er es nannte. Dieses Atom brachte die Materie hervor, die heute den Raum erfüllt. Das Atom zerfiel dabei gemäß der Gesetze der Quantenphysik, die gerade entwickelt wurde, genau wie der radioaktive Zerfall von Teilchen, der im Labor beobachtet worden war. Die Zerfallsprodukte des Atoms zerfielen dann selbst in weitere Partikel und so weiter und so fort.

Es war ein einfaches, hypothetisches und beinahe biblisches Mo-dell, aber Lemaître gab sich größte Mühe, die Religion aus seinem Vor-schlag herauszuhalten. Als Priester war er natürlich besonders leicht Verdächtigungen ausgesetzt, seinen Glauben auf eine letztlich rein wis-senschaftliche Hypothese abfärben zu lassen. Er veröffentlichte in *Na-ture* eine kurze Arbeit mit dem Titel «Der Beginn der Welt aus der Sicht der Quantentheorie». Der Titel sagte eigentlich alles. Hier ging es nicht um das Einschreiten höherer Mächte oder ein theologisches Gedanken-gebilde, sondern um die praktischen Auswirkungen der nüchternen, ob-jektiven Gesetze der Physik. So hatte es die Natur bestimmt. Lemaître fasste seine Ansicht folgendermaßen zusammen: «Wenn die Welt mit einem einzigen Quantum begonnen hat, dann haben die Begriffe von Raum und Zeit ganz zu Beginn keinerlei Bedeutung; diese erhalten sie vernünftigerweise erst, wenn sich das ursprüngliche Quantum in eine ausreichende Anzahl von Quanten geteilt hat. Sollte dieser Vorschlag zutreffen, dann erfolgte der Beginn der Welt noch etwas vor dem Beginn von Raum und Zeit.»[18]

Im Januar 1931 erklärte Eddington in seiner Rede als Präsident der British Mathematical Association, was er von Lemaîtres jüngster Idee hielt: «Die Vorstellung von einem Beginn der gegenwärtigen Ordnung stößt mich ab.»[19] Eddington hatte sich für Lemaîtres Arbeiten über das expandierende Weltall eingesetzt und Einstein dazu gebracht, vom sta-tischen Universum abzulassen. Lemaître verdankte Eddington seine internationale Prominenz, aber diese neue Idee war einfach zu viel für Eddington. Mit ihr schob Lemaître die Grenzen von Einsteins Theorie über die gültigen Grenzen hinaus – davon war Eddington jedenfalls überzeugt und ließ es jeden wissen.

Genau wie Einstein Friedmanns und Lemaîtres Erkenntnisse über die Expansion des Universums abgetan hatte, wies Eddington von sich, was aus der Mathematik doch eindeutig hervorging. Stattdessen machte er einen anderen Vorschlag. Aufgrund Hubbles und Humasons Daten über die Fluchtbewegung der Galaxien war Einsteins statisches Universum verworfen worden, aber nur ganz knapp. Bei der Durchsicht aller möglichen Lösungen für das Universum hatte Lemaître bei Einsteins statischem Universum eine verhängnisvolle Eigenschaft aufgedeckt, die Eddington nun zupasskam – es war instabil. Fügte man Einsteins statischem Universum nur ein kleines bisschen Masse zu, eine zusätzliche Galaxie, einen Stern, ja auch nur ein Atom, dann begann es, sich zu einem Punkt zusammenzuziehen. Nahm man aber etwas Masse weg, dann begann es zu expandieren und benahm sich letztlich so, wie Friedmann und Lemaître es beschrieben hatten. Diese Instabilität wollte Eddington so umdeuten, dass sie die Expansion erklären konnte.

Eddingtons Vorschlag für den Beginn der Expansion war zwar lückenhaft, dafür aber plausibel und einfach. Schon dass das Universum *begann,* war Eddington zufolge eine irreführende Bezeichnung; das Universum konnte in diesem Zustand für eine unendliche Dauer verharrt haben, bis sich die Materie in einer noch zu bestimmenden Art und Weise zusammenzuballen begann. Die Klumpen wurden zu Sternen und Galaxien und der leere Raum dazwischen begann Einsteins Instabilität gemäß zu expandieren. Ein zeitloses Universum ging damit elegant über in ein expandierendes.

Eddington war also nicht von Lemaîtres radikalem Vorschlag für den Anfang des Universums zu überzeugen, ganz im Gegensatz zu Einstein. Im Winter 1933 waren sowohl Einstein als auch Lemaître in den USA unterwegs und trafen sich auf dem wohltemperierten Campus des California Institute of Technology in Pasadena, wo der Abbé zwei Vorlesungen halten sollte. Ihr erstes Zusammentreffen bei der Solvay-Konferenz 1927 war unglücklich verlaufen, da Einstein Lemaîtres Arbeit abgekanzelt und auf die Schutthalde korrekter, aber irrelevanter Folgerungen aus seiner Theorie geworfen hatte. Diesmal waren die Vorzeichen anders, denn Lemaître zählte nun zu den herausragenden Akteuren der neuen Kosmologie. Die beiden Männer flanierten durch die Gärten des Athenaeums, wo der Lehrkörper des Caltech geselligen Umgang pflegte, und unterhielten sich anregend. Der *Los Angeles Times* zufolge machten sie dabei «ernste Gesichter, die verrieten, dass sie den gegenwärtigen Stand der kosmischen Angelegenheiten erörterten». Passenderweise lauschte Einstein Lemaîtres Vorlesung genau an dem Ort, an dem die Fluchtbewegung der Galaxien entdeckt worden war. Am Ende eines Seminars stand Einstein auf und sagte: «Dies ist die schönste und befriedigendste Erklärung der Schöpfung, die ich je gehört habe.»[20]

Über mehr als ein Jahrzehnt hatte ihn seine eigene Intuition in die Irre geführt, aber nun war Einstein zur Erkenntnis gekommen. Der Vorgang war durchaus bemerkenswert. Der Schöpfer der allgemeinen Relativitätstheorie hatte nicht den Mut gehabt, die Konsequenzen seiner Theorie für das Universum anzuerkennen, und stattdessen versucht, das Ergebnis durch einen willkürlichen Eingriff zu verfälschen. Nur weil Friedmann und Lemaître die allgemeine Relativität in ihrer ganzen mathematischen Herrlichkeit angenommen hatten, waren sie dem dynamisch expandierenden Weltall auf die Spur gekommen, das durch Beobachtungen bestätigt worden war. Für die Boulevardpresse kam Einsteins Lob für Lemaître einer Krönung gleich. So wie Einstein selbst ins Rampenlicht katapultiert worden war, wurde nun Lemaître als «führender Kosmologe der Welt»[21] gefeiert und sollte später zu den Vätern der modernen Kosmologie zählen. Die von ihm und Alexander Friedmann entwickelten Vorstellungen bereiteten den Boden für die Revolution, die sich fast dreißig Jahre später in der Kosmologie ereignen sollte.

Kapitel 4
Kollabierende Sterne

Robert Oppenheimer hatte kein besonderes Interesse an der allgemeinen Relativitätstheorie. Wie alle vernünftigen Physiker glaubte er an ihre Richtigkeit, aber für die Physik seiner Zeit maß er ihr keine besondere Bedeutung zu. Daher entbehrt es nicht einer gewissen Ironie, dass er einer der erstaunlichsten Prognosen der Theorie auf die Spur kommen sollte: der Entstehung von Schwarzen Löchern im Weltall.

Oppenheimers Interesse galt der *anderen* neuen Theorie, die im abgelaufenen Jahrzehnt aufgekommen war. Er hatte sich die Sporen als Quantenphysiker verdient, war berühmt geworden, hatte mit den Größen der modernen Physik in Europa geforscht und dann am Standort Berkeley der Universität von Kalifornien die führende Forschungsgruppe für Quantenphysik der Vereinigten Staaten aufgebaut. Wenn Einsteins Relativitätstheorie zu dieser Zeit eine Phase des Stillstandes und der Isolation durchmachte, dann lag das nicht zuletzt auch am Aufstieg der Quantenphysik und Leuten wie Oppenheimer. Als er 1939 mit seinem Studenten Hartland Snyder untersuchte, was am Ende des Lebenszyklus eines massereichen Sterns geschah, stieß er auf eine merkwürdige und unbegreifliche Lösung, die seit fast 20 Jahren im Hintergrund der allgemeinen Relativitätstheorie gelauert hatte. Wenn ein Stern groß und schwer genug ist, wird er bis zur Unsichtbarkeit kollabieren. Oppenheimer beschrieb, nach einiger Zeit «kapselt sich [der Stern] von jeglicher Kommunikation mit einem fernen Beobachter ab; nur sein Gravitationsfeld bleibt erhalten».[1] Es schien dann, als habe sich ein mysteriöser Schleier um den in sich zusammenstürzenden Ball aus Licht und Energie gehüllt, der ihn vor der Außenwelt verbarg, als schnüre sich die Raumzeit zu einem unbeschreiblich festen Knoten zusammen. Nichts drang dann mehr durch den Schleier nach außen, nicht einmal Licht. Oppenheimer war hier auf eine weitere mathematische Kuriosität gestoßen, die sich aus Einsteins Gleichungen ergab, und viele konnten sich mit dieser Vorstellung nicht anfreunden.

Fast ein Vierteljahrhundert vor Oppenheimers und Snyders Entdeckung hatte der deutsche Astronom Karl Schwarzschild Einstein einen Brief geschrieben und mit den Worten geschlossen: «Wie Sie sehen, meint es der Krieg freundlich mit mir, indem er mir trotz heftigen Geschütz-feuers in der durchaus terrestrischen Entfernung diesen Spaziergang in Ihrem Ideenlande erlaubte.»[2] Es war Dezember 1915 und Schwarzschild schrieb aus einem Schützengraben an der Ostfront. Er hatte sich 1914 gleich nach Kriegsbeginn freiwillig gemeldet, obwohl er als Direktor des Observatoriums in Potsdam nicht dazu verpflichtet war. Doch neigte Schwarzschild «mehr zum Praktischen», wie Eddington später sagte.[3] Genau wie Friedmann brachte er seine Kenntnisse als Physiker in den Militärdienst ein und reichte bei der Berliner Akademie sogar eine Arbeit «Über den Einfluss von Wind und Luftdichte auf die Flugbahn der Geschosse» zur Veröffentlichung ein.

In Russland hatte Schwarzschild die neueste Ausgabe der *Sitzungs-berichte der Preußischen Akademie der Wissenschaften* erhalten. Dort war er auf Einsteins kurze, aber atemberaubende Darstellung seiner neuen allgemeinen Relativitätstheorie gestoßen. Er hatte sich daran-gemacht, die Feldgleichungen aufzudröseln, und sich dabei auf die einfachste und physikalisch interessanteste Situation konzentriert, die ihm einfiel. Im Gegensatz zu Alexander Friedmann und Georges Lemaître, die Jahre später das Weltall als Ganzes betrachten sollten, richtete Schwarzschild, sehr viel bescheidener, sein Augenmerk auf die Raumzeit in der Umgebung einer kugelförmigen Masse wie einem Planeten oder Stern.

Angesichts eines Wirrwarrs wie Einsteins Gleichungssystem ist jede Vereinfachung hilfreich. Bei der Raumzeit um einen Stern konnte Schwarzschild seine Suche auf statische, zeitlich nicht veränderliche Lösungen eingrenzen. Darüber hinaus sollte die Lösung am Pol dieselbe sein wie am Äquator, so dass einzig die Entfernung eines Punktes im Raum vom Mittelpunkt des Sterns von Belang war.

Schwarzschilds Lösung war außerordentlich einfach, eine knappe Formel, die sich in Sekunden niederschreiben ließ. Und in gewisser Weise war sie auch naheliegend. Ab einer gewissen Entfernung vom Mittelpunkt des Sterns verhielt sich das Gravitationsfeld im Grunde so, wie es Newton Jahrhunderte zuvor berechnet hatte – die Anziehungskraft des Sterns hing ab von seiner Masse und verringerte sich mit dem Quadrat der Entfernung. Schwarzschilds Formel war anders, aber die Differenz war doch sehr klein – gerade genug, um die Drift des Merkurorbits zu erklären, die bei Einsteins Betrachtungen immer im Raum gestanden hatte.

Kam man dem Stern aber näher, so geschah etwas Verblüffendes. War er klein und schwer genug, dann hüllte ihn eine Kugelschale ein, welche keine Sicht auf Objekte hinter dem Stern erlaubte. Oppenheimer und Snyder sollten Jahre später dieselbe Fläche entdecken. Diese Fläche hatte auf alles, was sie passieren wollte, eine verheerende Wirkung. Alles, was zu dicht am Stern vorüberflog und auf die Innenseite der kugelförmigen Grenze geriet, kam nie wieder heraus – es gab kein Zurück mehr. Um Schwarzschilds Wunderkugel zu entkommen, musste man sich schneller als das Licht bewegen, und das war nach Einsteins Theorie unmöglich. Schwarzschild hatte entdeckt, was mehr als ein halbes Jahrhundert später als Schwarze Löcher bekannt werden sollte.

Schwarzschild schrieb seine Ergebnisse rasch zusammen und schickte sie Einstein mit der Bitte, sie an der Preußischen Akademie der Wissenschaften vorzutragen. Einstein war einverstanden und antwortete: «Ich hätte nicht erwartet, daß sich eine exakte Lösung des Problems formulieren lässt.»[4] Ende Januar 1916 präsentierte Einstein der Welt Schwarzschilds Lösung.

Schwarzschild kam nicht mehr dazu, seine Lösung weiterzuentwickeln, geschweige denn etwas über Oppenheimers und Snyders Berechnung zu erfahren. Noch in Russland kam bei ihm wenige Monate später die Blasensucht, eine bösartige Autoimmunkrankheit, zum Ausbruch. Sein Körper wandte sich gegen ihn und er starb im Mai 1916.

Einstein und seine Anhänger übernahmen Schwarzschilds Lösung rasch. Sie war einfach, gut zu beherrschen und eignete sich sehr gut für

Vorhersagen. So bei einem Modell der Sonne, mit dem die Bewegung der Planeten sowie die Präzession der Merkurbahn genau bestimmt werden konnten. Auch ließ sich die Ablenkung des Lichts vorhersagen, die Eddington in Príncipe zu messen hoffte. Schwarzschilds Lösung leistete den neuen Relativisten gute Dienste, wenn man von der unergründlichen Oberfläche absah, die den Kern gewisser kleiner, schwerer Sterne einhüllte und sich gegen alles abschottete.

Die Existenz dieser Fläche in den Feldgleichungen und in Schwarzschilds Lösung war nicht zu leugnen. Es handelte sich um eine gültige Lösung von Einsteins allgemeiner Relativitätstheorie. Aber gab es diese Fläche auch in der Realität?

In den zwanziger Jahren wandte sich Arthur Eddington der Frage zu, wie Sterne entstehen und sich entwickeln. Sein Ziel war, ihre Struktur, ausgehend von den physikalischen Grundgesetzen, in der Form korrekter mathematischer Gleichungen zu beschreiben. Er schrieb: «Wenn wir uns durch mathematische Analyse einen Begriff von einer Lösung erarbeiten …, dann haben wir Kenntnisse erhalten, die an die flüchtigen Gegebenheiten der physikalischen Wirklichkeit angepasst sind.»[5] Hatte man die Mathematik unter Kontrolle, dann ging es wie bei der allgemeinen Relativität nur noch darum, Gleichungen zu lösen. Eddington brachte 1926 das Buch *The Internal Constitution of Stars* (Der innere Aufbau der Sterne) heraus, das rasch zur Bibel der Stellarastrophysik wurde. Eddington war nun nicht mehr nur der Weltexperte für die allgemeine Relativität, nun war er auch die führende Kapazität für Sterne.

Die Sterne hatten bislang einige Rätsel aufgegeben. So hatte niemand eine genaue Vorstellung, wie sie die beobachteten ungeheuren Energiemengen ausstrahlen konnten. Erst Eddington fand eine plausible Erklärung, woher die Energie stammte. Um dies zu verstehen, müssen wir die einfachsten Atome näher betrachten. Ein Wasserstoffatom besteht aus zwei Teilchen, einem positiv geladenen Proton sowie einem Elektron mit negativer Ladung. Proton und Elektron werden durch elektromagnetische Kraft, die eine Anziehung entgegengesetzter Ladungen bewirkt, zusammengehalten. Das Proton ist dabei etwa 2000-mal schwerer als das Elektron und macht daher fast die gesamte Masse des Atoms aus.

Ein Heliumatom besteht aus zwei Elektronen und zwei Protonen. Es enthält im Kern aber zusätzlich zwei elektrisch *neutrale* Teilchen: Neutronen mit praktisch derselben Masse wie Protonen. In einem einfachen Modell des Heliumatoms bilden je zwei Protonen und Neutronen den Kern, um den die beiden Elektronen kreisen. Die vier Teilchen im Kern machen also fast die gesamte Masse des Heliumatoms aus; folglich sollte Helium viermal so schwer wie Wasserstoff sein. Helium ist aber etwas leichter, und zwar um etwa 0,7 Prozent, als die erwartete Masse von vier Wasserstoffatomen. Etwas Masse scheint zu fehlen. Und wo Masse fehlt, da fehlt nach Einsteins spezieller Relativitätstheorie Energie. Dies war Eddingtons Ansatzpunkt.

Eddington vertrat die Ansicht, die Energie der Sterne stamme aus der Umwandlung von Wasserstoff in Helium. Im wilden Inferno im heißen Innern der Sterne, so sein Modell, prallen Wasserstoffkerne, also Protonen, zusammen. Einige der Protonen verwandeln sich durch radioaktiven Zerfall in Neutronen, und aus Protonen und Neutronen bilden sich neue Heliumkerne. Bei diesem Vorgang gibt jedes Atom eine winzige Energiemenge ab. Die insgesamt von allen zerfallenen Atomen abgegebene Energie reicht aus, um den Stern zu befeuern und Licht auszusenden. Wenn die Sonne zu Anfang überwiegend aus Wasserstoff bestand, dann sollte sie etwa neun Milliarden Jahre lang brennen, bis sie vollständig in Helium umgewandelt ist. Geht man davon aus, dass die Erde etwa 4,5 Milliarden Jahre alt ist, dann passen die Zahlen recht gut zueinander.

Eddington schuf in seinem Buch ein ganzes System zur Erklärung der Stellarastrophysik. Nachdem er eine Energiequelle für die Sterne vorgestellt hatte, erklärte er, warum sie nicht kollabierten: Sie widerstanden dem Zug der Schwerkraft, indem sie alle produzierte Energie nach außen abstrahlten. Sterne waren vollkommene physikalische Systeme, die sich in Form von Gleichungen beschreiben ließen. Trotzdem war die in *The Internal Constitution of Stars* erklärte Geschichte nicht ganz vollständig. Eddington konnte mit Hilfe seiner mathematischen Pyrotechnik zwar das Leben der Sterne beschreiben, erklärte aber nicht ihren Tod. Sein Modell führte zu dem logischen Schluss, dass dem Stern irgendwann der Treibstoff ausging und damit die Strahlung verschwand, die verhindert hatte, dass er unter seinem eigenen Gewicht zusammenstürzte. Er meinte dazu in seinem Buch: «Es scheint, als müsse ein Stern in eine missliche Lage kommen, wenn sein Vorrat an subatomarer Energie schließlich erschöpft ist ... Es ist ein eigentümliches Problem, und es lassen sich viele fantasievolle Szenarien erdenken für das, was dann tatsächlich passieren wird.»[6] Eines dieser fantasievollen Szenarien folgte natürlich Einsteins Theorie und Schwarzschilds Lösung, so dass, wie Eddington schrieb, «die Schwerkraft so groß wird, dass das Licht nicht mehr vor ihr entkommen kann und die Strahlen auf den Stern zurückfallen wie ein Stein auf die Erde».[7] Für Eddington war dieses Szenario völlig abwegig, nichts als ein mathematisches Resultat. Denn, wie er erklärte, «wenn wir ein Resultat *beweisen,* ohne es zu verstehen – wenn es uns aus einem Irrgarten mathematischer Formeln völlig unerwartet vor die Füße fällt –, dann besteht keinerlei Anlass zu der Hoffnung, dass es tatsächlich gültig ist».[8]

Aber was passierte dann tatsächlich, wenn der Treibstoff ausging? Beobachtungen aus dem Jahr 1914 gaben gewisse Hinweise auf den Friedhof für stellare Zusammenbrüche. Die Astronomen hatten sich den hellsten Stern am Himmel vorgenommen, Sirius, der fast 30-mal so hell strahlt wie unsere Sonne, und dabei einen merkwürdigen, trüben Gefährten entdeckt, der ihn umkreist. Dieser Sirius B war trotz seiner schwachen Leuchtkraft unglaublich heiß und besaß noch andere bemerkenswerte Eigenschaften: Sirius B hatte in etwa dieselbe Masse wie die Sonne, aber einen sehr viel kleineren Radius als die Erde. Der Begleitstern musste also eine sehr hohe Dichte aufweisen. Seit Anfang der zwanziger Jahre bezeichnete man ein solches Objekt als weißen Zwerg, eine Kuriosität im Sternenzoo als mögliches Endstadium im Lebenszyklus eines Sterns. Einen Schlüssel für die Erklärung weißer Zwerge und ihres Schicksals sollte die neumodische Theorie der Quantenphysik liefern.

Die Quantenphysik zerteilte die Natur in ihre kleinsten Bausteine und fügte sie dann auf befremdliche Weise wieder zusammen. Sie wurde entwickelt, als Physiker im 19. Jahrhundert bei verschiedenen chemischen Verbindungen auf seltsame Erscheinungen beim Absorbieren und Wiederausstrahlen von Licht stießen. Anstatt Licht in einer kontinuierlichen Bandbreite von Wellenlängen aufzunehmen oder abzugeben, strahlten die Substanzen nur Licht ganz bestimmter Wellenlängen aus – die Lichtspektren, die Vesto Slipher und Milton Humason später das Prinzip der Rotverschiebung enthüllen sollten. Mit der damals herrschenden Physik Newtons und Maxwells Theorie der Elektrizität und des Lichts ließ sich dieses Phänomen nicht erklären.

Einstein hatte sich während seines Wunderjahres 1905 noch einer anderen experimentellen Merkwürdigkeit angenommen: dem photoelektrischen Effekt. Beschießt man ein Metall mit Licht, dann saugen seine Atome das Licht auf und geben ab und zu ein Elektron ab. Der Entdecker des Phänomens, Philipp Lenard, beschrieb es so: «Metallplatten müssen nur ultraviolettem Licht ausgesetzt werden, dann geben sie negative Elektrizität an die Luft ab.»[9] Nun könnte man meinen, man müsse das Metall einfach nur mit genügend Licht beschießen, damit das funktioniert, aber dies ist nicht der Fall. Ein Elektron wird nur freigesetzt, wenn der Lichtstrahl die passende Energie und Frequenz hat. Einstein betrachtete den Effekt und kam zu dem Schluss, dass das Licht in Energiepaketen vorliegt und demnach genauso quantisiert ist wie die Materie, die aus ihren Elementarteilchen besteht. Nur wenn eines dieser Lichtpartikel genau die richtige Frequenz besitzt, zeigt sich der photoelektrische Effekt. Einstein nannte diese Partikel «Lichtquanten», später sprach man von Photonen.

Im Gefolge des technischen Fortschritts bei den Experimenten an der Wende zum 20. Jahrhundert wirkte die Natur nicht mehr glatt und durchgängig, sondern unstetig, wie Stückwerk – in anderen Worten: quantisiert. Zu Beginn des 20. Jahrhunderts bildete sich allmählich eine ungefähre Vorstellung vom Aufbau der Natur im allerkleinsten Maßstab heraus, eine kunterbunte Ansammlung von Regeln für das Verhalten von Atomen und ihre Wechselwirkungen mit Licht. Einstein trug zwar gelegentlich zu dieser neuen Forschungsrichtung bei, aber zumeist verfolgte er die Entwicklung mehr oder weniger ungläubig. Die neuen Regeln für die quantisierte Welt waren unhandlich und wollten so gar nicht zu dem eleganten mathematischen Bild passen, das sich aus seinen Relativitätsprinzipien ergeben hatte.

Dann, im Jahr 1927, nahmen die Regeln der Quantenphysik endlich vernünftige Gestalt an. Zwei Physiker, Werner Heisenberg und Erwin Schrödinger, hatten unabhängig voneinander neue Erklärungen für die Quantennatur der Atome vorgestellt. Und genau wie Einstein bei seiner Relativitätstheorie hatten die beiden ihre Versionen der Quantentheorie in der Sprache der neuen Mathematik ausdrücken müssen. Heisenberg verwendete Matrizen, Zahlentabellen, bei denen man sehr sorgfältig vorgehen muss. Anders als bei normalen Zahlen erhält man bei Matrizen unterschiedliche Ergebnisse, je nachdem ob man A mit B oder B mit A multipliziert, und man darf auf Überraschungen gefasst sein. Schrödinger dagegen beschrieb die Wirklichkeit – also die Atome, Atomkerne und Elektronen, aus denen sie aufgebaut ist – in Form von Materiewellen. Dies sind sonderbare Objekte, die genau wie in Heisenbergs Theorie beschrieben unvorhergesehene physikalische Auswirkungen haben können.

Die bekannteste Folgerung aus der neuen Quantenphysik war das Prinzip der Unschärfe. In der klassischen newtonschen Physik bewegen sich Objekte als Reaktion auf äußere Kräfte in vorhersehbarer Weise. Kennt man die genauen Positionen und Geschwindigkeiten aller Bestandteile eines Systems, dann lassen sich alle künftigen Zustände des Systems vorausberechnen. Gerade die Vorhersage ist besonders leicht; man muss nur für jedes Partikel die Position im Raum sowie Richtung und Betrag der Geschwindigkeit kennen. In der neuen Quantentheorie war es aber *unmöglich*, sowohl Position als auch Geschwindigkeit eines Partikels mit perfekter Genauigkeit zu bestimmen. Wenn ein besonders hartnäckiger Forscher den Aufenthaltsort eines Teilchens haargenau bestimmt, dann hat er *nicht die geringste Ahnung* von der Geschwindigkeit des Teilchens. Man kann sich das vorstellen, als würde man mit einem wütenden Tier in einem Käfig arbeiten: Je mehr man es einengt, desto mehr wird es toben und an die Gitter des Käfigs hämmern. Sperrt man es in einen zu kleinen Käfig, dann wächst der Druck auf die Käfigwände ungeheuer an. Mit der Quantenphysik hielten Unschärfe und Zufall in die Physik Einzug. Und genau das Zufallsprinzip sollte sich bei der Aufklärung des Problems der weißen Zwerge als besonders nützlich erweisen.

Subrahmanyan Chandrasekhar hegte den schon fast verzweifelten Traum, Großes zu vollbringen. Chandra, wie er später genannt wurde, stammte aus einer wohlhabenden indischen Brahmanenfamilie und war ein fleißiger Schüler. Die Mathematik lag ihm besonders und er rechnete ebenso sorgfältig wie unerschrocken. Beim Studium an der Universität von Madras kam er in Kontakt mit neuen Ideen aus Europa und bewunderte die großen Wissenschaftler, von denen die neue Physik des 20. Jahrhunderts entwickelt wurde. Schon in jungen Jahren wollte es Chandra mit den Großen der modernen Physik aufnehmen. Später meinte er rückblickend: «Schon ganz früh war da der wichtige Beweggrund, der Welt zu zeigen, wozu ein Inder imstande war.»[10]

Von der neuen Quantenphysik war er hingerissen. Er las alle Bücher zum Thema, deren er habhaft werden konnte, darunter Eddingtons kurz zuvor erschienenes *The Internal Constitution of Stars.* Den entscheidenden Anstoß gab allerdings ein Buch des deutschen Physikers Arnold Sommerfeld über die Quanteneigenschaften der Materie.[11] Unter dem Eindruck von Sommerfelds Arbeit begann er, sich einen Namen zu machen mit eigenen Veröffentlichungen über statistische Eigenschaften von Quantensystemen sowie die Wechselwirkungen zwischen ihnen. Eine seiner ersten Arbeiten kam noch vor Chandras 18. Geburtstag in den *Proceedings of the Royal Society* heraus. Da nun kein Zweifel mehr bestand, dass er zu den Entdeckungen auf dem Feld der Quantenphysik in Europa beitragen konnte, wollte er seiner Berufung künftig in England folgen und machte sich für sein Promotionsstudium auf die weite Reise nach Cambridge.

Noch auf der Überfahrt mit dem Schiff der Gesellschaft Lloyd Triestino machte er eine erstaunliche Entdeckung, die sein Leben verändern sollte. Besessen von seiner Arbeit, beschäftigte er sich während der Reise mit einem Aufsatz von Ralph Fowler, einem Kollegen Eddingtons in Cambridge, in dem das Problem der weißen Zwerge gelöst schien. Fowler hatte dazu zwei Quantenkonzepte ins Feld geführt und sie in die Astrophysik übertragen. Da war zum einen Heisenbergs Unschärferelation, die Tatsache, dass man nicht gleichzeitig Aufenthaltsort und Bewegungszustand (oder Geschwindigkeit) eines Partikels bestimmen konnte. Das zweite Konzept war das paulische Ausschlussprinzip, welches besagt, dass sich zwei Elektronen (oder Protonen) in einem Atom nicht gleichzeitig in exakt demselben physikalischen Zustand befinden können – die sonderbaren Materiewellen, die Schrödinger für die Beschreibung des Quantenzustands eines Teilchens vorgeschlagen hatte. Tatsächlich scheinen sich zwei Atome grundsätzlich in einer Weise abzustoßen, dass sie niemals denselben Energiezustand einnehmen.

Fowler untersuchte Sirius B im Licht des Unschärfe- und des Ausschlussprinzips und kam zu dem Ergebnis, dass die Materie im Innern eines weißen Zwerges wie Sirius B so stark komprimiert war, dass er sie als Gas aus Elektronen und Protonen betrachten konnte. In einem Gas können sich die sehr viel leichteren Elektronen frei bewegen und sehr viel kräftiger zittern und schwingen. Wegen des Ausschlussprinzips darf kein Elektron einem anderen den Platz streitig machen. Wenn die Dichte zunimmt, bleibt jedem einzelnen Elektron weniger Raum für seine Bewegungen. Wenn die Elektronen aber immer mehr fixiert sind, kommt die Unschärferelation zum Tragen, die Geschwindigkeiten werden immer höher und die Elektronen gegeneinandergepresst. Die Masse dieser wild zitternden und herumjagenden Elektronen übt einen Druck nach außen aus, einen *Quantendruck* im Innern des weißen Zwerges, der der Schwerkraft entgegenwirkt. In einem bestimmten Stadium halten sich Schwerkraft und Quantendruck genau die Waage und der weiße Zwerg verharrt in Ruhe, strahlt kaum und bleibt von einem katastrophalen Ende verschont. Fowlers Erklärung schien Eddingtons Problem zu lösen. Offenbar konnten Sterne als weiße Zwerge enden. Damit endete die Erzählung von der Sternenentwicklung; der Cliffhanger in *The Internal Constitution of Stars* war beseitigt – so schien es jedenfalls.

Chandra sah sich Fowlers Lösung noch einmal an und machte etwas sehr Einfaches. Er setzte einen geschätzten Zahlenwert für die Dichte des Elektronengases in weißen Zwergen ein. Das Resultat war, wie zu erwarten, eine ungeheuer große Zahl, genau wie es Fowler in seiner Arbeit vorhergesagt hatte. Fowler hatte allerdings nicht ermittelt, wie hoch die Geschwindigkeit der Elektronen tatsächlich war. Chandra führte die einfache Berechnung durch und war geschockt: Die Elektronen schienen fast mit Lichtgeschwindigkeit herumzujagen. An diesem Punkt versagte Fowlers Beweisführung, denn er hatte den Einfluss der speziellen Relativität, der so entscheidend wird, wenn sich Dinge der Lichtgeschwindigkeit annähern, völlig außer Acht gelassen. Fowler war fälschlicherweise davon ausgegangen, dass sich die Elektronen im Innern des weißen Zwerges bewegen konnten, so schnell sie wollten, selbst wenn das *schneller* als mit Lichtgeschwindigkeit war.

Chandra machte sich daran, Fowlers Fehler zu verbessern. Er folgte Fowlers Argumentation bis zu dem Punkt, wo sich die Elektronen beinahe mit Lichtgeschwindigkeit bewegten. War die Dichte des weißen Zwerges so hoch, dass die Teilchen tatsächlich annähernd Lichtgeschwindigkeit erreichten, dann wandte er Einsteins spezielle Relativitätstheorie an, die besagte, dass sie sich nicht mehr schneller bewegen konnten – mit einem faszinierenden Ergebnis. Wurde der weiße Zwerg zu schwer, dann wurde auch seine Dichte zu groß und die Elektronen konnten der Schwerkraft nicht mehr entgegenwirken. Ein weißer Zwerg konnte also eine gewisse Masse nicht überschreiten. Chandras Berechnung ergab 90 Prozent der Masse der Sonne als Obergrenze. (Jahre später wurde ermittelt, dass der tatsächliche Wert eher bei 140 Prozent der Sonnenmasse liegt.) Wenn ein Stern seine Laufbahn als weißer Zwerg mit mehr als dieser maximalen Masse beendete, dann konnte er diese nicht tragen. Dann überwog die Schwerkraft und der Stern kollabierte.

Nach seiner Ankunft in Cambridge gab Chandra Eddington und Fowler einen Entwurf seiner Berechnung, aber die wollten nichts davon wissen. Die Instabilität hatte etwas zutiefst Beunruhigendes und drohte das von Eddington errichtete und vielversprechende Gedankengebäude, zu dem auch Fowler beigetragen hatte, zum Einsturz zu bringen. Deshalb blieb man in Cambridge reserviert. Im Lauf der folgenden vier Jahre verfeinerte Chandra seine Argumentation, und sein Vertrauen in seine Erkenntnis wuchs. Im Jahr 1933 schloss er seine Promotion ab und wurde mit 22 Jahren Stipendiat am Trinity College. Im Jahr 1935 hatte er seine Berechnungen so weit entwickelt, dass er sie bei einem der Monatstreffen der Royal Astronomical Society vorzustellen wagte.

So kam es, dass er am 11. Januar 1935 im Burlington House in London vor einer Anzahl der berühmtesten Astronomen stand und mit großer Sorgfalt die Grundzüge und Folgerungen seiner 19-seitigen Arbeit vortrug, deren Veröffentlichung in den *Monthly Notices* der Gesellschaft unmittelbar bevorstand. Er schloss mit den Worten: «Ein Stern großer Masse kann nicht ins Stadium eines weißen Zwerges übergehen, und über andere Möglichkeiten kann man nur spekulieren.»[12] Dieses seltsame Resultat ergab sich aus der Mathematik und Physik, der sie alle vertrauten, und musste deshalb ernst genommen werden. Es folgten höflicher Applaus und einige Fragen. Geschafft.

Der Präsident der RAS wandte sich nun an Eddington und bat ihn aufs Podium, um seine Arbeit über «Relativistische Entartung» vorzustellen. Eddington erhob sich und widmete sich in seinem etwa viertelstündigen Vortrag eingehend Chandras Ergebnissen, die im krassen Widerspruch zu Fowlers Lösung des Problems der weißen Zwerge standen. Am Ende lehnte er Chandras wasserdichte Ergebnisse rundheraus ab. Diese waren für Eddington «eine reductio ad absurdum der Formel der relativistischen Reduktion». Er sei fest davon überzeugt, dass «verschiedene zufällige Umstände zur Rettung des Sterns» eintreten könnten, und meinte: «Ich denke, es muss ein Naturgesetz geben, das verhindert, dass sich ein Stern in dieser absurden Weise verhält!»[13] Eddingtons Ansehen war so groß, dass die meisten Zuhörer Chandras These sofort verwarfen. Wenn Eddington sie für falsch hielt, dann *musste* sie falsch sein.

Chandra hatte sich mit dem mächtigen Eddington angelegt und verloren. Er torpedierte Eddingtons wunderschöne Geschichte vom Leben und Sterben der Sterne, und Eddington war nicht gerade begeistert darüber. Falls ein derartiger gravitativer Zusammensturz möglich war, dann musste man sich auch Schwarzschilds merkwürdiger Lösung widmen, mit all ihren bizarren Auswirkungen. Chandra sagte dazu viele Jahre später: «Nun, das zeigt deutlich, dass ... Eddington begriff, dass die Existenz einer Grenzmasse auf die Existenz von Schwarzen Löchern in der Natur hinausläuft. Aber diese Schlussfolgerung akzeptierte er nicht ... Hätte er sie akzeptiert, dann wäre er allen anderen um 40 Jahre voraus gewesen. Eigentlich ist das sehr schade.»[14]

Chandra kehrte vernichtet nach Cambridge zurück. Seine Auseinandersetzung mit Eddington sollte ihn ein Leben lang verfolgen. Einige Jahre später bekam er eine Stelle am Yerkes-Observatorium in Chicago angeboten. Er forschte nicht mehr an weißen Zwergen und scheute sich, darüber nachzudenken, was wohl geschah, wenn ihre Masse zu groß war. Würden sie sich unaufhaltsam in Richtung von Schwarzschilds Lösung bewegen, oder würde diese Entwicklung irgendwie aufgehalten werden? Diese Frage sollte Robert Oppenheimer beantworten.

J. Robert Oppenheimer war ein Kind der Quantentheorie. Er war in einer reichen New Yorker Familie mit echten van Goghs an den Wänden aufgewachsen, hatte die besten Schulen besucht und zunächst in Harvard, ab 1925 dann im englischen Cambridge studiert. Oppenheimers Mentor in Harvard schrieb in seinem Empfehlungsschreiben für Cambridge, Oppenheimer verstehe sich «nicht besonders gut auf die Tätigkeit im Labor», fügte aber an: «Eine interessantere Vorschlagswette werden Sie schwerlich bekommen.»[15] Oppenheimers Aufenthalt in Cambridge war eine Katastrophe und dauerte nur kurz. Bei einem Nervenzusammenbruch griff er einen Kollegen an und gestand, dass er versucht habe, einen anderen zu vergiften. Er brach die Zelte ab und versuchte es in Göttingen.

In Göttingen, der Heimatstadt David Hilberts, war die Quantenphysik mit offenen Armen empfangen worden, und einen besseren Ort hätte Oppenheimer nicht wählen können, um an der Revolution teilzuhaben. Gemeinsam mit seinem akademischen Lehrer Max Born verfasste er während der folgenden beiden Jahre eine Reihe von Veröffentlichungen, die seinen Namen in den Annalen der Quantenphysik verewigten. Die Born-Oppenheimer-Näherung wird bis heute an den Universitäten gelehrt und gehört zum unerlässlichen Instrumentarium bei der quantenmechanischen Behandlung von Molekülen. Oppenheimer schloss 1927 seine Promotion ab und kehrte einige Jahre später in die Vereinigten Staaten zurück, wo er eine Stelle an der Universität von Kalifornien in Berkeley antrat.

Oppenheimer machte Berkeley zu einem Leuchtturm der theoretischen Physik der dreißiger Jahre in Amerika. Oppie, wie er allgemein genannt wurde, hatte zu allem und jedem etwas zu sagen, ob Kunst, Poesie, Physik oder Segeln. Aufgrund seiner scharfen Auffassungsgabe machte er sich rasch auch mit schwierigsten Sachverhalten vertraut, hüpfte dabei von einem Projekt zum nächsten, wilderte intellektuell in anderen Forschungsrevieren und produzierte Erkenntnisse, die zwar nicht immer grundlegend, aber stets klug und zeitgemäß waren. War er anderer Meinung oder vermochte er einen Gedankengang nicht nachzuvollziehen, dann konnte er ungeduldig und bisweilen grausam sein, aber Oppenheimers schiere Anziehungskraft und Energie machten ihn zum geborenen Anführer, der seine Mitarbeiter hervorragend inspirierte und unterstützte. Nach und nach scharte er eine Kamarilla herausragender und begeisterungsfähiger Studenten und Mitarbeiter um sich, mit denen er viele neue Probleme anging, die in Europa diskutiert wurden. Da Oppenheimer in seinem Überschwang zum Nuscheln neigte, nannte Wolfgang Pauli dessen Arbeitsgruppe nur die «Nim nim boys».[16]

Und dann, nachdem er sich fast zehn Jahre lang so gut wie ausschließlich mit Quantenmechanik befasst hatte, zeigte Oppenheimer 1938 plötzlich Interesse an Einsteins allgemeiner Relativitätstheorie. Wie Chandra kam er von der Seite der Quantentheorie und untersuchte, wie sich die Quanteneffekte der Materie auf den Gravitationskollaps von Raum und Zeit auswirkten.

Jedes Jahr verbrachte Oppenheimer mit seiner Arbeitsgruppe den Sommer in Südkalifornien, am Caltech im sonnigen Pasadena. Dort konnte er sich nicht nur mit anderen Physikern austauschen, sondern auch mit Astronomen, die Hubbles Erfolge miterlebt und Lemaîtres Vorlesungen über das Ur-Atom aus erster Hand gehört hatten. Die allgemeine Relativitätstheorie hatte hier noch immer glühende Anhänger. In Pasadena las Oppenheimer auch zum ersten Mal die Arbeit des russischen Physikers Lew Dawidowitsch Landau darüber, welche Auswirkungen es hätte, wenn die Kerne der Sterne aus reiner, fester Neutronenmasse bestünden.

Landau gehörte zu den führenden sowjetischen Wissenschaftlern, ein wirklich brillanter Physiker, der von der Modernisierungswelle profitierte, die das neue Russland erfasst hatte. Wie Oppenheimer hatte er einige Zeit im Ausland verbracht, in bedeutenden europäischen Laboren gearbeitet und die Geburt der Quantenphysik miterlebt. Mit neunzehn hatte er die neue Physik auf das Verhalten von Atomen und Molekülen angewandt und eine Arbeit darüber veröffentlicht. Schon mit 23 Jahren genoss er, als er nach Leningrad zurückkehrte, die Achtung seiner älteren Kollegen und wurde rasch in den Sowjetapparat integriert.

Landaus Vorliebe, komplexe physikalische Systeme mit den Mitteln der Quantenphysik zu entschlüsseln, weckte sein Interesse an einer neuartigen Energiequelle der Sterne: Neutronen, die Teilchen mit neutraler Ladung aus den Atomkernen. Im abgelaufenen Jahrzehnt hatte man herausgefunden, dass sich durch Hinzufügen oder Wegnehmen von Kernteilchen wie Neutronen oder Protonen riesige Mengen von *Kernenergie* gewinnen ließen. Wenn die Kerne der Sterne also vollgepackt mit Neutronen waren, so folgerte Landau, dann müsste es möglich sein, so viel Kernenergie zu erzeugen, dass Licht ausgestrahlt wurde. Waren die Neutronen annähernd so dicht gepackt wie die Teilchen in einem Atomkern, dann waren sie möglicherweise der geeignete Treibstoff. Dieses

Nuklearmaterial musste dann allerdings unglaublich schwer sein – ein Teelöffel davon würde mehrere Tonnen wiegen. Wenn ein Atom aus der Masse des Sterns in den Kern geriet, musste es in tausend Stücke zerschlagen, teils absorbiert und teils als Strahlung emittiert werden. Landau zufolge sorgte der Neutronenkern für die Helligkeit eines Sterns – er ließ die Sonne scheinen. Landau untersuchte, wie groß dieser Kern sein musste, und fand heraus, dass er lediglich über mehr als ein Tausendstel der Masse der Sonne verfügen musste, um stabil zu sein. Solche Kerne waren leicht im Innern der Sterne unterzubringen, wo sie vor sich hinbrannten und die Energie für das Sternenlicht lieferten.

Noch während Landau diese Idee ausarbeitete, geriet er in eine Welle politischer Repressionen, die das ganze Land erfasst hatte. Zwei Monate nach der Veröffentlichung seiner kurzen Arbeit über Neutronenkerne mit dem Titel «Ursprung der stellaren Energie» in *Nature* wurde er von der Geheimpolizei des NKWD verhaftet. Er hatte ein Flugblatt herausgegeben, das zur Maiparade 1938 in Moskau verteilt werden sollte, in dem Stalin als Faschist «mit einem wilden Hass auf den wahren Sozialismus» beschimpft wurde, der «wie Hitler und Mussolini» geworden sei.[17] Landau saß ein Jahr im Lubjanka-Gefängnis, obwohl die bedeutende russische Tageszeitung *Iswestija* seinen Artikel in *Nature* noch kurz zuvor als stolze Errungenschaft der sowjetischen Physik gefeiert hatte.

Oppenheimer war sowohl von der Kürze der Arbeit als auch der Einfachheit der vorgeschlagenen Idee beeindruckt und wollte Landaus Berechnungen nachvollziehen. Dazu waren drei Anläufe mit drei begabten Studenten nötig, aber schließlich erreichte er das gesteckte Ziel. Der erste Mitarbeiter war Robert Serber. Gemeinsam gingen sie Landaus Vorstellung auf den Grund, der Neutronenkern könne leicht in der Sonne untergebracht werden, wo ihn die heißen Gase einhüllten, die den Stern aufblähen. Sie konnten nachweisen, dass das nicht zutraf. Oppenheimer und Serber brachten ihre Arbeit, die fast ebenso knapp gehalten war wie Landaus, 1938 in der *Physical Review* heraus, während Landau in der Lubjanka schmorte. Mit dem Studenten George Volkoff unternahm Oppenheimer den nächsten Schritt. Die beiden erforschten die Stabilität von Neutronenkernen. Ihre Publikation vom Januar 1939 bietet eine elegante Mischung aus Mathematik, die auf klugen Vereinfachungen von Einsteins Theorie, auf physikalischem Gespür und harter Rechenarbeit beruht. Es ergab sich, dass Neutronenkerne äußerst instabile Gebilde sind und daher als Energiequelle für sehr große Sterne nicht in Betracht kommen – ein weiterer Schlag für Landaus Theorie. Am Schluss ihrer Arbeit wiesen Oppenheimer und Volkoff darauf hin, dass «nicht statische Lösungen unbedingt berücksichtigt werden müssen», um das langfristige Schicksal der Neutronenkerne zu verstehen.[18]

Dann machte sich Oppenheimer mit einem dritten Studenten, Hartland Snyder, an die letzte Etappe, auf der sie die allgemeine Relativität weiter ausreizten als bislang versucht. Oppenheimer und Snyder berechneten die Entwicklung von Raum und Zeit (und Neutronenkern) ab dem Punkt, wo der Neutronenstern instabil geworden war. Bei der Interpretation ihrer Resultate kam ihnen eine pfiffige Idee zugute: Sie platzierten einen fiktiven Beobachter weit von der Implosion, also dem Zusammensturz des Sterns, entfernt, einen anderen direkt an der Oberfläche des Neutronenkerns und verglichen dann, was die beiden sahen. Die Beobachtungen unterschieden sich sehr stark.

Ein ferner Beobachter sah den Neutronenkern implodieren. Die Oberfläche des Neutronenkerns kam der merkwürdigen Hülle, die Schwarzschild beschrieben hatte, immer näher, aber je näher sie kam, desto langsamer schien sich der Zusammenbruch zu vollziehen. Irgendwann verlief die Implosion so langsam, dass sie fast zum Stillstand kam. Die Wellenlänge der Lichtstrahlen, die den Neutronenkern verließen, wurde immer weiter gedehnt, verschob sich zunehmend mehr ins Rote, je näher die Oberfläche des Neutronenkerns an die kritische Oberfläche heranrückte. Es war, als hätten Raum und Zeit aufgehört, sich zu entwickeln, und der Stern kommunizierte nicht mehr mit der Außenwelt. Ganz ähnlich hatte es Eddington mehr als eine Dekade zuvor in seinem Buch *The Internal Constitution of Stars* ausgedrückt: «Die Masse ruft dann eine derart starke Krümmung hervor …, dass sich der Raum um den Stern schließt und uns außen vor lässt (also nirgendwo).»[19]

Ein Beobachter auf der Oberfläche des implodierenden Sterns sah etwas völlig anderes. Er erlebte den unvermeidlichen Zusammensturz des Neutronenkerns, sah aber, wie die Oberfläche des Neutronenkerns den kritischen Radius *passierte* und auf die Innenseite von Schwarzschilds magischer Oberfläche stürzte. Außerdem musste dieser dem

Untergang geweihte Beobachter mit ansehen, wie sich die gefürchtete Oberfläche bildete, die Schwarzschild entdeckt hatte, dieser Ort ohne Wiederkehr, von dem nichts mehr nach außen gelangte. In anderen Worten, wenn man an der richtigen (oder falschen) Stelle saß, konnte man die tatsächliche Entstehung von Schwarzschilds Lösung beobachten.

Oppenheimer und Snyder hatten damit Eddingtons Lebensgeschichte der Sterne vollendet. Bei genügend großer Masse kollabierten Sterne tatsächlich im Einklang mit Schwarzschilds merkwürdiger Lösung. Diese war demnach mehr als nur eine interessante und exotische Lösung der allgemeinen Relativitätstheorie. Womöglich existierten derartige Objekte auch in der Natur und mussten neben Sternen, Planeten und Kometen in die Astrophysik Eingang finden. Wieder hatten sich aus der allgemeinen Relativität überraschende und wunderbare Erkenntnisse über das Universum ergeben.

Die Arbeit von Oppenheimer und Snyder erschien in der *Physical Review* just an jenem 1. September 1939, an dem Nazitruppen über die polnische Grenze marschierten. Dieselbe Ausgabe enthielt auch eine Arbeit des dänischen Physikers Niels Bohr und seines jungen amerikanischen Mitarbeiters John Archibald Wheeler. Auch sie interessierten sich für Neutronen und deren Wechselwirkungen in extremen Situationen, aber ihr Thema «The Mechanism of Nuclear Fission»[20] war ein völlig anderes. Bohr und Wheeler erarbeiteten Modelle für die Struktur der Kerne sehr schwerer Atome wie Uran und seiner Isotope. Wenn ihnen das gelang, dann kamen sie vielleicht auch dahinter, wie sich die enormen eingeschlossenen Energiemengen erschließen ließen.

Die dreißiger Jahre hatten ein ständig zunehmendes Verständnis des Teilchenzoos gebracht. Eddington hatte postuliert, dass Wasserstoffkerne im Innern der Sterne zu Helium verschmelzen und dabei das Licht der Sterne erzeugen. Dies nennt man Kernfusion. Am anderen Ende der Skala galt es als möglich, dass sich schwere Atomkerne in kleinere Kerne aufspalten ließen, wobei ebenfalls Energie frei wird – was wir als Kernspaltung kennen. Die allgemeine Frage war, wie sich Kernspaltung praktisch nutzbar machen ließ. Konnte man in einem Haufen schwerer Atome durch geringe Energiezufuhr eine Kernspaltung auslösen, so dass jedes gespaltene Atom eine weitere Spaltung auslöste? War es möglich, eine solche Kettenreaktion anzustoßen?

Bohr und Wheeler wiesen mit dieser Arbeit den Weg zur Kernspaltung. Sie erläuterten, warum Uran-235 und Plutonium-239 dafür am besten geeignet waren – der Sweet Spot, der optimale Bereich, des Periodensystems, an dem sich die Kernspaltung möglicherweise leichter erreichen ließ. Die Kernspaltung dominierte die Physik der folgenden Jahre und drängte fast alle anderen Bereiche in den Hintergrund. Ein Heer fähiger Wissenschaftler beschäftigte sich mit der Frage, wie sich die Kernspaltung nutzen ließ, und Robert Oppenheimer war einer von ihnen.

Oppenheimer hatte in Berkeley eine Gruppe junger Forscher und Studenten aufgebaut, die sich jedem Problem gewachsen fühlte. Er hatte sich einen Ruf als herausragender Organisator und Gruppenleiter erworben und konnte sein Team für jede Frage begeistern, die ihn interessierte. Seine Kollegen in Berkeley machten sich gerade daran, im Zyklotron oben in den Berkeley Hills schwere, instabile Elemente zu erzeugen. So entdeckte Glenn Seaborg 1941 das Plutonium und eröffnete damit einen Weg zur Kernspaltung. Die Entwicklung der Kernphysik während des Zweiten Weltkriegs verlief in einem wahren Wirbel von Ereignissen und Entdeckungen, in den auch Oppenheimer hineingeriet.

Er war aufgebracht. Wie die Juden in Deutschland behandelt wurden, war schockierend, und dann waren da die vor der Naziherrschaft geflohenen bedeutenden Wissenschaftler, die in immer neuen Wellen an Amerikas Gestade gespült wurden. Wie schon beim Aufbau seiner Arbeitsgruppe in Berkeley hielt er die Augen offen und knüpfte behutsam Kontakte zur geistig sehr regen Gemeinde der europäischen Flüchtlinge. Er hielt sich mit politischen Aktivitäten zurück, achtete aber darauf, was um ihn herum vorging. Nach dem Ausbruch des Krieges galt der Kernspaltung fast seine ganze Aufmerksamkeit.

Im Jahr 1942 wurde Oppenheimer Leiter einer Arbeitsgruppe von Physikern, die in Los Alamos in der Wüste von New Mexico nur die eine Aufgabe hatten, eine nukleare Kettenreaktion in Gang zu setzen und zu kontrollieren. Der Gruppe gehörte eine ganze Anzahl junger – und weniger junger – brillanter Köpfe an, darunter John von Neumann, Hans Bethe, Edward Teller und der junge Richard Feynman. Im Manhattan Project waren alle Kräfte auf die Herstellung der ersten Atombombe konzentriert, und das Ziel wurde innerhalb von knapp drei Jahren erreicht. Beim Abwurf der beiden Atombomben «Little Boy» und «Fat Man» über Hiroshima und Nagasaki im August 1945 kamen etwa 200 000 Menschen ums Leben. Diese entsetzlichen Folgen waren der erschütternde Beleg für Oppenheimers Effizienz bei der Nutzbarmachung der Kernkraft. Nach dem Erfolg der Atombombe rückte die Quantenforschung in den Mittelpunkt der Welt der Physik.

Da sich alle Aufmerksamkeit auf den Krieg und das Nuklearprojekt gerichtet hatte, war Oppenheimers und Snyders bahnbrechende Arbeit über Schwarze Löcher ins Abseits geraten und sollte noch auf Jahre hin ignoriert werden und vergessen bleiben. Was zur verheißungsvollen Geburt eines zentralen Konzepts der allgemeinen Relativitätstheorie hätte werden können, war auf unbestimmte Zeit verschoben. Und die beiden Altmeister der Theorie, Albert Einstein und Arthur Eddington, unternahmen nichts, um Oppenheimers und Snyders Entdeckung ans Licht zu holen.

Eddington beharrte weiterhin darauf, dass Chandras Rechnung falsch und unsinnig war und dass weiße Zwerge für Sterne aller Massen das ruhige Endstadium ihrer Entwicklung darstellten. Der fortgesetzte und ungehinderte Zusammensturz eines Sterns, bis «die Schwerkraft stark genug wird, um Abstrahlung zu verhindern»,[21] war einfach absurd. Subrahmanyan Chandrasekhar erinnerte sich fast ein halbes Jahrhundert später: «Ich für meinen Teil finde es unerklärlich, warum für Eddington, der doch einer der frühesten und entschiedensten Verfechter der allgemeinen Relativitätstheorie war, die Folgerung, dass im Zuge der natürlichen Entwicklung der Sterne Schwarze Löchern entstehen können, so unannehmbar war.»[22]

Einstein selbst widersetzte sich der Vorstellung, dass für die Existenz der extremen Form von Schwarzschilds Lösung – Schwarzer Löcher – in der Natur auch nur eine entfernte Möglichkeit bestand. Er reagierte im Grunde genau wie auf Friedmanns und Lemaîtres Modell eines expandierenden Universums: eine elegante mathematische Lösung, aber wieder einmal grauenhafte Physik. Und mehr als 20 Jahre nachdem er die haarsträubendsten Auswirkungen von Schwarzschilds Lösung rundheraus abgelehnt hatte, setzte er sich endlich hin und bemühte sich um eine vernünftige Begründung, warum sie in der Natur keine praktische Bedeutung haben konnten. Im selben Jahr 1939, das Oppenheimer und Snyder den Folgen eines Gravitationskollapses widmeten, veröffentlichte Einstein eine Arbeit über das Verhalten eines Teilchenschwarms, der unter dem Einfluss der Gravitation kollabiert. Er vertrat die Ansicht, die Teilchen würden niemals zu sehr in die Nähe des kritischen Radius fallen. Aus Sturheit formulierte er das Problem so, dass er die gewünschte Antwort erhielt: keine Schwarzen Löcher. Und wieder lag er damit falsch, und genau wie Eddington verpasste er eine Gelegenheit, die ganze Herrlichkeit seiner allgemeinen Relativitätstheorie zu erkunden.[23]

Aus Begeisterung über den Triumph der Quantenphysik waren nun fast alle Augen dorthin gerichtet. Die talentierten jungen Physiker gaben ihr Bestes, die Quantentheorie auf der Suche nach spektakulären Entdeckungen und Anwendungen voranzutreiben. Einsteins allgemeine Relativitätstheorie mit all ihren sonderbaren Vorhersagen und exotischen Resultaten war beiseitegestoßen und zu einem mühsamen Marsch in unwegsamem Gelände verurteilt worden.

Kapitel 5

Komplett durchgeknallt

In seinen letzten Jahren führte Einstein ein einfaches Leben. In seinem weiß verschalten Holzhaus an der Mercer Street im Herzen von Princeton, New Jersey, das er mit seiner Schwester Maja bewohnte, schlief er bis weit in den Vormittag. (Seine Frau Elsa war 1936 kurz nach seiner Ankunft im Amerika gestorben.) Wochentags ging er dann hinüber zur Fuld Hall im Institute for Advanced Study, seiner akademischen Heimat seit 1933. Im Lauf der Jahre war er auf dem Campus von Princeton zu einer vertrauten Erscheinung geworden. Er war zwar berühmter denn je, wirkte aber oft einsam.

Einstein hatte zu den ersten festen Angehörigen des Instituts gezählt, einer durch eine private Stiftung der Familie Bamberger finanzierten Oase für herausragende Gelehrte. Dort wirkte Einstein im Kreis illustrer Kollegen wie John von Neumann, der als Mathematiker an der Atombombe gearbeitet hatte und zu den Erfindern der modernen Computer zählt. Zeitweise gehörte der Mathematiker Herrmann Weyl zum Institut, ein Protegé David Hilberts und einer der Ersten, die das Banner von Einsteins Theorie der Raumzeit schwangen. Dann war da der Philosoph und Logiker Kurt Gödel, der mit seinen Unvollständigkeitssätzen in der Philosophie des 20. Jahrhunderts gehöriges Unheil angerichtet hatte. Und natürlich gehörte auch Robert Oppenheimer dazu, der dem Institut seit 1947 als Direktor vorstand. Auf den Gängen begegneten Einstein bedeutende Besucher, Architekten der Quantenmechanik oder der modernen Mathematik. Meistens zog er sich aber in sein Büro zurück.

Nach ein paar Stunden ging er zum Mittagessen nach Hause und machte ein Schläfchen. Dann schlurfte er in sein Arbeitszimmer hinüber, setzte sich mit einer Decke um die Beine in seinen Lieblingssessel und rechnete, schrieb und arbeitete die Stapel von Briefen durch, mit denen die Außenwelt in sein Leben drängte. Ihn erreichten Schreiben von Staatenlenkern und Würdenträgern ebenso wie Anfragen ehrgeiziger junger Wissenschaftler und glühender Anhänger. So ging es weiter bis zum frühen Abendessen. Dann hörte er Radio, las noch ein bisschen und ging zu Bett.

Für einen Menschen, der solchen Ruhm erfahren hatte, war das ein außergewöhnlich ruhiges Leben. Sein Name war ebenso bekannt wie der von Charlie Chaplin oder Marilyn Monroe. Er war Mitglied zahlloser Gelehrtengesellschaften und Ehrenbürger vieler Städte. Das Titelblatt des Nachrichtenmagazins *Time* mit seinem Bild wurde zu einer Ikone des technologischen Zeitalters. Noch immer klopfte, für ein paar gemeinsame Stunden mit dem berühmten Mann, ab und zu die internationale Prominenz an seine Tür. Jawaharlal Nehru kam mit seiner Tochter Indira Gandhi vorbei, ebenso wie der israelische Premierminister David Ben-Gurion. Das Juilliard String Quartet gab in seinem Wohnzimmer sogar spontan ein Konzert.

Trotz seines Weltruhms blieb Einstein meistens für sich. Er hatte zwar einige jüngere Assistenten, die mit ihm forschten, aber am liebsten arbeitete er allein. Die allgemeine Relativitätstheorie war noch immer sein ganzer Stolz. Bisweilen tauchte er darin ein und versuchte jenseits der Forschungen von Friedmann, Lemaître und Schwarzschild neue, kompliziertere, aber möglicherweise realistischere Lösungen zu finden. In der allgemeinen Relativität steckte noch so viel, aber nur wenige Menschen verwandten ihre Zeit darauf – die meisten beschäftigten sich lieber mit der Quantentheorie. Sogar Einstein selbst verbrachte mehr Zeit mit einer neuen, noch ehrgeizigeren Theorie, die ihn schon fast dreißig Lebensjahre gekostet hatte. Und deswegen ging man ihm aus dem Weg.

Der Einstein der fünfziger Jahre hätte von dem der zwanziger kaum verschiedener sein können. Nach seinem frühen wissenschaftlichen Durchbruch hatte er die Welt bereist, war wie eine königliche Hoheit geehrt worden, hatte öffentliche Vorträge gehalten, mit anderen Physikern debattiert und der Entdeckung des expandierenden Universums zuerst Widerstand geleistet, um sie dann doch anzunehmen. Zu seinen Ehren wurde in Potsdam vor den Toren Berlins der Einsteinturm errichtet, ein Observatorium für die Erforschung seiner Theorie. Bei internationalen Konferenzen wurde er geehrt und nach seiner Einschätzung neuer Entwicklungen in der Physik gefragt.

Er hatte erlebt, wie sich in seinem Heimatland eine antisemitische Stimmung breitmachte, und mit dem Beginn der dreißiger Jahre die Folgen des Aufstiegs der Nationalsozialisten und ihrer Anhänger zu spüren bekommen. Seine Reisemöglichkeiten wurden eingeschränkt, Todesdrohungen nahmen zu, und trotz seines wachsenden Ruhmes bereitete ihm das durch seine zahlreichen Verpflichtungen aufgenötigte Herumreisen durch ganz Europa immer größeres Unbehagen.

Grobheiten blieben ihm als nationaler Berühmtheit natürlich erspart und er war vom allgemeinen Aufruhr etwas abgeschirmt, aber mit dem unterschwelligen Antisemitismus war er schon lange vertraut. Bald nach der Entdeckung der allgemeinen Relativität hatte sich eine «Arbeitsgemeinschaft deutscher Naturforscher zur Erhaltung reiner Wissenschaft e. V.» das Ziel gesetzt, Einsteins Theorie zu diskreditieren. Diese wurde als «Massensuggestion» beschimpft und Einstein des Plagiats beschuldigt. Zum prominentesten Vertreter dieser Kampagne wurde der weltberühmte Physiker Philipp Lenard.

Lenard stammte aus Österreich-Ungarn und hatte 1905 den Nobelpreis erhalten – für seine Arbeiten mit Kathodenstrahlen, auf die Einstein bei seinen frühen Forschungen an Lichtquanten zurückgegriffen hatte. Zunächst hatten die beiden Wissenschaftler höfliche Verbindungen gepflegt, doch mit der Entdeckung der allgemeinen Relativitätstheorie war Lenard zum erbitterten Gegner geworden. Ihm war die Theorie viel zu undurchsichtig; sie verstieß, wie er meinte, gegen den gesunden Menschenverstand eines jeden Physikers. Er verfasste Streitschriften und kanzelte Einsteins Theorie im *Jahrbuch* ab, der Zeitschrift, in der Einstein 1907 zum ersten Mal die Gedanken präsentiert hatte, die zur allgemeinen Relativitätstheorie führen sollten. Es folgte ein Krieg der Worte, bei dem Einstein Lenard als bloßen Experimentator bezeichnete, dem es an der Fähigkeit fehle, seine Ideen zu begreifen. Lenard nahm ihm diese Bemerkung sehr übel und verlangte eine öffentliche Entschuldigung. Die Auseinandersetzung kostete sowohl Einstein als auch Lenard und die «Antirelativisten» viel Ansehen.

Im Jahr 1933 hatte Einstein von Deutschland endgültig genug. Als die NSDAP an die Macht kam, kappte er alle Verbindungen nach Berlin. Deutschland standen dunkle Jahre bevor und seine Theorie wurde zur bevorzugten Zielscheibe der Vertreter der «Deutschen Physik». Nach dem Aufstieg der Nationalsozialisten stieß Lenard, der in dem Physiker und Nobelpreisträger Johannes Stark inzwischen einen wortgewaltigen Mitstreiter gefunden hatte, in der Politik auf offene Ohren. Lenard und Stark zufolge war Einsteins Theorie Teil einer heimtückischen Gefahr, die die deutsche Kultur zu vergiften drohte: der «jüdischen Physik». Ganz im Sinne der herrschenden Doktrin musste diese jüdische Physik aus dem System getilgt werden.

In den Jahren nach Einsteins Emigration erfolgte die systematische Zerstörung der Physik in Deutschland, die doch für die Mehrzahl der bedeutenden Entwicklungen des frühen 20. Jahrhunderts verantwortlich gewesen war. Bis zum Ausbruch des Zweiten Weltkriegs hatten alle jüdischen Physiker ihre Stellen an den Universitäten verloren. Vordenker der modernen Physik, die maßgeblich an der Entwicklung der Quantentheorie beteiligt gewesen waren, wie Erwin Schrödinger oder Max Born, hatten Deutschland verlassen. Nicht wenige stellten sich während des Krieges in den Dienst des Nuklearprogramms der Alliierten.

Das Feld der deutschen Physik war nun stark ausgedünnt, und Johannes Stark wollte die Gelegenheit nutzen und sich an die Spitze der neuen arischen Physik setzen. Dabei stand ihm einer der Väter der Quantentheorie im Weg: Werner Heisenberg. Dass dieser kein Jude war, kümmerte Stark nicht. In der SS-Zeitung *Das Schwarze Korps* bezeichnete er Heisenberg als «weißen Juden», der ebenso wie die ausgewiesenen Wissenschaftler für den Niedergang der deutschen Wissenschaft stehe. Überraschenderweise scheiterte Stark. Heisenberg hatte mit Reichsführer-SS Heinrich Himmler einst die Schulbank gedrückt, und Himmler schützte Heisenberg vor weiteren Verunglimpfungen. Zu guter Letzt leitete Heisenberg sogar das deutsche Atombombenprojekt – sehr zum Entsetzen der aus Hitlerdeutschland geflohenen Kollegen.

Mit Einsteins Exil geriet die Arbeit an seiner Theorie in Deutschland ins Stocken. Noch während der Weimarer Republik war er als Nationalheld gefeiert worden, aber während der NS-Zeit verschwand er rasch aus dem öffentlichen Bewusstsein. Einige Gedanken, die schließlich zur Formulierung der speziellen Relativitätstheorie geführt hatten, standen zwar noch in deutschen Lehrbüchern, aber in Ernst Grimsehls *Lehrbuch der Physik,* dem damaligen Standardwerk, tauchte der Name Einstein nicht auf. Erst nach dem Krieg wurde die Forschung an der allgemeinen Relativitätstheorie wieder aufgenommen.

Einsteins Ideen hatten nicht nur in Deutschland einen schweren Stand. Auf der anderen Seite des politischen Spektrums, in der Sowjetunion, waren Relativitätstheorie und Quantenmechanik mehrfach mit der Staatsdoktrin des dialektischen Materialismus, einem zentralen Pfeiler des Marxismus, kollidiert. Ausgehend vom Gedankengut der deutschen Philosophen Friedrich Hegel und Ludwig Feuerbach, war der dialektische Materialismus in der zweiten Hälfte des 19. Jahrhunderts von Karl Marx entwickelt und von Friedrich Engels und zahlreichen Anhängern, insbesondere Wladimir Iljitsch Lenin, weiter verfeinert worden. In seinem Artikel «Über Dialektischen und Historischen Materialismus» von 1938 definierte und erläuterte Lenins Nachfolger Stalin die Lehre und erklärte sie zur offiziellen Staatsdoktrin. Ihr zufolge ist die Welt in ihrer Natur materialistisch; alles andere entwickelt sich daraus. Die Wirklichkeit wird durch das Verhalten der materiellen Welt und die darin herrschenden wechselseitigen Beziehungen bestimmt und geht jeder Form des Denkens und jeglicher Idealisierung voraus. In seinem Hauptwerk *Das Kapital* merkte Marx dazu an, die ideale Welt sei nichts anderes als die vom menschlichen Geist reflektierte und in Gedanken übersetzte materielle Welt.[1]

Die Anhänger der marxschen Lehre versuchten, alles im Hinblick auf die verschiedenen Bestandteile der Natur und ihrer Wechselwirkungen zu erklären. Alles in der Natur trug zu einem sich ständig verändernden Universum bei, immer wieder unterbrochen von dramatischen Umwälzungen, die schon von der allmählichen Ansammlung kleinster Veränderungen ausgelöst werden konnten. Entscheidend war, dass die Existenz und Evolution der Materie als objektive Wirklichkeit gesehen wurde, deren Regeln unabhängig von Beobachtern und Interpretationen Gültigkeit hatten. Dem menschlichen Geist war es möglich, sich dieser objektiven Realität in einer Folge konvergierender Schritte immer mehr anzunähern, aber dieser Vorgang war niemals vollständig abgeschlossen und würde niemals enden.

Physiker haben mit materialistischen Ansichten in der Regel kein Problem, sind sie in ihrer Forschung doch in der Regel praktizierende Materialisten, ohne sich unbedingt so zu nennen. Dieselben Physiker würden sich jedoch energisch dagegen verwahren, wollten ihnen Philosophen eine durch eine bestimmte Denkschule vertretene «korrekte Methodik» für ihre Forschung vorschreiben. Der Marxismus-Leninismus allerdings war nicht irgendein philosophischer Ansatz, sondern eine mächtige, allumfassende, vom Sowjetstaat in vollem Umfang unterstützte Doktrin. In der angespannten politischen Stimmung der dreißiger, vierziger und fünfziger Jahre besaß jede ernsthafte philosophische Debatte über die Interpretation von Quantenmechanik und Relativitätstheorie das Potenzial, in Beschuldigungen der Illoyalität auszuarten, was gefährliche Konsequenzen haben konnte.

Zugegebenermaßen waren die relativistische Physik Einsteins und die radikal neuen Ideen der Quantenphysik mit ihrer Komplexität und ihren endlosen und allzu häufig vagen philosophischen Gedankenspielen leichte Beute für die sowjetischen Wissenschaftsphilosophen. Auch Einsteins Theorie der Raumzeit bot genügend Angriffsflächen. Vor allen Dingen war sie das ultimative Beispiel für Idealisierung – war sie doch im Grunde ohne jeden Input aus der greifbaren Welt aus Einsteins nunmehr legendären Gedankenexperimenten hervorgegangen. Darüber hinaus war sie in der verworrensten mathematischen Sprache formuliert, einem Regelwerk, das die Interpretation insbesondere für Philosophen erschwerte, da diese in der Regel nicht über das dazu nötige Rüstzeug verfügten. Und um dem Ganzen die Krone aufzusetzen, lieferte Einsteins Theorie ein absurdes Universum mit einem festgelegten Ursprung, welcher religiösen Ansichten, die das sowjetische System doch aus der Gesellschaft tilgen wollte, viel zu nahe kam. Erschwerend kam hinzu, dass mit Abbé Lemaître ausgerechnet ein Priester zu den Protagonisten der Theorie zählte, ein Priester und korrupter Ausländer aus einer in den letzten Zügen liegenden dekadenten bürgerlichen Gesellschaft. So wies man dieses unsowjetische Gedankengut wütend zurück, ließ dabei allerdings die Tatsache unter den Tisch fallen, dass das expandierende Universum zuerst vom genialen russischen *und sowjetischen* Wissenschaftler Alexander Friedmann entdeckt worden war. Die Auseinandersetzung schwelte unter gelegentlichem Aufflammen weiter, obwohl es zu einfach ist, die Auseinandersetzung auf einen ideologischen Kampf zwischen brillanten Physikern und verbohrten orthodoxen Philosophen zu reduzieren. Eine ganze Reihe teilweise anerkannter Physiker und Mathematiker schlug sich auf die Seite der Philosophen, und der Streit verschärfte sich noch durch Allianzen, Gefolgschaftspflichten und andere Faktoren, die mit der Theorie selbst nichts zu tun hatten.

Im Jahr 1952 veröffentlichte der einflussreiche sowjetische Philosoph und Historiker Alexander Maximov einen Artikel mit dem Titel «Gegen die reaktionäre Einstein-Manie in der Physik». Der Text erschien zwar nur in einer unbekannten Zeitung der sowjetischen Arktisflotte namens *Die rote Flotte*, doch die Physiker reagierten nichtsdestotrotz heftig: Wladimir Fock, ein Student Friedmanns und damals der führende sowjetische Relativist, konterte mit einem eigenen Artikel: «Gegen die ignorante Kritik an modernen physikalischen Theorien». Vor der Veröffentlichung warben Lew Dawidowitsch Landau und andere Physiker bei der politischen Führung der Sowjetunion um Unterstützung. In einem persönlichen Brief an Lawrenti Beria, Stalins engen Vertrauten und Leiter der sowjetischen Nuklear- und Thermonuklearprogramme, beschwerten sie sich über die «abnormen Zustände in der sowjetischen Physik» und führten Maximovs Aufsatz als Beispiel dafür an, wie aggressive Ignoranz den Fortschritt der sowjetischen Wissenschaft behindere. Der Artikel wurde trotzdem gedruckt und Fock verkündete, dass er in dieser Sache von der Regierung unterstützt werde. Maximov war aufgebracht, beschwerte sich seinerseits bei Beria und rückte nicht von seiner Meinung ab. 1954 aber hatte sich die Gruppe um Fock und Landau endgültig durchgesetzt.[2] Einerseits hatte die Führung der Sowjetunion natürlich Besseres zu tun, als sich mit den Feinheiten der Relativitätstheorie zu befassen. Andererseits besaßen Landau und seine Mitstreiter ein unschlagbares Argument: Sie hatten an der sowjetischen Atombombe nicht nur geforscht sondern diese auch gebaut: Daher mussten auch die zugrundeliegenden Theorien ungeachtet ihrer philosophischen Deutung korrekt sein. Mitte der fünfziger Jahre war der ideologische Streit zwischen den sowjetischen Philosophen und Physikern endgültig beendet und man ließ die Relativisten in Frieden. Beleg für das vielleicht letzte Aufflammen dieses Streits war eine Mitteilung ans Zentralkomitee der kommunistischen Partei mit der Beschwerde über einen «ideologisch inkorrekten» Plenarvortrag über die Theorie eines expandierenden Universums, gehalten von Jewgeni Lifschitz, Landaus Mitautor beim weltberühmten *Lehrbuch der theoretischen Physik*. Die Mitteilung wurde vom Zentralkomitee eingehend geprüft – ohne weitere Konsequenzen.

Zwischen den Gefechten mit den marxistischen Philosophen und den politischen Säuberungen von 1937/1938 und anderer Jahre bestand dabei kein Zusammenhang. Eine ganze Anzahl außerordentlich begabter Physiker wie Matwej Bronstein, Lew Schubnikow, Semjon Schubin und Alexander Witt fielen diesen zum Opfer, andere wurden verhaftet, eingesperrt oder ausgewiesen. Doch obwohl ideologische Kämpfe offenbar kaum Einfluss auf die Relativitätsforschung in der UdSSR hatten, ging es wie im Westen nur langsam voran, einerseits wegen des ständig wachsenden Interesses an der Quantentheorie, andererseits aber auch, weil das Land während der raschen Industrialisierung, dem langen und letztlich siegreichen Kampf gegen den europäischen Faschismus und zuletzt während des nuklearen Wettrüstens im Kalten Krieg immer wieder ums Überleben kämpfte.

Waren die sowjetischen Philosophen mit dem mathematischen Idealismus, der in die allgemeine Relativitätstheorie eingeflossen war, vielleicht nicht einverstanden, so konnte an ihrer Ablehnung von Einsteins späteren Arbeiten keinerlei Zweifel herrschen; denn als Einstein in Princeton eintraf, war er längst von der Idee besessen, die einheitliche Feldtheorie (bisweilen auch «Weltformel» genannt) zu finden. Seine allgemeine Relativitätstheorie lag ihm zwar noch immer am Herzen, aber nun wollte er Größeres und Besseres schaffen. Die allgemeine Relativität sollte in einer Theorie aufgehen, die alle Naturkräfte in einem einfachen Regelwerk vereinigte. Einstein wollte zeigen, dass sich nicht nur die Schwerkraft, sondern auch Elektrizität und Magnetismus, vielleicht sogar einige merkwürdige Quanteneffekte aus der Geometrie der Raumzeit ergaben.

Hatte er auf seinem Weg zur allgemeinen Relativitätstheorie seine einfachen physikalischen Erkenntnisse mit Hilfe riemannscher Geometrie auf elegante Weise zusammengeführt, so ging er bei diesem ehrgeizigen Vorhaben völlig anders vor. Er verließ sich nicht auf seine erstaunliche Intuition als Physiker, sondern nur auf die Mathematik.

Einstein gelangte dabei zu mehr als einer möglichen einheitlichen Feldtheorie. Im Lauf von 30 Jahren stolperte er von einer zur nächsten und griff verworfene Versuche bisweilen nach Jahren wieder auf. In einem Entwurf dehnte er die Raumzeit statt der üblichen vier auf fünf Dimensionen aus – die zusätzliche Raumdimension war eingehüllt und praktisch unsichtbar. Ihre Geometrie oder Krümmung war für das elektromagnetische Feld zuständig und reagierte so auf Ladungen und Ströme, wie es James Clerk Maxwell Mitte des 19. Jahrhunderts beschrieben hatte.

Das fünfdimensionale Universum war nicht Einsteins Idee gewesen, sondern stammte von zwei jungen Wissenschaftlern: Theodor Kaluza, einem einfachen Privatdozenten von der Universität Königsberg, und dem schwedischen Physiker Oskar Klein, der bei Niels Bohr geforscht hatte. Gemeinsam hatten sie bis ins Detail ausgearbeitet, wie diese fünfdimensionalen Raumzeiten den Elektromagnetismus fast vollkommen nachbilden konnten. Die Universen von Kaluza und Klein, auf die Einstein fast 20 Lebensjahre verwandte, sind angefüllt mit einer merkwürdigen Form von Materie, einer unendlichen Vielfalt von Teilchen verschiedenster Massen, die uns einhüllen und die verbleibende Geometrie der Raumzeit verformen. Einstein hoffte, konnte aber niemals nachweisen, dass diese zusätzlichen Felder untrennbar mit den Funktionen der Quantenwellen verbunden waren, die Schrödinger für seine Quantenphysik ersonnen hatte. Ende der dreißiger Jahre gab Einstein diesen Ansatz endgültig auf. Interessanterweise wurden die Vorstellungen von Kaluza und Klein in den siebziger Jahren wieder aufgegriffen, als sich die Überzeugung von der Notwendigkeit einer einheitlichen Theorie in der theoretischen Physik durchgesetzt hatte.

Sehr viel mehr Zeit verwandte Einstein auf eine andere Theorie zur Zusammenführung von Schwerkraft und Elektromagnetismus. Dabei ging er vom geometrischen Gerüst für die allgemeine Relativität aus, dessen Sprache Riemann Jahrzehnte zuvor eingeführt hatte, und lockerte es auf. Die ursprüngliche Theorie zur Beschreibung der Geometrie der Raumzeit benutzte zehn unbekannte Funktionen, die anhand der Feldgleichungen bestimmt werden mussten. Dass die allgemeine Relativitätstheorie so schwer zu handhaben war, lag an der großen Zahl unbekannter Funktionen und daran, dass diese in den Feldgleichungen so sehr ineinander verschlungen waren. In seiner neuen Theorie wollte Einstein allerdings noch sechs weitere Funktionen hinzufügen, von denen drei die elektrischen und drei die magnetischen Gegebenheiten beschreiben würden. Die Schwierigkeit bestand darin, diese *sechzehn* Funktionen so zu kombinieren, dass seine Theorie noch immer korrekt definiert und vorhersagbar war. Wenn ihm das gelang, dann sollte das Resultat die erstaunlichen Phänomene abbilden, die sich sowohl aus der allgemeinen Relativitätstheorie als auch aus dem Elektromagnetismus ergaben. Mathematisch elegant sollte die Lösung überdies sein, aber das gelang Einstein auch in jahrzehntelangen Bemühungen nicht.

Dabei war Einstein ohne Frage etwas Großem auf der Spur – im ausgehenden 20. Jahrhundert sollte die Suche nach der einheitlichen Feldtheorie die Physik sogar wieder dominieren –, aber zu Lebzeiten verfolgte er dieses Ziel alleine. Einsam mühte er sich an vorderster Front, während die Welt fasziniert zusah. Ab und zu erschien er auf den Titelseiten der großen Tageszeitungen. Im November 1928 lautete eine Schlagzeile der *New York Times:* «Einstein vor großer Entdeckung»,[3] um einige Monate später nach einem kurzen Interview mit ihm zu melden: «Einstein erstaunt über Interesse an Theorie: Hält 100 Journalisten eine Woche lang in seinem Bann.»[4] Dieses Ausmaß an Aufmerksamkeit und gespannter Erwartung ließ über ein volles Vierteljahrhundert nicht nach. Im Jahr 1949 verkündete die *New York Times* erneut: «Neue Theorie Einsteins liefert Generalschlüssel zum Universum»,[5] und schon 1953 posaunte sie heraus: «Einstein stellt neue Theorie für ein einheitliches Gesetz des Kosmos vor».[6] Trotz all dieser Aufmerksamkeit in der Boulevardpresse war Einstein für seine Fachkollegen in gewisser Weise bedeutungslos geworden, und seine Bemühungen um die Weltformel wurden nicht ernst genommen.

Er war zwar dem Sturm der Entrüstung entkommen, der sich in Deutschland gegen sein Werk gerichtet hatte, musste aber erkennen, dass die allgemeine Relativitätstheorie auch in seiner neuen Heimat, den

Vereinigten Staaten, immer mehr von der Bildfläche verschwand. Die jungen Wissenschaftler, die zur Weiterentwicklung der allgemeinen Relativitätstheorie imstande gewesen wären, wurden von der Quantenmechanik aufgesogen und wandten sie auf Elementarteilchen und -kräfte an.

In gewisser Hinsicht war das verständlich. Die allgemeine Relativität hatte schon früh für einige wichtige Durchbrüche gesorgt, wie bei der Präzession des Merkurperihels oder der Ablenkung des Lichts durch die Schwerkraft. Mit der Entdeckung des expandierenden Universums war ihr außerdem ein spektakulärer Umsturz unseres Weltbilds zu verdanken. Aber das war alles. Von da an, so schien es, lieferte sie nur noch schwer begreifliche – *mathematische* – Erkenntnisse wie Schwarzschilds oder Oppenheimers und Snyders Lösungen für kollabierende oder kollabierte Sterne. Die eigenartigen Lösungen dort draußen im Weltall hatten durchaus ihre Berechtigung, aber niemand hatte sie wirklich gesehen und deshalb musste man sie als mathematische Kuriositäten betrachten. Die Quantenphysik hingegen konnte im Labor getestet werden und mit ihrer Hilfe ließen sich Dinge bauen. Wie der Logiker Kurt Gödel jedoch zeigen konnte, musste die allgemeine Relativitätstheorie zu weiteren merkwürdigen Entdeckungen führen.

Auf dem Weg von seinem Haus zum Institut war Einstein nicht immer allein. Der exzentrische, immer etwas zerknittert wirkende Professor mit dem wirren Haar und dem gütigen Blick war häufig in Begleitung einer kleinen Gestalt, die immer in einen warmen Mantel gehüllt war und die Augen hinter dicken Brillengläsern verbarg. Einstein schlenderte dann gedankenverloren Richtung Fuld Hall, der andere Mann trottete neben ihm her, hörte schweigend Einsteins Monologe an und antwortete mit hoher Stimme. Einstein genoss die Spaziergänge mit dem seltsamen kleinen Mann, der dem Institut ebenso lang angehörte wie er selbst und dem er vertraute. Dieser Freund war Kurt Gödel, der die moderne Mathematik demontiert hatte und zu Einsteins großer Überraschung auch ein großes Loch in seine allgemeine Relativitätstheorie stieß.

Gödels akademische Heimat Wien war Anfang des 20. Jahrhunderts ein Zentrum der geistigen Welt gewesen. In den Kaffeehäusern debattierten Wissenschaftler und Künstler wie Ernst Mach, Ludwig Boltzmann, Rudolf Carnap und Gustav Klimt über die Strömungen der modernen Zeit. Unter allen Diskussionsgruppen besaß der weltberühmte Wiener Kreis das höchste Ansehen; Zutritt erhielt man nur auf Einladung, und Gödel gehörte zu den wenigen Glücklichen.

Gödel hatte seine Erziehung und universitäre Ausbildung im Gegensatz zu Einstein im Schnellverfahren durchlaufen und als herausragender Student in allen Fächern Bestnoten erzielt. Er hatte kurz mit der Physik kokettiert, sich dann aber, anders als Einstein, ganz der Frage gewidmet, wie sich für die Mathematik ein umfassender logischer Rahmen formulieren lässt. Rasch meisterte er die neuen Entwicklungen, die sich aus den Versuchen von Mathematikern wie Philosophen ergaben, die Mathematik widerspruchsfrei zu machen, immun gegen Irrationalität aller Art, Mutmaßungen und Tricks. Dies war das erklärte Ziel von David Hilbert, den Göttinger Herrn über die Mathematik.

Hilbert war der festen Überzeugung, dass sich die gesamte Mathematik auf einer Handvoll Behauptungen oder Axiome aufbauen ließ. Durch sorgfältige und systematische Anwendung logischer Regeln sollte es möglich sein, *jede einzelne mathematische Tatsache des Universums* aus nicht mehr als einem halben Dutzend Axiome herzuleiten. Nichts sollte ausgelassen werden. Alle mathematischen Aussagen, von 2 + 2 = 4 bis zu Fermats Letztem Satz, sollten logisch begründet werden. Hilberts Programm war die treibende Kraft der Mathematik, als sich Gödel dieser Disziplin zuwandte.

Gödel tauchte ein ins kulturelle Leben von Wien, besuchte in aller Stille die Zusammenkünfte des Wiener Kreises und verfolgte die endlosen Diskussionen zwischen Logikern und Mathematikern darüber, wie sich Hilberts Vorhaben auf die gesamte Natur ausdehnen ließ. Dabei unterminierte er langsam und stetig die Grundvoraussetzung des Programms. Und dann brachte er Hilberts Plan mit einem einzigen Streich – seinen beiden Unvollständigkeitssätzen – unwiederbringlich zu Fall.

Die Aussage der Unvollständigkeitssätze ist sehr einfach. Wann immer man ein System mathematisch beschreibt, beginnt man mit einer Reihe von Axiomen und Regeln. Wie auch immer diese Grundbehauptungen geartet sind, es gibt stets Dinge, die sich nicht aus ihnen ableiten lassen. Trifft man auf eine wahre Aussage, die sich mit den gegebenen Axiomen und Regeln nicht beweisen lässt, dann kann man sie zur Reihe der Axiome hinzufügen. Gödels Theoremen zufolge wird es aber immer eine unendliche Anzahl dieser unbeweisbaren wahren Aussagen geben. Wenn man sich also durch die Mathematik durcharbeitet, auf unbeweisbare Wahrheiten stößt und sie zu den Axiomen stellt, dann wird das einfache und elegante deduktive System immer mehr aufgebläht und schließlich riesengroß, ohne je vollständig zu sein.

Gödels Sätze torpedierten Hilberts Programm und erwischten viele seiner Kollegen auf dem falschen Fuß. Der Meister selbst wies Gödels Erkenntnis zunächst mürrisch zurück; schließlich lenkte er aber doch ein und versuchte vergebens, sie in sein Programm zu integrieren. Andere Philosophen meldeten sich mit unsinnigen Kritiken zu Wort, die Gödel seinerseits zurückwies. Der englische Philosoph Bertrand Russell war zeitlebens nicht ganz von der Richtigkeit der Theoreme überzeugt. Ludwig Wittgenstein, der das philosophische Denken in der ersten Hälfte des 20. Jahrhunderts vollkommen beherrschte, tat die Unvollständigkeitssätze einfach als bedeutungslos ab. Doch das waren sie nicht, wie Gödel sehr wohl wusste.

Gödel liebte Wien, fand jedoch nach und nach Gefallen an dem, was Einstein «ein wundervolles Stückchen Erde und dabei ein ungemein drolliges zeremonielles Krähwinkel winziger stelzbeiniger Halbgötter»[7] nannte. Im Verlauf einer Reihe von Besuchen während der dreißiger Jahre wurde Gödel am Institute for Advanced Study langsam heimisch, schloss Freundschaft mit Einstein, diskutierte mit von Neumann und lernte den geistigen Rang der in Princeton untergetauchten Emigranten zu schätzen. Nach einem besonders unangenehmen Vorfall in Wien – er war zusammengeschlagen worden, weil er wie ein Jude aussehe – zog er die Reißleine.

Einstein und Gödel verstanden sich auf Anhieb. Einstein sagte, er gehe ins Büro nur, «um das Privileg zu haben, mit Gödel zu Fuss nach Hause gehen zu dürfen».[8] Wenn Gödel krank war, kam Einstein und pflegte ihn. Gödel bewarb sich um die amerikanische Staatsbürgerschaft, fand aber, dass die amerikanische Verfassung «unvollständig» sei, weil sie es theoretisch erlaubte, dass jemand eine Diktatur errichtete. Einstein begleitete Gödel zur obligatorischen richterlichen

Anhörung, um zu verhindern, dass Gödel seine eigene Einbürgerung in Gefahr brachte.

Die Mathematik war für Gödel wie eine Sucht; über physikalische Sachverhalte wie die Relativität und die Quantenmechanik konnte er sich dagegen entspannt stundenlang mit Einstein unterhalten. Bei der Zufälligkeit in der Quantenphysik war niemandem wohl, aber Gödel hatte noch mehr zu kritisieren: Er glaubte, einem grundlegenden Fehler in Einsteins allgemeiner Relativitätstheorie auf der Spur zu sein.

Er sah sich die Feldgleichungen an und nahm, genau wie Friedmann und Lemaître vor ihm, Vereinfachungen vor, um zu einer handhabbaren Lösung zu kommen, die dennoch das wirkliche Universum beschrieb. Sie erinnern sich vielleicht, dass Einstein von einem Universum ausging, in dem alles – Atome, Sterne, Galaxien und alles andere – gleichmäßig im ganzen Raum verteilt war. Zu jedem Zeitpunkt konnte man sich in diesem Universum bewegen und es sah überall gleich aus, ohne besondere Merkmale, ohne Mittelpunkt oder andere herausgehobene Orte. Friedmann und Lemaître waren jeder auf seine Weise Einstein gefolgt und dabei auf einfache Lösungen gestoßen, bei denen sich die Geometrie des Weltalls mit der Zeit änderte. Gödel fügte nun noch eine kleine Komplikation hinzu – so geringfügig, dass er die Feldgleichungen immer noch lösen konnte, aber doch so bedeutend, dass etwas Unvorhergesehenes passieren konnte. Er ging davon aus, dass sich das gesamte Universum wie ein Karussell immerzu um eine zentrale Achse drehte. Die Raumzeit dieses neuen Universums konnte genau wie bei dem Modell von Friedmann und Lemaître beschrieben werden durch die Zeit, die drei Raumkoordinaten sowie die Geometrie an jedem Punkt der Raumzeit. Aber es gab auch Unterschiede. So bildete das Universum nach Friedmann und Lemaître die Rotverschiebung ab, die Slipher und Hubble im wahren Universum nachgewiesen hatten – Gödels Modell nicht. Die von Slipher, Hubble und Humason gemessene Expansion konnte es ganz offenbar nicht erklären. Trotzdem war es eine gültige Lösung, ein mögliches Universum gemäß Einsteins Relativitätstheorie.

Auf eine höchst ungewöhnliche Weise unterschied sich Gödels Universum jedoch von allen vorangegangenen Modellen. Im Universum Friedmanns und Lemaîtres konnte sich ein Beobachter oder eine Beobachterin bewegen und verschiedene Bereiche der Raumzeit erkunden, und dabei wurde die Person mit fortschreitender Zeit immer älter und ließ ihr vorheriges Leben hinter sich. Ganz anders in Gödels Universum. Wenn sich die Person dort schnell genug bewegte, konnte sie an der rotierenden Raumzeit entlangsausen und in einer Schleife auf die eigene Spur zurückkehren. Bei hinreichender Genauigkeit konnte sie sich selbst abpassen zu einer Zeit, als sie viel jünger war – bevor sie sich auf die Reise begeben hatte. In Gödels Universum war es also möglich, durch die Zeit zu reisen.[9]

Man konnte in diesem fantastischen Universum vorwärts oder rückwärts durch die Zeit reisen, Missgriffe der Jugendzeit ausbügeln, lang verstorbene Verwandte um Verzeihung bitten und künftige Fehlentscheidungen vermeiden. Es waren allerdings auch Dinge möglich, die keinen Sinn ergeben, was zu einigen beunruhigenden Paradoxa führte. Angenommen, Sie sausen los, reisen zurück in der Zeit, treffen Ihre eigene Großmutter als junges Mädchen und bringen sie auf schreckliche Weise um. Damit löschen Sie ihre Existenz aus, und folglich kann sie Ihrer Mutter oder Ihrem Vater auch nicht das Leben schenken. Damit haben Sie auch die Möglichkeit Ihrer eigenen Existenz zunichtegemacht. Es gibt Sie also nicht, und Sie können gar nicht zurückkreisen und die schreckliche Tat vollbringen. Und doch, wenn Sie in Gödels Universum leben, kann Sie – von technischen Einschränkungen und moralischen Zweifeln ganz zu schweigen – nichts daran hindern, dies zu tun. Gödels Resultat zeigte, dass Einsteins allgemeine Relativitätstheorie eine Lösung zuließ, in der es möglich war, in der Zeit zurückzureisen, und deshalb waren Paradoxa wie dieses erlaubt, obwohl es unseren Erfahrungen widerspricht. Wenn Einsteins Theorie die Wirklichkeit wahrheitsgemäß abbildet, dann ist Gödels absurdes Universum physikalisch tatsächlich möglich.

Gödel stellte dieses Ergebnis bei einer Konferenz zu Ehren von Einsteins 70. Geburtstag vor, sauber ausgearbeitet mit wenigen einfachen Aussagen und Schlussfolgerungen. Das Ganze war jedoch so ungeheuerlich, dass niemand wusste, was er davon halten sollte. Chandrasekhar, der 20 Jahre lang gegen Eddingtons Kritik und Anfeindungen gekämpft hatte, schrieb eine kurze Anmerkung mit dem Inhalt, er vermute einen Fehler in Gödels Herleitung. Diesmal allerdings war dem akkuraten und vorsichtigen Chandra der mathematische Fehler selbst unterlaufen. Ein Jahr später fasste der Astronom H. P. Robertson vom Caltech, zusammen mit Friedmann und Lemaître ein Pionier des expandierenden Universums, die Entwicklungen zusammen und verwarf Gödels Modell ohne viel Federlesen.

Und Einstein? Einstein verließ sich auf seine legendäre Intuition, die bei all seinen Entdeckungen von der speziellen bis zur allgemeinen Relativitätstheorie eine entscheidende Rolle gespielt hatte. Die Intuition, die allerdings auch zur Ablehnung von Friedmanns und Lemaîtres Lösung und zum Ignorieren von Schwarzschilds Ergebnis geführt hatte. Zu Gödels Universum meinte er, es sei ein wichtiger Beitrag zur allgemeinen Relativitätstheorie, aber er hielt sich mit einem Urteil zurück, ob es aus physikalischen Gründen ausgeschlossen werden sollte.[10]

Gödels Lösung der einsteinschen Feldgleichungen schien zu absonderlich, um eine Bedeutung für die Wirklichkeit zu haben. Noch bis zu seinem Tod im Jahr 1978 suchte Gödel in den astronomischen Daten nach Anhaltspunkten dafür, dass seine Lösung eine reale physikalische Bedeutung hatte. In gewisser Weise war Gödels Lösung exemplarisch für die Schwierigkeiten, die viele mit der allgemeinen Relativität hatten – sie war eine mathematische Theorie mit absonderlichen Lösungen ohne wirkliche Bedeutung für das reale Universum.

Das Institute for Advanced Study versuchte 1935 zum ersten Mal, Robert Oppenheimer anzuwerben, aber die aufstrebende Arbeitsgruppe in Berkeley war gerade dabei, sich einen Namen zu machen, und er lehnte ab. Nach einem kurzen Besuch schrieb er seinem Bruder: «Princeton ist ein Irrenhaus: seine solipsistischen Koryphäen leuchten jede für sich in hilfloser Trostlosigkeit. Einstein ist komplett durchgeknallt.»[11] Die Bedenken gegenüber Einsteins späteren Arbeiten sollte er nie ganz ablegen.

Erst 1947 nahm Oppenheimer die Stelle als Institutsleiter an. Dabei war seine Berufung nicht ganz unumstritten. Sowohl Einstein als auch Hermann Weyl sprachen sich für den österreichischen Physiker Wolfgang Pauli aus, der mit dem Ausschließungsprinzip einen Eckpfeiler der Quantenphysik entwickelt hatte. Sie warben im Kollegenkreis für ihn und behaupteten, Oppenheimer habe «keinen für die Physik so fundamentalen Beitrag geleistet wie Paulis Ausschließungsprinzip».[12] Letztlich gaben dann aber doch Oppenheimers Aura und Organisationstalent den Ausschlag dafür, dass er den Ruf erhielt und sich daranmachte, die Atmosphäre zu beleben. Er sollte das Institut mit großem Schwung und Begeisterung führen. In einer Titelgeschichte des *Time Magazine* von 1948 hieß es: «Zur Gästeliste in Oppies Hotel zählen dieses Jahr außerdem der Historiker Arnold Toynbee, der Dichter T. S. Eliot, der Rechtsphilosoph Max Radin – dazu ein Literaturkritiker, ein Bürokrat und der Vorstand einer Fluggesellschaft. Wer nächstes Jahr kommt, ist noch offen: vielleicht ein Psychologe, ein Premierminister, ein Komponist oder ein Maler.»[13] Trostlos ging es jedenfalls nicht zu.

Nach dem kurzen Vorstoß mit seinen Studenten in Berkeley hatte Oppenheimer das Interesse an der allgemeinen Relativitätstheorie verloren. Dabei hatten er und sein Student Hartland Snyder mit der Entdeckung der kollabierenden Raumzeit einen maßgeblichen Beitrag zur allgemeinen Relativitätstheorie geleistet. Später setzte Ernüchterung ein, Oppenheimer hielt die Theorie für fade und abgehoben und riet jungen Mitarbeitern davon ab, sich damit zu befassen. Einer von diesen, Frank Dyson, schrieb während Oppenheimers Leitung nach Hause: «Die allgemeine Relativitätstheorie zählt derzeit wahrscheinlich zu den Forschungsfeldern mit den geringsten Aussichten.»[14] Solange nicht ein neues Experiment mehr Licht auf das seltsame Verhalten von Raum und Zeit warf oder ihre Eingliederung in die Quantentheorie gelang, war Einsteins Theorie so gut wie nutzlos.

Oppenheimer war nicht der einzige prominente Physiker, der die allgemeine Relativitätstheorie ablehnte. Die Quantentheorie hatte ein solches Übergewicht bekommen, dass es schwierig geworden war, Arbeiten über die Relativitätstheorie zu veröffentlichen. Herausgeber der *Physical Review* war der niederländische Wissenschaftler Samuel Goudsmit, der zu Anfang entscheidend an der Entwicklung der Quantentheorie mitgewirkt hatte. Goudsmit war nach Amerika emigriert und hatte sich, als er Herausgeber wurde, vorgenommen, die *Physical Review* gegen die europäische Konkurrenz zur bedeutendsten Fachzeitschrift der Physik zu machen. Von der allgemeinen Relativitätstheorie war Goudsmit alles andere als begeistert. Wie Oppenheimer war er überzeugt, dass mit einer derart esoterischen, kaum anwendbaren und schwer zu überprüfenden Theorie nicht viel anzufangen war. Er drohte mit einem Leitartikel, der die Veröffentlichung von Arbeiten über «Gravitation und Grundlagentheorie»[15] praktisch untersagte. Dass es nicht so weit kam, ist dem Einspruch von John Archibald Wheeler zu verdanken, einem Professor aus Princeton, der Gefallen an Einsteins Theorie gefunden hatte.

Zwischen Oppenheimer und Einstein entwickelte sich schließlich doch ein kollegiales Verhältnis, nicht persönlich, aber gelegentlich doch mit herzlichen Gesten und Beweisen der Loyalität. So überraschte Oppenheimer den alten Mann, als er anlässlich dessen Geburtstags in seinem Haus in der Mercer Street ein Radio aufstellen ließ, damit Einstein am Abend seine geliebte Musik hören konnte. Und während der dunkelsten Zeiten in Oppenheimers Leben fand er in Einstein einen treuen Verbündeten. Oppenheimer hatte während der Jahre in Berkeley einen kometenhaften Aufstieg erlebt und als Leiter des Manhattan-Bombenprojekts Herausragendes geleistet. Als Vorsitzender des siebenköpfigen Beratungskomitees der US-Atomenergiekommission gehörte er zum Establishment und beaufsichtigte nach dem Krieg alle Projekte zur Erforschung und Nutzung der Kernenergie. Seine zögerliche Haltung zu einigen befremdlichen atomaren Entwicklungsvorhaben – einem nukleargetriebenen Flugzeug, das ununterbrochen fliegen konnte, sowie der Wasserstoffbombe, die die Wirkung der Bomben von Hiroshima und Nagasaki vielfach übertroffen hätte – rief nicht nur Unverständnis hervor. Oppenheimer machte sich Feinde, und diese schlugen während der Kommunistenhetze der McCarthy-Ära in den fünfziger Jahren zurück.

In einem Artikel der Zeitschrift *Fortune* wurde Oppenheimer 1953 wegen seiner «fortgesetzten Kampagne zur Umkehrung der US-Militärpolitik» heftig angegriffen.[16] Man warf ihm vor, er betreibe die Verzögerung der Entwicklung der Wasserstoffbombe. Im selben Jahr verlor er seinen Status als Geheimnisträger und wurde als Sicherheitsrisiko eingestuft. Er ersuchte um eine Anhörung und konnte seinen Ruf teilweise wiederherstellen, aber die Unbedenklichkeitsbescheinigung blieb ihm weiter verwehrt. Im Bericht der Verhandlung heißt es: «Wir kommen zu dem Schluss, dass Dr. Oppenheimers fortgesetztes Verhalten und seine Verbindungen eine ernsthafte Missachtung der Erfordernisse des Sicherheitsapparates widerspiegeln.»[17] Oppenheimer hatte seinen Platz in der Washingtoner Führungsriege verloren.

Dass Oppenheimer von der Macht fasziniert war, konnte Einstein nie nachvollziehen. Warum war es Oppenheimer so wichtig, ein hoher Staatsbeamter zu sein? Als Bannerträger der Friedensbewegung verstand Einstein nicht, warum Oppenheimer, der im Grunde dieselben Ansichten vertrat, seine Ablehnung des Wettrüstens nicht deutlicher und in aller Öffentlichkeit aussprach. Einstein nahm kein Blatt vor den Mund, wandte sich im Fernsehen an das ganze Land und wetterte gegen die Gefahren der «Superbombe», was die Zeitungen zu Schlagzeilen anregte wie: «Einstein warnt die Welt: Wasserstoffbombe verbieten oder untergehen».[18]

Während seiner letzten und einsamsten Tage war Einstein wieder berühmt geworden. Von außen betrachtet, hätte die Situation kaum absurder sein können. In einer Etage des Instituts half Einstein bei der Formulierung pazifistischer Pamphlete, während Oppenheimer in einer anderen über den Plänen für die Wasserstoffbombe brütete. Einstein konnte es sich leisten, seine Meinung lautstark zu vertreten. Er war so berühmt, dass ihm die antikommunistische Hysterie nichts anhaben konnte. So wurde Oppenheimer, eine Schlüsselfigur der nuklearen Vorherrschaft der Amerikaner, vom Thron gestürzt und in der Sicherheitsanhörung gedemütigt und hütete sich fortan davor, mit der kommunistischen Bedrohung in Verbindung gebracht zu werden. Einstein dagegen schlug alle Bedenken in den Wind. Er geißelte die Anhörungen und schrieb in einem Leserbrief für die *New York Times:* «Was soll die Minderheit der Intellektuellen gegen dieses Übel unternehmen? Offen gestanden sehe ich nur den revolutionären Weg der Nichtkooperation im Sinne Gandhis.»[19] Und er stand weiterhin all jenen, die vorgeladen wurden, öffentlich mit dem Rat zur Seite, jegliche Zusammenarbeit zu verweigern, und zwar unter Hinweis auf den fünften Zusatzartikel der Verfassung, das Zeugnisverweigerungsrecht.

Einsteins letzte Lebensjahre waren von Krankheit überschattet. Im Jahr 1948 wurde bei ihm ein lebensbedrohliches Aneurysma der Bauchaorta festgestellt. Die Arterienerweiterung schritt über die Jahre langsam voran und Einstein bereitete sich auf das Unvermeidliche vor. An seinem 76. Geburtstag 1955 musste er einsehen, dass er zu schwach für eine Reise nach Bern war, wo eine Konferenz zum 50. Jahrestag seiner speziellen

Relativitätstheorie angesetzt war. Mitte April riss die Aorta und Einstein starb wenige Tage später im Krankenhaus.

Das Begräbnis war kurz und wenig feierlich. Nur wenige wohnten der Einäscherung bei; Einsteins Asche wurde in privatem Kreis ausgestreut. Ein paar erhaltene Fotos lassen auf eine stille und schlichte Zeremonie schließen. Sein Gehirn wurde für die Nachwelt erhalten in der Hoffnung, dass sich darin ein Hinweis auf die Quelle seiner Intelligenz finden ließe. Die Konferenz fand trotzdem statt, wurde aber zu einer Trauerfeier und gleichzeitig einer Festveranstaltung zu Ehren von Einsteins Werk.

Oppenheimer als Institutsleiter wurde mehrfach zu Einsteins Leben und Werk befragt und würdigte die Leistungen des Verstorbenen gebührend. Auf genaue Nachfrage jedoch konnte er seine Missbilligung des späten Einsteins nicht ganz verbergen. Oppenheimer hatte kein Problem mit Aussagen wie: «Einstein war ein Physiker, ein Naturphilosoph, der wahrhaft Größte unserer Zeit.»[20] In einem Artikel für *Time* hatte er den Journalisten 1948 allerdings eine weit weniger leidenschaftliche Würdigung in den Block diktiert: «In der engen Gemeinschaft der Physiker wird mit einigem Bedauern anerkannt, dass Einstein ein Meilenstein ist, aber kein Leuchtfeuer; bei der raschen Entwicklung der Physik ist er etliche Meilen zurückgefallen.»[21] In einem Interview mit *L'Express* fast ein Jahrzehnt nach Einsteins Tod ging Oppenheimer noch weiter: «Gegen Ende seines Lebens brachte Einstein nichts mehr zustande.»[22]

Mit Einsteins Tod geriet seine allgemeine Relativitätstheorie aufs Abstellgleis. Sie war von der Quantentheorie überflügelt, wurde von führenden Physikern abgelehnt und brauchte dringend frisches Blut und Entdeckungen, die ihr neuen Schub gaben.

Kapitel 6

Radio Days

Die BBC-Zuhörer waren 1949 von Fred Hoyles Vorlesungen, die unter dem Titel «The Nature of the Universe» ausgestrahlt wurden, wirklich beeindruckt. Ein junger, redegewandter Professor aus Cambridge sprach hier zu Millionen von Menschen und brachte ihnen etwas über die Geschichte und Entstehung des Universums bei. Wie Einstein, Lemaître und viele andere vor ihm vermittelte er die Relativitätstheorie Scharen von Zuhörern, und die Zuhörer hatten ihre wahre Freude daran. Der nicht einmal 40 Jahre alte Hoyle hätte das neue Aushängeschild der allgemeinen Relativität werden sein können, der Nachfolger Einsteins, Eddingtons und Lemaîtres.

Aber Hoyle erklärte, dass Lemaître sich geirrt habe. Laut Hoyle war ein Universum, das sich aus dem Nichts ausdehnte, schlicht Unfug, und der große Mann der allgemeinen Relativität hätte seine Theorie korrigieren müssen, um bessere Ergebnisse zu erhalten. Es sei lächerlich anzunehmen, dass das Universum schlagartig von einem Moment auf den nächsten begonnen habe, wie Hoyle ausführte: «Diese Theorien basierten auf der Hypothese, dass die gesamte Materie des Universums zu einem bestimmten Zeitpunkt in der fernen Vergangenheit in einem einzigen Urknall entstanden sei.»[1] Er verwendete bewusst abschätzig den englischen Ausdruck «Big Bang»; seiner Meinung nach gab es eine viel bessere Lösung: ein unendliches Universum, das sich in einem Zustand der Gleichförmigkeit (dem sogenannten Steady State) befinde und unablässig neue Materie erzeuge.

Hoyle ließ sich auf einen Streit mit den Verfechtern der Relativitätstheorie ein und befand sich, mit Blick auf seine riesige Zahl an Zuhörern, dabei in einer Position der Stärke. Für das breite Hörerpublikum von BBC klang seine Steady-State-Theorie wie der neue Standard der Kosmologie, und die Urknalltheorie, die von einem sich ausdehnenden Weltall ausgeht und in den 1920er Jahren ihre größten Erfolge gefeiert hatte, kam den Hörern wie eine abtrünnige Lehrmeinung vor. Dabei stellte das die wahren Verhältnisse auf den Kopf. Hoyle und seine beiden Mitarbeiter Hermann Bondi und Thomas Gold waren eine Gruppe von Außenseitern, die die öffentliche Wahrnehmung dessen verzerrte, was in der theoretischen Physik tatsächlich vorging. Ihre Kollegen waren entsprechend empört. Ein Astronom sagte einmal über die Resonanz von Hoyles Vorlesungen, man habe «das Gefühl gehabt, dass er die Grenzen einer korrekten Präsentation der Astronomie weit überschritten habe, und die Befürchtung, dass seine Unbescheidenheit und Einseitigkeit dem Beruf geschadet habe».[2]

Trotz Hoyles Zulauf in den Medien sollte seine Steady-State-Theorie nie über den Status einer Seitenlinie hinauskommen, ein Kult mit Cambridge als Zentrum. Doch die Fragen, die diese Theorie aufwarf, die jungen Wissenschaftler, die sich von ihr inspirieren ließen, und die neue Betrachtungsweise des Universums, die sie bot, sollten maßgeblich zur Erneuerung der allgemeinen Relativitätstheorie in den folgenden Jahrzehnten beitragen.

Es ist kein Wunder, dass ein Außenseiter wie Fred Hoyle ausgerechnet in Cambridge hervortrat, der Heimat Arthur Eddingtons. Ganz ähnlich wie Einstein hatte auch Eddington später im Leben die Orientierung verloren und war geradezu besessen von seiner eigenen, sehr abgedrehten Theorie des Universums. In den Jahrzehnten vor seinem Tod hatte Eddington versucht, eine fundamentale Theorie zu präsentieren, die alles miteinander in Einklang bringen sollte: Schwerkraft, Relativität, Elektrizität, Magnetismus und die Quantenmechanik. Einem Außenstehenden mutete seine Welt aus Zahlen, Symbolen und magischen Verbindungen eher wie Zahlenspielerei und zufällige Koinzidenzen an, im Gegensatz zur eleganten Mathematik im Zentrum der allgemeinen Relativität. Noch stärker als Einstein war Eddington gemieden worden und hatte die letzten Jahre vor seinem Tod 1944 relativ isoliert gelebt. Er ließ ein unvollendetes Manuskript zurück, das posthum im Jahr 1947 unter dem großspurigen Titel *The Fundamental Theory* veröffentlicht wurde.[3] Es ist ein düsteres Buch, unleserlich geschrieben und völlig in Vergessenheit geraten – das traurige Vermächtnis eines Mannes, der dazu beigetragen hatte, die Relativitätstheorie bekannt zu machen. Ein Astronom sagte damals treffend: «Ob es nun als großes wissenschaftliches Werk Bestand haben wird oder nicht, es ist mit Sicherheit ein bemerkenswertes Kunstwerk.»[4] Wolfgang Pauli, der Erfinder des Ausschließungsprinzips, das für das Verständnis der weißen Zwerge unerlässlich war, hatte für Eddingtons Werk nichts als Verachtung übrig. Pauli hielt Eddingtons fundamentale Theorie für «kompletten Unsinn, genauer gesagt für romantische Poesie, nicht für Physik».[5]

Fred Hoyle kam im Jahr 1933 nach Cambridge, als Eddington seine Theorie der Sterne entwickelte und sich mit dem jungen Chandra um das endgültige Schicksal der schweren, weißen Zwerge stritt. Der Engländer Hoyle mit dem runden Gesicht und Brille hatte Eddingtons beliebtes wissenschaftliches Buch *Stars and Atoms* (deutsch: *Sterne und Atome)* gelesen, als er gerade zwölf war. Es war ein Kontrapunkt zu einer in seinen Augen völlig unzureichenden Ausbildung, bei der man ihn, wie er selbst sagte, «mehr oder weniger sich selbst überließ».[6] Aber in Cambridge blühte er regelrecht auf, gewann schon vor dem Examen etliche Preise und promovierte anschließend in Quantenphysik. Im Jahr 1939 war Hoyle bereits Dozent am St. John's College und bekam ein hoch angesehenes Forschungsstipendium. Außerdem beschloss er, den Schwerpunkt zu verlagern, gab seine Beschäftigung mit der Quantenphysik auf und widmete sich stattdessen der Astrophysik. Inspiriert von Eddingtons *Internal Constitution of the Stars,* nahm Hoyle sich vor, darüber nachzudenken, wie Sterne brennen und woher sie ihr Brennmaterial nehmen. Seine späteren Studien eröffneten uns das Verständnis dafür, wie nukleare Prozesse in den Sternen zur Entstehung schwerer Elemente führen.

Als Hoyle sich im Jahr 1939 ein neues Forschungsfeld suchte, wurde er darin von dem Ausbruch des Zweiten Weltkriegs unterbrochen. In den nächsten sechs Jahren widmete er sich ganz den Kriegsanstrengungen und forschte für das Militär an Radaranlagen. So wie das amerikanische Atombombenprojekt die besten amerikanischen Denker zusammenführte, waren im Zweiten Weltkrieg etliche überaus begabte britische Talente vollauf damit beschäftigt, die Funkpeilung mit Hilfe der Radiowellen in sogenannten Radargeräten zu entwickeln. Eine Fülle eindrucksvoller und brillanter Ideen wurde in die Praxis umgesetzt, um Flugzeuge, Schiffe und Unterseeboote zu orten. Das Vermächtnis der Radarforschung im Krieg ist uns erhalten geblieben – die heutige Gesellschaft ist geradezu überlagert von Rundfunkwellen. Wir nutzen sie für Funk und Fernsehen, für drahtlose Netze und Mobiltelefone, für das Fliegen von Flugzeugen und das Lenken von Raketen.

Über die Arbeit am Radar lernte Hoyle zwei junge Physiker kennen: Hermann Bondi und Thomas Gold. Bondi, jüdischer Emigrant aus Wien, hatte als Sechzehnjähriger eine Vorlesung Eddingtons in Wien besucht. Damals hatte er den Drang verspürt, nach Cambridge zu ziehen, um Mathematik zu studieren, wo er, wie er später ganz eingenommen von der intellektuellen Umgebung schrieb, «den Rest seines Lebens verbringen wollte».[7] Da er aus einem feindlichen Staat kam, war Bondi in der Anfangsphase des Zweiten Weltkriegs in Kanada interniert worden und hatte dort Thomas Gold getroffen, einen weiteren jüdischen Emigranten aus Wien. Gold war ebenfalls ganz begeistert von Eddingtons beliebten Büchern und studierte in Cambridge Ingenieurwissenschaften. Nachdem man sie aus der Internierung entlassen hatte, wirkten beide gemeinsam mit Hoyle bei den britischen Kriegsanstrengungen mit. In ihrer Freizeit diskutierten sie die neuen Entwicklungen in der Kosmologie und Astrophysik, wobei jeder seinen eigenen Ansatz hatte: Hoyle war draufgängerisch, Bondi ging mathematisch an das Thema heran, und Gold pragmatisch.

Nach Kriegsende kehrten alle drei nach Cambridge zurück und traten an verschiedenen Colleges Dozentenstellen an. Cambridge war nach dem Krieg ein düsterer, leerer Ort geworden. Etliche Mitglieder des Lehrkörpers waren gegangen und schlugen nach dem Krieg eine Karriere außerhalb der akademischen Welt ein. Immobilien waren damals unbezahlbar, und die Mieten waren durch den Zustrom an Arbeitern während des Krieges gestiegen. Bondi und Gold teilten sich am Ende ein Haus außerhalb der Stadt. Hoyle verbrachte häufig die Arbeitstage in ihrem Gästezimmer und kehrte nur an den Wochenenden in sein Haus auf dem Land zurück.

An den Abenden verwickelte Hoyle Bondi und Gold in Diskussionen über die Themen, die ihm durch den Kopf gingen. Wie Gold schrieb, war Hoyle «weiterhin manchmal hartnäckig, sogar unangenehm und ließ sich ohne Sinn und Verstand über ein bestimmtes Thema aus».[8] Zu Hoyles Steckenpferden zählten die Beobachtungen Hubbles zur Expansionsgeschwindigkeit des Universums.

Seit Hubble und Humason den De-Sitter-Effekt gemessen hatten, war Friedmanns und Lemaîtres These vom expandierenden Weltall fest in der Grundlehre der Astrophysik verankert. Lemaîtres Modell eines ursprünglichen Atoms erschien zwar als zu esoterisch und zu weit von den Beobachtungen entfernt, um vollständig akzeptiert zu werden, aber es herrschte der allgemeine Eindruck, dass sein Modell für das Weltall im Großen und Ganzen zutraf: Das Weltall dehnte sich seit einer Anfangsphase ständig aus; die genauen Einzelheiten, wie alles begann, würden zu einem späteren Zeitpunkt ausgearbeitet werden. Das war zweifellos ein enormer Erfolg für die Astrophysik und die allgemeine Relativitätstheorie.

Dennoch hatte Friedmanns und Lemaîtres Weltall weiterhin ein irritierendes Problem, das sich allem Anschein nach nicht auflösen ließ. Es war von dem Moment an offensichtlich, als Hubble seine bahnbrechende Messung durchgeführt hatte. Hubble hatte berechnet, dass sich das Universum mit einer Geschwindigkeit von etwa 500 Kilometer pro Sekunde pro Megaparsec ausdehne. Das hieße, dass sich eine Galaxie, die ungefähr eine Megaparsec (circa 3 Millionen Lichtjahre) von uns entfernt war, mit einer Geschwindigkeit von 500 Kilometer pro Sekunde von uns entfernt. Eine zwei Megaparsec entfernte Galaxie würde sich mit einer Geschwindigkeit von 1000 Kilometer pro Sekunde entfernen, usw. Die späteren Messungen Hubbles bestätigten anscheinend diesen Wert. Anhand dieser Zahl, die heutzutage die Hubble-Konstante genannt wird, war es möglich, mit Hilfe der Modelle von Friedmann und Lemaître für die Entwicklung des Universums die Uhr zurückzudrehen und den exakten Zeitpunkt der Entstehung des Weltalls zu errechnen. Auf diesem Weg gelang es den Wissenschaftlern herauszufinden, dass das Weltall etwa eine Milliarde Jahre alt war.

Eine Milliarde Jahre mag einem wie ein sehr langer Zeitraum vorkommen, aber in Wirklichkeit war das schlicht nicht lang genug. Schon in den 1920er Jahren hatten Wissenschaftler über die Halbwertszeit radioaktiver Isotope in Gesteinen herausgefunden, dass die Erde über *zwei Milliarden* Jahre alt sein musste. Und Studien des Astronomen James Jeans ergaben allem Anschein nach für Sternenhaufen ein Alter von Hunderttausenden Milliarden Jahren. Die Alter der Sternenhaufen wurden später deutlich nach unten korrigiert, aber das Problem blieb dennoch: Es schien so, als sei das Universum *jünger* als die in ihm enthaltene Materie. Das war schlicht unmöglich, aber anscheinend gab es keinen Weg, das Paradoxon zu vermeiden. Willem de Sitter fasste den Stand der Forschung im Jahr 1932 mit folgenden Worten zusammen: «Ich fürchte, es bleibt uns nichts anderes übrig, als das Paradox zu akzeptieren und uns möglichst damit zu arrangieren.»[9] Daran hatte sich zur Zeit der Forschungen Hoyles, Bondis und Golds zum expandierenden Universum nichts geändert.

Als das Cambridge-Trio anfing, sich Gedanken über Kosmologie zu machen, erschien das Altersparadox noch als ein eklatanter Fehler an den Modellen Friedmanns und Lemaîtres. Weit mehr Kopfzerbrechen bereitete Hoyle, Bondi und Gold jedoch eine viel tiefgreifendere, grundsätzlichere Frage: Wenn man die Uhr dieser Modelle zurückdreht, entspricht der Anfang des Universums einem Moment, in dem der gesamte Weltraum in einem einzigen Punkt unendlich konzentriert ist. Anders ausgedrückt, entstanden Raum, Zeit und Materie in diesem einen Ursprungsmoment? Für Hoyle und seine Freunde kam das jedoch nicht infrage. Wie Hoyle sagte: «Es handelte sich um einen irrationalen Prozess, der sich nicht wissenschaftlich beschreiben ließ.»[10] Mit welchen physikalischen Gesetzen konnte man die Entstehung von etwas aus dem Nichts beschreiben? Das war unvorstellbar, und für Hoyle war es «eine ausgesprochen unbefriedigende Vorstellung, weil es die Grundannahme so weit aus dem Blick rückt, dass sie niemals durch einen direkten Verweis auf die Beobachtung infrage gestellt werden kann».[11] In ihrer Geringschätzung klang Eddingtons aufgebrachte Beurteilung des Uratoms von Lemaître nach.

Ausgerechnet ein Spielfilm brachte Hoyle und seine Kollegen dazu, das Universum auf neue Art zu betrachten. Der Film aus dem Jahr 1945 *Dead of Night* (deutsch: *Traum ohne Ende*) ist ein Horrorfilm mit einer kreisförmigen Struktur, wobei das Ende exakt dem Anfang entspricht.[12]

Ohne echten Anfang und Ende bildet der Film eine klaustrophobische Vision eines unendlichen Universums. Diese Vorstellung faszinierte Hoyle, Bondi und Gold. Was, wenn das Weltall tatsächlich genau so wäre? Dann gäbe es keinen Anfangspunkt, kein Uratom.

Bondi und Gold betrachteten das Problem des Anfangszeitpunkts – oder des «Big Bang», wie Hoyle es später nannte – von einem fast abstrakten, ästhetischen Standpunkt aus. Im Laufe der Jahrhunderte hatten sich die Beschreibungen des Weltalls von dem Konzept einer besonderen, bevorzugten Stellung im Raum entfernt. Friedmann und Lemaître hatten, wie Einstein vor ihnen, postuliert, dass das Universum keinerlei Struktur habe, weder ein Zentrum noch einen bevorzugten Ort, von dem aus sich Dinge entwickelten oder beobachtet wurden. Unter allen Orten im Raum herrschte echte Demokratie. Warum sollte man also dieses Prinzip, das kosmologische Prinzip, nicht zu einem weit vollständigeren und alles umfassenden Konzept ausweiten? Warum gehen wir nicht davon aus, dass alle Punkte im Raum *und* alle Zeitpunkte identisch wären? Dann gäbe es keinen Anfang, nur ein ewiges Universum, das die ganze Zeit über in einem gleichförmigen Zustand bliebe.

Hoyle schickte sich an, die Details eines solchen Entwurfs auszuarbeiten. In Friedmanns und Lemaîtres Universum würde die Energie mit der Expansion verbraucht werden und im Laufe der Zeit abnehmen. Sollte das Universum wirklich in einem gleichförmigen Zustand bleiben, musste die Energie auf irgendeine Weise wieder aufgefüllt werden, damit das Universum weiter in Bewegung blieb. Also beschloss Hoyle, Einsteins Feldgleichungen entsprechend anzupassen, etwa so wie Einstein selbst es versucht hatte, als er sein inzwischen überholtes statisches Universum konstruiert hatte. Hoyle postulierte die Existenz eines Erzeugungsfeldes oder «C-Field», wie es später genannt wurde, das im Laufe der Zeit Energie erzeugte. In Hoyles Universum wurde eines der heiligsten Gesetze der Physik – die Energieerhaltung – kurzerhand ad acta gelegt. Hoyle argumentierte, das sei keine große Sache, denn man brauche lediglich «jedes Jahrhundert etwa ein Atom von der Größe des Empire State Building».[13] So gut wie nichts.

Zwei Aufsätze, einer von Hoyle und einer von Bondi und Gold, erschienen im Jahr 1948 in der Zeitschrift *Monthly Notices* der Royal Astronomical Society.[14] Die Aufnahme fiel unterschiedlich aus. Werner

Heisenberg, einer der Väter der Quantenphysik, hatte in Cambridge kurz haltgemacht, als Hoyle ihm seinen Aufsatz über das C-Field vorlegte. Heisenberg hielt die These für die bemerkenswerteste Idee seines Besuchs. E. A. Milne, ein Mathematikprofessor in Oxford, lehnte sie rundweg ab und erklärte: «Ich glaube nicht, dass die Hypothese der kontinuierlichen Erzeugung von Materie notwendig ist, und ich halte sie auch für nicht genauso fundiert wie die Annahme, dass das gesamte Universum in einer bestimmten Epoche geschaffen wurde.»[15] Max Born, der Robert Oppenheimer in Göttingen betreut hatte, lagen die von Hoyle angeregten Änderungen besonders schwer im Magen, denn wenn es ein Gesetz gebe, das bislang sämtliche Veränderungen und Umbrüche in der Physik überstanden habe, dann sei es der Satz der Energieerhaltung.[16] Und das große Genie selbst, Albert Einstein, schenkte Hoyles Modell wenig Beachtung und erklärte, es handle sich hier um rein «romantische Spekulation».[17] Was die drei Astrophysiker für eine einfache, naheliegende Lösung für ein so grundlegendes Problem der Kosmologie hielten, wurde als absonderlich und überflüssig verworfen. Hoyle war frustriert über die, in seinen Augen, Unvernunft seiner Kollegen. Er sagte selbst einmal, er habe «die Nase voll davon, Angelegenheiten der Physik, Mathematik, Fakten und Logik begriffsstutzigen Köpfen zu erklären».[18]

Und dann erhielt Hoyle unverhofft jene einzigartige Gelegenheit, sein Modell zu propagieren, und dies in einer Weise, die die Reichweite aller Aufsätze und Seminare bei weitem übertraf. Die BBC plante eine Reihe von Hörfunkvorträgen des Historikers Herbert Butterfield aus Cambridge. In letzter Minute machte Butterfield einen Rückzieher, und der junge Fred Hoyle, der schon eine gewisse Erfahrung mit dem Rundfunk hatte, wurde aufgefordert, anstelle von Butterfield eine Reihe über das Universum und die Kosmologie aufzunehmen, insgesamt fünf Sendungen. In ihnen konnte Hoyle ausführlich auf die Probleme der Kosmologie eingehen, auf das junge Universum mit seinen alten Galaxien und darauf, dass Friedmanns und Lemaîtres Universum mehr Probleme schuf, als es löste. Außerdem konnte er den Zuhörern die Vorteile der Steady-State-Theorie nahebringen. Hoyle konnte alle herkömmlichen Methoden umgehen und dem ganzen Land seine Ideen gewissermaßen als vollendete Tatsachen präsentieren. Alle würden seine Theorie hören.

Hoyles Vorlesungen in der BBC hatten unglaublich großen Erfolg, und Hoyle wurde zu einer bekannten Persönlichkeit, zum wohl ersten Medienprofessor. Die Öffentlichkeit fand Gefallen an seiner Beschreibung des Universums, und sie hielt Einzug in die allgemeine Vorstellungswelt. Aber indem Hoyle sein eigenes Modell auf einer öffentlichen Bühne gegenüber dem etablierten und in der Wissenschaft akzeptierten Modell des expandierenden Universums propagierte, verärgerte er seine Kollegen, und das Konzept eines «Steady State» erlitt infolgedessen einen Rückschlag. Es war Hoyle zwar gelungen, seine Steady-State-Theorie in der Öffentlichkeit zu präsentieren, aber der Widerstand unter seinen Kollegen verstärkte sich noch. Später erinnerte er sich: «Es fiel mir schwer, Anfang der 1950er Jahre Aufsätze von mir zu veröffentlichen.»[19]

Dennoch galt das Modell eines gleichförmigen Zustands als eine plausible Alternative zum expandierenden Universum Friedmanns und Lemaîtres, das sich wiederum gegen Einstein durchgesetzt hatte. Die großen Entdeckungen der 1920er Jahre in der Kosmologie und allgemeinen Relativität waren in Gefahr. Doch in den folgenden Jahren sollte sich ein völlig neues Fenster auf das Universum öffnen und alle diese Modelle in einem neuen Licht erscheinen lassen.

«Ich halte es durchaus für vertretbar zu behaupten, dass [Martin] Ryles Motiv, ein Programm für das Zählen von Radioquellen zu entwickeln ... Rache war», erinnerte sich Hoyle an seinen ehemaligen Kollegen.[20] Es war nicht nett, so etwas zu sagen, aber es steckte zweifellos ein Körnchen Wahrheit darin. Denn Martin Ryle hatte einen sprunghaften, reizbaren Charakter, er war angriffslustig und misstrauisch. Selbst innerhalb Cambridges sollte sich Ryle von den anderen Mitgliedern des Lehrkörpers isoliere und arbeitete an den Radioteleskopen, die in der ehemaligen Bahnstation Lord's Bridge aufgebaut waren – «in einem Schuppen auf dem Feld», wie ein Kollege sich erinnert. Er hatte noch eine herausragende Karriere vor sich (im Jahr 1972 wurde er Königlicher Astronom und gewann 1974 den Nobelpreis), aber die ganze Zeit über benahm sich Ryle, als sei er ständig in Gefahr, und förderte so eine Bunkermentalität in seiner Gruppe.

Martin Ryle stammte ebenfalls aus der Radargeneration. Als Sohn eines Cambridge-Professors schloss er im Jahr 1939 sein Studium in Oxford mit einem erstklassigen Examen ab. Wie Bondi, Gold und Hoyle hatte auch Ryle im Krieg an der Entwicklung des Radars mitgearbeitet und sich Tricks ausgedacht, mit denen man die deutschen Funkpeilungssysteme und Raketenlenksysteme stören konnte.

Nach dem Krieg ging Ryle nach Cambridge, um das neue Feld der Radioastronomie auszubauen. Er war nicht der Einzige. Als Bernard Lovell, der im Krieg ebenfalls an der Entwicklung des Radars beteiligt gewesen war, nach Manchester zog, baute er beim Jodrell-Bank-Observatorium eines der größten lenkbaren Radioteleskope der Welt. In Australien hatte Joseph Pawsey die Kriegsjahre damit verbracht, für die Royal Australian Navy Radargeräte zu entwickeln, bevor er in Sydney seine eigene Forschungsgruppe für Radioastronomie zusammenstellte.

Die ersten Schritte in der Radioastronomie hatte man schon Jahre zuvor unternommen, als Karl Jansky, ein Ingenieur, der Anfang der 1930er Jahre für Bell Telephone Laboratories arbeitete, erkannte, dass das All ihn gewissermaßen anfauchte. Jansky hatte die Aufgabe bekommen, die Quelle des lästigen Rauschens zu finden, das Unterhaltungen über Funk und sogar Rundfunksendungen manchmal so stark überlagerte, dass man kein Wort verstand. Jansky wollte die Rundfunkgeräte entsprechend ausrüsten – an den Rätseln des Weltalls hatte er wenig Interesse.

Radiowellen verhalten sich genau wie Lichtwellen, aber ihre Wellenlänge ist eine Milliarde Mal länger als die des sichtbaren Lichts. Das Licht, das wir wirklich wahrnehmen und das den größten Teil der Sonnenstrahlen ausmacht, hat eine Wellenlänge, die kleiner als ein millionstel Meter ist. Im Vergleich dazu haben Radiowellen riesige Wellenlängen, von einem Millimeter bis zu Hunderten von Metern. Jansky hatte entdeckt, dass die Milchstraße eine außerordentlich große Menge an Radiowellen ausstrahlt, und zwar ununterbrochen. Obwohl die Sonne viel heller am Himmel leuchtet als die gesamte Milchstraße zusammengenommen, strahlt sie nicht so viele Radiowellen aus. In dem 1933 veröffentlichten Aufsatz «Elektrische Störungen offenbar extraterrestrischen Ursprungs» zählte Jansky systematisch sämtliche möglichen Quellen für das Rauschen auf und zeichnete auf einer Karte ein, woher die Radiowellen kamen. Seine Methoden eröffneten eine andere Betrachtungsweise des Kosmos. Für diese Beobachtung brauchte man keine riesigen Teleskope auf hohen Berggipfeln, sondern sie funktionierte mit Maschendraht, Stahl und ein paar Schüsseln in der offenen Ebene. Statt das schwache Licht ferner Objekte zu untersuchen, konnten die Astronomen die Radiowellen, die aus dem All kamen, empfangen.[21]

Janskys Entdeckung wurde damals weitgehend ignoriert. Als er Bell Laboratories den Bau einer neuen, verbesserten Antenne vorschlug, wurde er abgewiesen. Seine Firma hatte kein Interesse an der Astronomie. Also beschäftigte sich Jansky mit anderen Dingen. Aber seine Arbeit wurde nicht völlig vergessen. Ein eigenwilliger Rundfunkingenieur und Hobbyastronom aus Wheaton, Illinois, namens Grote Reber las in der Zeitschrift *Popular Astronomy* von Janskys Entdeckung und fing an, in seinem Garten in Wheaton eine größere und bessere Antenne zu bauen. Rebers Antenne hatte eine Schüssel mit einem Durchmesser von neun Metern mit einem Metallgerüst davor, das die reflektierten Wellen einfangen sollte. Das war das erste richtige Radioteleskop, das den heutigen bereits stark ähnelte. Mit seiner Hilfe schickte sich Reber an, eine genauere Karte der Radiowellenstrahlung der Milchstraße anzufertigen, und zeichnete eine detaillierte Karte des Radiohimmels. Seine Studien legte er dem *Astrophysical Journal* vor. Chandrasekhara, der damalige Chefredakteur, war von Rebers Ergebnissen ganz begeistert und wunderte sich im Stillen über dessen Beharrlichkeit – jedenfalls akzeptierte er den Aufsatz. Im Jahr 1940 erschien folglich Rebers Arbeit «Kosmisches Rauschen» mit seinen eigenen Karten.

Die neuen Karten der Milchstraße auf der Basis von Radiowellen waren interessant und erleichterten die detaillierte Kartierung der Ausgangspunkte all dieser ominösen Wellen. Aber Rebers Messungen enthüllten noch etwas anderes: Ein paar isolierte Punkte auf der Karte strahlten unvorstellbare Mengen an Radiowellen aus. Es gelang Reber zwar, jeden einzelnen Punkt in der Nähe eines Sternbilds (Cygnus, Kassiopeia und Taurus) zu lokalisieren, aber sie entsprachen keinen Objekten, die sichtbares Licht abgaben. Reber hatte ein neues astronomisches Objekt entdeckt, das unter dem Namen «Radioquelle» oder «Radiostern» bekannt wurde.

Mit dem Aufsatz «Kosmisches Rauschen» öffnete sich ein neues Fenster zum Weltall. Vor einer neuen Forschergeneration entfaltete sich ein ideales, unerforschtes Neuland, und Martin Ryle war bereit, es zu erkunden. Neben Lovells und Pawseys Gruppe fingen Ryle und seine Leute in Cambridge seit Ende der 1940er Jahre an, den Kosmos zu kartographieren. Anhand der Techniken, die er während der Arbeit am Radar gelernt hatte, entwickelte Ryle eine neue Generation von Radioteleskopen, die Cambridge zu einem der führenden Zentren für Radioastronomie machten. Aber sie sollte ihn auch in Opposition zu Hoyle und seinen Mitarbeitern bringen.

Martin Ryle war eher Funkamateur und Elektroingenieur als Kosmologe, und deshalb war es eigentlich erstaunlich, dass er in einen Streit mit den «Theoretikern», wie er Hoyle und seine Kollegen abschätzig nannte, verwickelt wurde. Dabei hatte er es geradezu auf eine Konfrontation angelegt. Zuerst hatte er versucht, weitere große Radioquellen wie jene, die Reber entdeckt hatte, zu finden und ihre Position zu bestimmen, aber leider ging er die Sache falsch an. Für ihn war es selbstverständlich, dass alle diese Objekte in der Milchstraße lagen. In einem klar argumentierenden Aufsatz aus dem Jahr 1950 vertrat er die These, dass die Mehrzahl der Radioquellen innerhalb unserer Galaxie liegen dürfte. Was er sagte, hatte durchaus Hand und Fuß und war absolut vernünftig.

Im Jahr 1951 präsentierte Ryle dann seine Ergebnisse bei einer Zusammenkunft der Royal Astronomical Society. Im Publikum saßen seine Kollegen in Cambridge Gold und Hoyle. Sie meldeten sich zu Wort und warfen beiläufig die Vermutung ein, dass die Radioquellen in Wirklichkeit außerhalb unserer Galaxie liegen könnten. Ryle, der seine Argumente sorgfältig durchdacht hatte, war verärgert und fertigte Gold und Hoyle barsch mit den Worten ab: «Ich glaube, die Theoretiker haben die empirischen Daten nicht richtig verstanden.»[22]

Hier prallten zwei Kulturen aufeinander: auf der einen Seite die intellektuellen, theoretischen Astronomen, überaus tüchtig in der Mathematik und Physik, mit ihren hübsch klingenden, aber seltsamen Theorien, die das ganze Weltall erklärten, auf der anderen Seite die Tüftler, die Radioingenieure, die Apparate bauten und mit der Elektronik herumspielten. Ryle konnte die Herablassung seiner Kollegen nicht ertragen. Seiner Meinung nach verstand er die Daten auf eine Weise, die diese Leute, die nur mit Bleistift und Papier arbeiteten, einfach nicht begriffen. Zu seinem Pech sollten Gold und Hoyle am Ende recht behalten, als immer mehr Radioquellen mit Objekten außerhalb der Milchstraße assoziiert wurden. Sie waren wirklich außergalaktisch, und Ryle musste akzeptieren, dass in Wahrheit die Theoretiker die Daten verstanden hatten.

Doch Ryle nahm die Niederlage nicht einfach hin. In Anbetracht der Tatsache, dass diese Radioquellen außerhalb der Galaxie lagen, ließ sich mit ihrer Hilfe auch etwas über das Weltall aussagen. Also sammelte Ryle weitere Beobachtungen und griff mit seinen Daten das Lieblingskind Hoyles und Golds an: die Steady-State-Theorie. Er zählte die Radioquellen in Abhängigkeit von ihrer Helligkeit und versuchte, eine Korrelation zwischen dieser Zahl und den fundamentalen Eigenschaften des Universums herzustellen. Je weiter eine Radioquelle entfernt ist, desto schwächer wird sie sein; mithin lässt sich die Schwäche einer Quelle als Indiz für ihre Entfernung werten. Das Universum ist gigantisch groß, folglich sollte man annehmen, dass mehr schwache, ferne Quellen als helle, nahe entdeckt werden. Wie sich herausstellt, ist das Verhältnis zwischen der Zahl der schwachen und der hellen Quellen eine gute Methode, um herauszufinden, in was für einem Universum wir leben. Wenn wir ferne Quellen betrachten, ist deren Licht bereits einige Zeit gereist, bis es uns erreicht hat, folglich betrachten wir das Universum in einem jüngeren Zustand. Wenn wir in Hoyles Universum eines gleichförmigen Zustands leben, bleibt die Dichte der Quellen im Laufe der Zeit konstant; also müsste die Gesamtzahl der Quellen in einem bestimmten Volumen direkt proportional zu diesem Volumen sein. In einem expandierenden Universum, wie Friedmann und Lemaître es präsentierten, war das Universum in der Vergangenheit dichter als im heutigen Zustand. Also müsste es mehr ferne, schwache Quellen als nahe, helle geben. Indem man die Zahl der schwachen Quellen in Relation zu den hellen Quellen setzt, müsste es möglich sein zu entscheiden, ob unser Universum den Gesetzen der Urknalltheorie oder denen der Steady-State-Theorie entspricht.

Ryle stellte in dem sogenannten 2C-Katalog (C steht für Cambridge) eine Liste aus fast 2000 Quellen zusammen. Sie baute auf einer erheblich kleineren Liste mit 50 Quellen (des sogenannten 1C-Katalog) auf und wies zur großen Befriedigung Ryles allem Anschein nach so viele schwache Quellen in Relation zu hellen Quellen auf, dass sich dieses Phänomen mit der Steady-State-Theorie nicht erklären ließ. In Ryles Augen war dies der Todesstoß für Hoyles Theorie, und er schickte sich sofort an, seine Ergebnisse zu verbreiten. In einem vielbeachteten Vortrag, den er im Mai 1955 in Oxford hielt, machte er seinen Rivalen einen kühnen Vorwurf: «Wenn wir die Schlussfolgerung akzeptieren, dass die meisten Radiosterne außerhalb der Galaxie liegen, und an dieser Schlussfolgerung führt anscheinend kein Weg vorbei, so gibt es allem Anschein nach keine Möglichkeit, diese Beobachtungen mit den Bedingungen der Steady-State-Theorie zu erklären.»[23] Ryle hatte Hoyles und Golds Modell anscheinend zerschmettert.

Nach Ryles Vortrag in Oxford befanden sich Hoyle und seine Mitarbeiter in der Defensive. Hoyle nahm die Daten sehr ernst, aber Gold hatte seine Zweifel an den Ergebnissen und riet Hoyle: «Vertrauen Sie ihnen nicht, es könnten unzählige Fehler darin enthalten sein, und man darf sie nicht ernst nehmen.»[24] Gold hatte recht. Diesmal wurde Ryle von seinesgleichen widerlegt, von Tüftlern wie er selbst, die aus der Radioastronomie eine solide Wissenschaft machten. Zwei junge australische Radioastronomen, Bernard Mills und Bruce Slee aus Sydney, analysierten die Daten aus 2C erneut und kamen zu einem völlig anderen Ergebnis als Ryle. Statt einen eigenen Katalog mit Tausenden von Quellen zusammenzustellen, als Alternative zu dem von Ryle, beschlossen sie, sich auf eine kleine Untergruppe der gesamten Übersicht zu konzentrieren, auf rund 300 Quellen, und diese exakt durchzumessen. Dieser kleine Katalog wurde so ausgewählt, dass er sich mit dem von Ryle überschnitt und man mit seiner Hilfe Ryles Messungen überprüfen konnte.

Die von Mills und Slee veröffentlichten Ergebnisse vernichteten die Glaubwürdigkeit von Ryles Studie. In dem Aufsatz wiesen sie darauf hin, dass ihr «Katalog detailliert mit einem aktuellen Katalog aus Cambridge verglichen wird … es stellt sich heraus, dass sie sich fast völlig widersprechen». Die Autoren ließen im Folgenden durchblicken, dass «der Cambridge-Katalog von der geringen Auflösung des dort verwendeten Radio-Interferometers beeinträchtigt» sei.[25] Ryles Ergebnisse waren schlicht nicht genau genug – Mills und Slee hingegen arbeiteten mit einem besseren Teleskop, das genauere Werte anzeigte, und nach ihren

Ergebnissen war das Modell eines gleichförmigen Zustands keineswegs ausgeschlossen. Ein Radioastronom aus der Konkurrenzgruppe in Großbritannien namens Jodrell Bank schäumte vor Wut und erklärte: «Die Radioastronomen müssen beträchtliche Fortschritte machen, bevor sie den Kosmologen etwas Verwertbares vorlegen können.»[26] Es hatte den Anschein, als könnten sich die Radioastronomen nicht über ihre Daten einig werden, geschweige denn, mit deren Hilfe kosmologische Modelle überprüfen. Folglich hielt man es für das Beste, vorläufig diese Daten zu ignorieren. Hoyle und seine Mitarbeiter hatten allen Grund zum Feiern.

Ryle zog sich nach Cambridge zurück und arbeitete an der nächsten Generation seines Quellenkatalogs. Nach dem Debakel seiner fragwürdigen Ergebnisse verbrachten Ryle und sein Team die nächsten drei Jahre mit der Zusammenstellung eines neuen Katalogs, den sie sinnigerweise 3C-Katalog nannten. Die neuen Ergebnisse würden endgültig dem Unsinn, den Hoyle und sein Team verbreitete, ein Ende bereiten – glaubte zumindest Ryle. Als der 3C-Katalog im Jahr 1958 endlich der Öffentlichkeit präsentiert wurde, hatte Martin Ryle das Gefühl, sein Kabinettstück zu präsentieren: eine Sammlung von Radioquellen, über die sich alle einig waren. Aber die Liste war immer noch nicht genau genug. Bondi war skeptisch und wies darauf hin, dass Ryle dazu neige, seine Messungen für besser auszugeben, als sie wirklich seien. Ryle habe schon mehrfach behauptet, das Steady-State-Modell widerlegt zu haben, sei aber lediglich an die Grenzen dessen gestoßen, was anhand seiner Daten ausgesagt werden konnte. Immer wenn jemand herging und Ryles Daten noch einmal analysierte und dabei entdeckte, dass die Fehler größer als zuvor behauptet waren, wurde das Steady-State-Modell wiederum akzeptiert. Genau genommen sei dies, wie Bondi öffentlich erklärte, «in den letzten zehn Jahren schon mehr als einmal passiert».

Im Februar 1961 legte Ryle seine Analyse des inzwischen 4C-Katalogs der Royal Astronomical Society vor. Er argumentierte, die Ergebnisse ließen sich schlichtweg nicht mit den Bedingungen des Steady-State-Modells vereinbaren – es gebe viel zu wenige helle Quellen in Relation zu den schwachen. Die Beobachtungen würden, so Ryle, «offenbar den endgültigen Gegenbeweis gegen die Steady-State-Theorie liefern».[27] Die Zeitungen griffen Ryles Ankündigung auf und erschienen mit Schlagzeilen wie «Die Bibel hatte recht», was die Existenz eines Schöpfungsmoments betraf.[28] Als andere Teams in Australien und den Vereinigten Staaten Ryles Ergebnisse bestätigten, sah es ganz so aus, als habe er am Ende recht behalten.

Hoyle und seine Mitarbeiter waren beunruhigt, aber nicht überzeugt. Bondi teilte, kurz nachdem Ryle seine Analyse bekannt gegeben hatte, der *New York Times* mit: «Ich halte das selbstverständlich nicht für den Tod der gleichförmigen Erzeugung», und fügte hinzu: «Eine ähnliche Äußerung hat Professor Ryle bereits 1955 gemacht, aber die Beobachtungen, auf die sie sich stützte, erwiesen sich später als falsch.»[29] Ryles persönlicher Eifer, die Steady-State-Theorie zu widerlegen, hatte etwas Irrationales an sich, auch wenn die Daten von Jahr zu Jahr genauer wurden. Für Hoyle, Bondi und Gold hatte die Radioteleskopie keineswegs der Steady-State-Theorie den Todesstoß versetzt, zumindest noch nicht.

Die Auseinandersetzung zwischen Hoyle und Ryle mag, da ihr Zentrum in Cambridge lag, als eine nebensächliche Ablenkung von dem unausweichlichen Siegeszug der allgemeinen Relativität und ihrer Kosmologie erscheinen. Außerhalb des Vereinigten Königreichs interessierte sich kaum jemand für Hoyles Modell. Vielen kam die Diskussion launisch, fast schon unwissenschaftlich vor, als sei sie von Persönlichem und Privatfehden getrieben. Besucher in Cambridge gaben Kommentare zu der vergifteten Atmosphäre zwischen Ryle und der Gruppe um Hoyle ab.

Ihre Rivalität brachte jedoch beträchtlichen wissenschaftlichen Fortschritt hervor. Fred Hoyle sollte später als einer der größten Astrophysiker der zweiten Hälfte des 20. Jahrhunderts gefeiert werden. Gemeinsam mit William Fowler und Geoffrey und Margaret Burbidge aus den Vereinigten Staaten entwickelte er schließlich eine brillante Theorie zum Ursprung der Elemente in den Sternen. Die Tatsache, dass er im Jahr 1983 nicht zu den Nobelpreisträgern für Physik gezählt wurde, führten manche auf seinen Charakter als Einzelgänger und auf sein beharrliches Festhalten am Steady-State-Modell zurück. Im Jahr 1973 verließ er Cambridge, lebte zurückgezogen im Lake District und schrieb Romane.

Hermann Bondi gründete später am Londoner King's College eine überaus kreative Gruppe zur allgemeinen Relativität, und Thomas Gold errichtete in Arecibo in Puerto Rico das weltgrößte Radioteleskop. Martin Ryles Gruppe hing der Ruf an, sie würde zu Verschwiegenheit und Paranoia neigen, aber sie steckte hinter den größten Entdeckungen der Radioastronomie in den folgenden zwei Jahrzehnten. Ryle bekam 1974 den Nobelpreis. Der Aufstieg der Radioastronomie und das schwer zu fassende Wesen der Radioquellen sollten maßgeblichen Anteil an der Weiterentwicklung der allgemeinen Relativitätstheorie haben, die im Begriff war, in eine neue Phase einzutreten.

Kapitel 7

Wheelers Glanzzeit

John Archibald Wheeler entdeckte die Relativität seinerseits über die Kernphysik und Quantentheorie. Im Frühjahr 1952 ertappte er sich beim Nachdenken über die Frage, was zum Ende ihrer Existenz hin mit Sternen passierte, die aus Neutronen bestanden – den Bausteinen der Kernphysik, denen Wheeler sein ganzes bisheriges Forscherleben gewidmet hatte. Er wollte sich nicht abfinden mit Robert Oppenheimers Vorhersage, dass der Endpunkt eines solchen gravitativen Kollapses ein einzigartiges Ereignis oder eine Singularität, wie die Astronomen sagen, sein könnte: ein Punkt unendlich hoher Dichte und Krümmung im Zentrum des Sterns. Für Wheeler stimmte an diesen Singularitäten etwas nicht. Sie konnten nicht echt physikalischer Natur sein, und es musste eine Möglichkeit geben, ohne sie auszukommen. Um die bizarre Vorhersage zu verstehen, musste Wheeler die allgemeine Relativität begreifen. Er meinte, der beste Weg dazu sei, diese Theorie seinen Studenten in Princeton beizubringen. Also hielt John Archibald Wheeler im Jahr 1952 in der Heimat Einsteins, Gödels und Oppenheimers in der Fakultät für Physik den ersten Kurs über allgemeine Relativität. Bis zu diesem Zeitpunkt hatte man sie für einen abstrakten Gegenstand gehalten, der sich besser für die mathematische Fakultät eignete. Das war ein gewagtes Unterfangen, eine Abweichung vom Kurs, die Wheeler später als «meinen ersten Schritt auf ein Terrain» bezeichnete, «das für den Rest meines Lebens meine Vorstellungskraft fesseln und meinen Forschungsschwerpunkt lenken sollte».[1]

Wheeler war ein «radikaler Konservativer», wie einer seiner Studenten ihn knapp charakterisierte.[2] Er sah eindeutig konservativ aus, trug immer einen tadellos sitzenden dunklen Anzug mit Krawatte, das Haar war perfekt gekämmt, die Schuhe glänzten – das vollkommene Bild eines traditionsbewussten, konventionellen Gentlemans. Für seine Studenten und Mitarbeiter war er immer da, war zuvorkommend und höflich, mit einem altmodischen Sinn für Anstand. Aber er sagte die seltsamsten Dinge, gab häufig kryptische Äußerungen über kosmische Rätsel von sich, die eher wie die eines New-Age-Gurus oder eines erleuchteten Hippies klangen.

Als Wissenschaftler sah sich Wheeler selbst sowohl als Träumer wie auch als «Macher». Seine Interessen reichten von abgehobenen Feldern bis hin zu ganz praktischen Dingen. Er war von Sprengstoffen und mechanischen Apparaten genauso fasziniert wie von den magischen neuen Gesetzen der Atomtheorie. An der Universität hatte Wheeler Ingenieurwesen studiert und dabei die Schönheit der Mathematik entdeckt. Ein Mathematiklehrer hatte ihm einen Rat gegeben, wie er Probleme angehen müsse. Laut Wheeler «erzählte er uns gerne im Unterricht, während er uns neue mathematische Kniffe beibrachte, dass ein Ire ein Hindernis überwindet, indem er um es herumgeht».[3] Diesen Rat beherzigte Wheeler sein Leben lang. Er stürzte sich furchtlos auf Probleme und brachte sich alles bei, was er brauchte und wenn er es brauchte. 1932 hatte er im Alter von nur 21 Jahren bereits einen Doktortitel in Quantenmechanik.

John Wheeler war ein angesehener Quantenphysiker, als die großartigen Entdeckungen Schrödingers und Heisenbergs allmählich Früchte trugen. Als junger Dozent in Princeton erforschte er mit dem dänischen Physiker Niels Bohr die Quanteneigenschaften der Kerne und die Weise, wie sie sich zueinander verhalten. Wheelers und Bohrs Arbeit zur Kernspaltung wurde genau am selben Tag veröffentlicht wie Oppenheimers und Snyders Studie über den Gravitationskollaps und spielte eine wichtige Rolle im Vorfeld des Manhattan-Projekts.

Wheelers Konservatismus zeigte sich in seinem leidenschaftlichen Glauben an den amerikanischen Lebensstil, die Institutionen und die Verteidigung seines Landes. Er schloss sich unmittelbar nach Pearl Harbor dem Atombombenprojekt an und arbeitete an den riesigen Reaktoren, die für die Produktion des Plutoniums für die Bomben gebraucht wurden. Sein Bruder fiel 1944 im Kampf, und den Rest seines Lebens machte sich Wheeler Vorwürfe, weil er das Gefühl hatte, nicht genug getan zu haben, um die Entwicklung der Bombe zu beschleunigen. Wie er später seinen Kollegen sagte, hätte man die Bombe, wenn sie schneller entwickelt worden wäre, schon früher in Deutschland einsetzen können. Der Verlust an Menschenleben wäre gewiss enorm hoch gewesen, aber seiner Meinung nach längst nicht so schrecklich wie im letzten Kriegsjahr. Wegen seines Patriotismus geriet er manchmal mit seinen Kollegen in Streit. Anfang der 1950er Jahre wurde er eingeladen, gemeinsam mit Edward Teller am Matterhorn-Projekt zu arbeiten – einem Versuch der Vereinigten Staaten, die Wasserstoffbombe zu entwickeln, eine thermonukleare Waffe, die über Kernfusion ihre Wirkung entfaltete. Er beteiligte sich daran, obwohl viele Kollegen, darunter Robert Oppenheimer, vehemente Gegner des Projekts waren. Wheeler zählte zu den wenigen Physikern, die Oppenheimer ihre Unterstützung entzogen, als ihm vorgeworfen wurde, er gefährde die nationale Sicherheit.

Obwohl Wheeler in politischer Hinsicht konservativ war, konnte er nicht der Versuchung widerstehen, innerhalb der Wissenschaft als Einzelgänger oder Radikaler aufzutreten und absonderliche Ideen zu verfechten, die der damaligen physikalischen Lehrmeinung widersprachen. Unter Wheelers Studenten in Princeton war Richard Feynman, ein brillanter, junger Mann aus New York, der zum Aushängeschild der Quantenphysik nach dem Krieg aufsteigen sollte. Unter Wheelers Betreuung präsentierte Feynman eine völlig revolutionäre Methode für die Erklärung und Berechnung, wie sich Teilchen und Kräfte in der Raumzeit zueinander verhielten. Wheeler spornte Feynman an, auf neue Weise zu denken und etwas zu wagen.[4]

Wheeler war der ideale Mann, um die Bestandteile der allgemeinen Relativitätstheorie aufzugreifen. Er war ebenso praktisch veranlagt wie visionär. Er war konservativ und hatte Achtung vor der Physik und der Astrophysik, die die Theorie hervorgebracht hatten, gleichzeitig war er aber erpicht darauf, andere, bislang nicht erprobte Ansätze zu testen. Und vor allem war er ein anregender Mentor, der eine neue Generation Physiker unterrichtete und förderte, die der allgemeinen Relativitätstheorie neues Leben einhauchen sollten.

Kaum hatte sich Wheeler die allgemeine Relativität beigebracht, da übernahm er sie auch rückhaltlos. Die Theorie war zu elegant, und die empirischen Fakten waren, so dürftig sie auch sein mochten, zu überzeugend, als dass die Theorie hätte falsch sein können. Das hieß aber keineswegs, dass er sich gescheut hätte, ihre Grenzen auszutesten. Er war überzeugt, dass «wir, indem wir eine Theorie bis zum Äußersten beanspruchen, auch herausfinden, wo möglicherweise noch Risse in der Konstruktion versteckt sind»; also schickte er sich an zu entdecken, welche Absonderlichkeiten die allgemeine Relativität zu bieten hatte.[5] Dabei versah er seine abwegigen Ideen mit prägnanten, simplen Sprüchen, die man gemeinhin nur «Wheelerismen» nannte. Eine Idee, die sein talentierter Schüler Charles Misner vorbrachte, bestand darin, elektrische Ladungen in die allgemeine Relativität zu integrieren, ohne dass Ladungen überhaupt im Spiel waren. Mit der Formel «Ladung ohne Ladung» beschrieb er dieses Konzept. In diesem Gedankenexperiment wurden mit Hilfe einer Reihe mathematischer Tricks Löcher in zwei voneinander getrennte Teile der Raumzeit gebohrt und diese über eine Röhre der Raumzeit miteinander verbunden, die von den Theoretikern ein Wurmloch genannt wurde. Durch diese tunnelähnlichen Wurmlöcher konnte man elektrische Feldlinien ziehen. Feldlinien, die aus dem einen Ende des Wurmlochs kamen, bewirkten, dass es sich so verhielt, als sei es positiv geladen und ziehe negative Ladungen an. Die Feldlinien, die am anderen Ende austraten, ließen es als negativ geladen erscheinen. Dieses Wurmloch würde sich genau wie ein Paar weit voneinander entfernter, positiver und negativer Ladungen verhalten; dabei waren in Wirklichkeit überhaupt keine geladenen Teilchen vorhanden. Es war eine geniale Idee, man konnte sie sich ohne weiteres vorstellen, aber es war extrem schwierig, sie in die Praxis umzusetzen.

«Masse ohne Masse» lautete ein weiterer Spruch Wheelers. Einsteins Theorie erklärt, wie Objekte und Masse miteinander interagieren, aber Wheeler suchte nach einem Weg, Einsteins Ergebnisse herzuleiten, ohne dass Masse daran beteiligt war. Nach Einsteins Theorie kann Licht den Raum genau wie Masse krümmen, also stellte Wheeler die These auf, wenn man ein Bündel Lichtstrahlen auf eine Weise komprimieren könnte, die Raum und Zeit stark genug krümmte, dann würde es wie eine Masse erscheinen. Das Lichtbündel oder Geon, wie er es nannte, hätte ein Gewicht und würde andere Geone anziehen. Die Lichtstrahlen ließen sich auf eine ringförmige Spule aufwickeln und könnten ohne weiteres wieder voneinander getrennt werden. Aber sie hätten die gleichen Wirkungen wie Masse ohne eigene Masse. Mit einem anderen Schüler, Kip Thorne, untersuchte Wheeler, ob diese Objekte in der Natur existieren konnten, ohne dass sie sofort instabil wurden.

Hinzu kam natürlich noch das Problem, die Quanten mit der allgemeinen Relativitätstheorie in Einklang zu bringen. Das war ein so heikles, noch dazu ausgefallenes Problem, dass Wheeler nicht der Versuchung widerstehen konnte, eine Lösung zu wagen. Wieder einmal dachte er sich etwas ganz Besonderes aus. Wheeler postulierte, dass wir, wenn wir die Raumzeit im kleinstmöglichen Maßstab betrachteten, ganz seltsame Effekte entdecken würden. Die Raumzeit mag im großen Maßstab betrachtet zwar glatt erscheinen, allenfalls durch die Anwesenheit massiver Objekte (einschließlich der Geone und Wurmlöcher Wheelers) leicht gekrümmt, doch bei genauerem Hinsehen würden wir eine Rauheit wahrnehmen, von deren Existenz wir bislang gar nichts gewusst hatten. Mit einem extrem leistungsstarken Mikroskop würden wir womöglich entdecken, dass Raumzeit ein aufgewühltes Chaos sei, das reinste Durcheinander. In Wirklichkeit müsste die Raumzeit wegen der Quantenunschärfe im kleinsten Maßstab wie ein sprudelnder Schaum aussehen. Nur weil wir die Welt mit unserem ungenauen Sehsinn wahrnehmen, seien wir außerstande, ihr im Grunde raues Wesen zu beobachten.

Während Wheeler mit Vorliebe das Ausgefallene suchte und kühne Szenarien präsentierte, ließen ihm jedoch die Singularitäten keine Ruhe, die im Kern der Forschungsarbeit von Schwarzschild, Oppenheimer und Snyder über kollabierende massereiche Sterne lauerten und die ursprünglich sein Interesse an der allgemeinen Relativitätstheorie geweckt hatten. Wheeler konnte sich die seltsamen Singularitäten nur so erklären, dass es sich hier *mit Sicherheit* um ein mathematisches Kunstprodukt handelte, das in der Natur überhaupt nicht vorkam. Wheeler schrieb später darüber: «Viele Jahre lang ging mir die Vorstellung eines Kollapses zu einem Schwarzen Loch, wie wir es heute nennen, gegen den Strich. Ich konnte mich einfach nicht damit anfreunden.»[6]

Also schickte er sich an, das Problem zu *lösen,* indem er neue physikalische Prozesse erfand, die ins Spiel kamen, sobald die Materie im Zentrum eines Sterns durch den Kollaps eine unerhört hohe Dichte erreichte. Das war für ihn Neuland, obwohl Wheeler inzwischen ein weltweit führender Experte in der Atomphysik war; denn die physikalischen Gesetze, die Neutronen im Zentrum eines Gravitationskollapses beschrieben, waren etwas ganz anderes. Er musste herausfinden, was passieren würde, wenn Neutronen noch viel dichter als in einem Neutronenstern Landaus oder Oppenheimers komprimiert wurden oder als in einer beliebigen Bombe, die er während seiner Arbeit für das amerikanische Militär entworfen hatte. Das war eine Form von Mutmaßung und Fantasie, die er eigentlich hervorragend beherrschte. Aber bei aller Kreativität fanden Wheeler und seine Gruppe, genau wie Landau und Oppenheimer vor ihnen, heraus, dass ein Maximum an Masse existierte, bei dem nicht einmal ihre raffiniertesten, kühnsten Vorschläge hinsichtlich des Endstadiums der Materie mit der Gravitation konkurrieren konnten. Was immer sie versuchten, es war schlicht nicht möglich, die Entstehung einer Singularität am Ende des gravitativen Kollapses zu vermeiden. Aber Wheeler wollte sich mit der Singularität nicht abfinden und weigerte sich aufzugeben.

Weil Wheeler sich immer mehr für die allgemeine Relativität und seinen Feldzug zur Abschaffung von Singularitäten begeisterte, überredete er seine Studenten und Postdoktoranden, sich ihm auf seiner Reise anzuschließen. Wie ihr Mentor ließen auch sie sich von der Anziehungskraft der theoretischen Physik verführen und waren fasziniert von den Möglichkeiten, die dieses Forschungsfeld bot. Jahr um Jahr präsentierte Wheelers Gruppe neue Ideen, teils ausgefallene, teils vernünftige, aber ausnahmslos spannende. Wheelers Einfluss auf die allgemeine Relativitätstheorie reichte weit über Princeton hinaus. Zu seinen größten Beiträgen zählte die stillschweigende Unterstützung für Bryce DeWitt an der University of North Carolina in Chapel Hill.

Bryce DeWitt war eine beeindruckende Persönlichkeit. Er hatte eine mächtige, ernste Ausstrahlung, wie ein Prophet des Alten Testaments, und wenn er einen Raum betrat, setzten sich unwillkürlich alle auf. Für Schlamperei hatte er keine Zeit – alles musste ordentlich erledigt werden. Wenn Ideen also endlich zu Papier gebracht und publiziert wurden, waren sie gewissermaßen in Stein gemeißelt.

DeWitt war auch ein Reisender, ein «Raumreisender», wie er sich selbst gerne nannte.[7] Als junger Mann war er Pilot im Zweiten Weltkrieg gewesen und nach seinem Examen in Harvard reiste er um den ganzen Erdball. Er arbeitete in Princeton, Zürich und am Tata Institute in Bombay. Letzteres bezeichnete ein Kollege später als «einen Aufenthalt, [der] aus beruflicher Sicht eigentlich unklug war, aber … zu seinem Wandertrieb passte».[8]

DeWitt ließ sich mit seiner Frau Cécile DeWitt-Morette, einer französischen Mathematikerin, die er in Princeton kennen gelernt hatte, in Kalifornien nieder und bekam eine Stelle im Lawrence Livermore Laboratory, das Computersimulationen für den Entwurf von nuklearen Geschossen entwickelte. Doch die Familie brauchte für den Kauf eines Hauses mehr Geld, also beschloss DeWitt eines Tages, sich an einem Wettbewerb zu beteiligen, bei dem ein Preis von 1000 Dollar für den besten Beitrag ausgesetzt war. Sein Aufsatz sollte alles ändern – und zwar nicht nur für die DeWitts, sondern für die allgemeine Relativität.

Der Wettbewerb der Gravity Research Foundation war das geistige Produkt von Roger Babson, einem Unternehmer, der sich für die Schwerkraft begeisterte. Er hatte ein Vermögen verdient, indem er an der Börse seine eigene Version von Newtons physikalischen Gesetzen durchspielte: «Was steigt, wird irgendwann wieder runterkommen. … Der Aktienmarkt wird unter seinem eigenen Gewicht abstürzen.»[9] Das war keine große Kunst, aber Babson war ein Mann, der ein großes Ziel hatte. Seine ältere Schwester war ertrunken, als er noch klein war, und er gab der Schwerkraft die Schuld. Nach seiner eigenen Version des tragischen Ereignisses war sie «außerstande, gegen die Schwerkraft anzukämpfen, die einfach auftauchte und sie wie ein Ungeheuer packte».[10] Sein Leben lang steckte Babson in der einen oder anderen Form Geld in die Schwerkraft: Er sammelte Andenken an Newton, förderte ausgefallene Ideen und gründete, allen voran, die Stiftung Gravity Research Foundation.

Ursprünglich stellte sich Babson die Stiftung als Sponsor eines jährlichen Aufsatzwettbewerbs vor. Die Teilnehmer sollten Aufsätze mit maximal 2000 Wörtern einreichen, in denen sie Möglichkeiten vorschlugen, die Schwerkraft nutzbar zu machen und Babsons Endziel zu erreichen: die Antigravitation. Die Stiftung sollte in der Folge Antigravitationsapparate hervorbringen – Vorrichtungen, welche die Schwerkraft isolieren, absorbieren und sogar reflektieren konnten. Das Atom wurde bereits nutzbar gemacht, und nach Babsons Ansicht war es an der Zeit, dass man auch die Gravitation unter Kontrolle brachte. Sein Aufsatzwettbewerb sollte dazu beitragen, die besten Erkenntnisse der Nachkriegsphysik hervorzubringen.

Anfangs stieß Babsons Herausforderung auf schwache Resonanz. Von 1949 bis 1953 trudelten ein paar Aufsätze mit zögerlichen Vorschlägen ein. Die Bandbreite war sehr groß, und die Teilnehmer waren teils Akademiker, teils Doktoranden und teils Laien, die sich den Kopf zerbrachen, um einen Beitrag, der Babsons Bedingungen erfüllte, zu präsentieren. Aber das Thema war zu ausgefallen und lockte eher Sonderlinge hinter dem Ofen hervor, als echte wissenschaftliche Erkenntnis zu fördern.

Babsons Herausforderung war mit Sicherheit nicht seriös – kein vernünftiger Physiker glaubte, dass es möglich war, einen Antigravitationsapparat zu bauen –, aber in ihr klang ein wachsendes Interesse am Potenzial der Schwerkraft an. Nach dem Zweiten Weltkrieg boomte die amerikanische Wirtschaft, und ein Optimismus erfasste die ganze Gesellschaft. Es war der Beginn der Atomzeit, die Geburt eines neuen technologischen Zeitalters. Mit dem nötigen Kapital schlossen Organisationen und Geschäftsleute Wetten ab, dass die Gravitation nach der Atomenergie das nächste große Projekt werde. Ein Ziel, das im Grunde unmittelbar einem Sciencefiction-Roman entstammte, hatte zweifellos einen gewissen Reiz, fast schon etwas Revolutionäres. Denn das Unterfangen war ein Versuch, das in die Tat umzusetzen, was H. G. Wells in seinem Roman von 1901 *The First Men in the Moon* (deutsch: *Die ersten Menschen auf dem Mond*) geschrieben hatte: die Entdeckung der magischen Substanz «Cavorit», die die Schwerkraft aufheben und Menschen zum Mond befördern kann.

Mitte der 1950er Jahre erschienen in den Printmedien regelmäßig Anspielungen auf eine neue Form von Weltraumreisen, welche angeblich die Schwerkraft überwinden konnte. Zeitungsartikel mit Überschriften wie «Raumschiffwunder zu sehen, wenn Schwerkraft ausgetrickst wird»[11] oder «Neue Traumflugzeuge fliegen außerhalb der Gravitation»[12] und «Künftige Flugzeuge trotzen Schwerkraft und reisen per Druckluft im All»[13] schwärmten begeistert von einer Zukunft mit «Gravitationsantrieb». Die Boulevardpresse fantasierte von Flugzeugen oder Raumschiffen, welche die Gravitation anstelle von Düsentriebwerken als Antrieb nutzten. Ein Artikel in der *New York Herald Tribune* mit der Überschrift «Überwindung der Schwerkraft das Ziel der Spitzenwissenschaftler in den USA»[14] schilderte, wie Luftfahrtunternehmen wie Convair, Bell Aircraft und Lear Inc. die Gravitation untersuchten, die «eines Tages womöglich genauso kontrolliert werde wie Licht- und Rundfunkwellen».[15]

Die Glenn L. Martin Company (später als Lockheed Martin bekannt) gründete das Research Institute for Advanced Studies. Das Forschungsinstitut sollte neue Ideen in der theoretischen Physik erforschen, mit dem Schwerpunkt auf der genauen Analyse der Schwerkraft und der Entwicklung eines Gravitationsantriebs, und stellte sogar Physiker und Relativitätsforscher ein, die ihnen bei ihrem futuristischen Ziel helfen sollten. Unterdessen investierte die amerikanische Luftwaffe nüchtern und längst nicht so spektakulär in das Aeronautical Research Laboratory (ARL) mit Sitz an dem Luftwaffenstützpunkt Wright Patterson in Dayton, Ohio. Das ARL beherbergte auch einige überzeugte Anhänger der Relativität, aber sie führten Grundlagenforschung zur Gravitation und zu vereinheitlichen Theorien durch. Mit keinem Wort wurde in ihrer Aufgabenstellung die Antigravitation erwähnt. Eine Zeit lang war die Forschergruppe am ARL ein echtes Zentrum der Relativitätsforschung, das den anderen Gruppen auf der ganzen Welt Konkurrenz machte. Die Luftwaffe unterstützte auch andere Gruppen finanziell, die zur allgemeinen Relativität forschten. Die wenigsten Wissenschaftler nahmen die Antigravitationsbemühungen ernst, und Forscher vermieden es wohlweislich, irgendwelche lächerlichen Vorhersagen abzugeben, aber sie akzeptierten bereitwillig das Geld, das ihnen nachgeworfen wurde, damit sie sich auf abgehobene Gedanken über die Grundlagen der Realität konzentrierten.

Mitten in dieser Euphorie war Bryce DeWitts Ansatz mit Sicherheit ein seltsamer Versuch, Babsons Wettbewerb zu gewinnen: Er griff die Geldgeber selbst an. In dem Aufsatz, den DeWitt 1953 bei der Gravity Research Foundation einreichte, verwarf er fast schon unverschämt die ehrgeizigen Ziele Babsons, «grob praktische Dinge, wie Gravitationsreflektoren oder Isolatoren oder magische Legierungen, die Schwerkraft in Wärme umwandeln können», zu entwickeln. Unter Berufung auf Einsteins Theorie der Raumzeit erklärte er, weshalb «jeder Frontalangriff auf das Problem, sich die Schwerkraft nach den oben beschriebenen Richtlinien nutzbar zu machen, reine Zeitverschwendung ist. … Man kann wohl guten Gewissens sämtliche Gravitation-Energie-Modelle für unmöglich erklären.»[16] DeWitt versetzte den Spinnern eine schallende Ohrfeige – und gewann.

DeWitts Aufsatz hob sich eindeutig von denen der bisherigen Bewerber ab. Das war wahre Wissenschaft; zielsicher mied der Autor sämtliche Spekulationen und sprach über echte wissenschaftliche Themen, denen man sich bei der Erforschung der Schwerkraft widmen musste. Das sei eine schwierige Aufgabe, und, wie er selbst schreibt, «die Gravitation ist in den letzten drei Jahrzehnten relativ wenig beachtet worden». Sie sei «besonders schwierig», erfordere «schwer verständliche Mathematik», außerdem sei «es fast aussichtslos, die grundlegenden Gleichungen jemals zu lösen». Genau genommen wird «das Phänomen der Schwerkraft selbst von den klügsten Köpfen kaum verstanden».[17]

Roger Babson war alles andere als gekränkt, vielmehr fasziniert von dem ersten seriösen Kandidaten in seinem Wettbewerb. Hier war eine ernsthafte Stimme, ein echter Wissenschaftler, der dem Wettbewerb ein gewisses Renommee verleihen konnte. In der Tat steigerte DeWitts Aufsatz die Legitimität von Babsons Unterfangen deutlich, denn in den kommenden Jahren stieg die Zahl der Teilnehmer drastisch an. Im Laufe der folgenden Jahrzehnte sollten viele Physiker, die maßgeblich an dem Wiederaufleben der allgemeinen Relativität Anteil hatten, am Ende einen Preis der Gravity Research Foundation gewinnen. Darüber hinaus widmeten sich die Aufsätze fast ausschließlich der Gravitation, und die Antigravitation geriet in Vergessenheit. DeWitt sagte später einmal, der Sieg in dem Wettbewerb seien «die schnellsten 1000 Dollar gewesen, die ich jemals verdient habe».[18] Aber DeWitt sollte von der Teilnahme an dem Wettbewerb weit stärker profitieren, als er sich jemals hätte träumen lassen.

Roger Babson war mit Agnew Bahnson befreundet, der auch ganz fasziniert von der Gravitation war. Bahnson hatte mit dem Vertrieb von industriellen Klimaanlagen ein Vermögen verdient. Genau wie Babson wollte er die Erforschung der Schwerkraft finanziell fördern. Allerdings wusste er nicht so recht, wie. Babson zeigte seinem Freund den preisgekrönten Aufsatz DeWitts. Hier war der Mann, der ihm beim Aufbau eines richtigen, seriösen Instituts helfen konnte, wo es Denkern erlaubt war, ihren eigenen Interessen nachzugehen. Wie Bahnson in einer Eröffnungsbroschüre für das neu gegründete Institute of Field Physics oder kurz IOFP schrieb: «In der öffentlichen Meinung wird das Thema Gravitation häufig mit fantastischen Möglichkeiten assoziiert. Aus der Sicht des Instituts sind zum jetzigen Zeitpunkt keine konkreten, praktischen Ergebnisse der Studien zu erwarten.»[19] Es gab keine Antigravitationsapparate, keinen Gravitationsantrieb. Bahnson konnte seine persönlichen Fantasievorstellungen zur Schwerkraft auf anderem Weg befriedigen, indem er Sciencefiction-Romane schrieb, und die echte Gravitation den Wissenschaftlern überlassen.

Bahnson bat John Wheeler um Rat beim Aufbau seines Instituts. Wheeler genoss in Washington wegen seines Beitrags zum Bau der Kernwaffen hohes Ansehen, nicht zuletzt weil er als renommierter Physiker bereit war, die Regierung in sämtlichen Angelegenheiten zu unterstützen, die mit der Verteidigung zu tun hatten. Er hatte DeWitts Karriere aus der Ferne verfolgt und billigte die Idee, Bryce und Cécile DeWitt als erste Forscher an das neue Institut mit Sitz in Chapel Hill, North Carolina, einzuladen.

Das Institut startete zwar als reines Prestigeprojekt, aber mit Wheelers Unterstützung und den DeWitts als ersten Beschäftigten wurde es von Wissenschaftlern im ganzen Land ernst genommen. Von etlichen grauen Eminenzen gingen Briefe ein, die ausdrücklich einen Ort begrüßten, wo es möglich war, reine Forschung durchzuführen, ungehindert von den Bedürfnissen der Industrie, Armee oder des neuen Atomzeitalters.

Mit der Konferenz, die die DeWitts im Januar 1957 unter dem Titel «Die Rolle der Gravitation in der Physik» organisierten, wurde das neue Institut eröffnet. Die Zusammenkunft läutete zugleich eine neue Ära ein. Die Teilnehmer waren meist noch jung und relativ unbekannt, aber unter ihnen waren einige neue Forscher zur allgemeinen Relativität. Sie kamen alle nach Chapel Hill, um ein paar Tage lang Einsteins Theorie zu studieren. Agnew Bahnson und die US Air Force finanzierten das Treffen, und die Luftwaffe flog sogar einige Teilnehmer zum neu gegründeten Institute of Field Physics.

Nicht nur Relativisten flogen nach Chapel Hill. John Wheelers ehemaliger Student Richard Feynman, der die Quantenphysik auf den Kopf gestellt und eine neue Variante, die Natur zu quanteln, präsentiert hatte, nahm ebenfalls teil. Als Vertreter der Quantenwelt verfolgte er aufmerksam alles, was sich zur allgemeinen Relativität tat. Feynman erinnerte sich später, dass er bei der Ankunft auf dem Flughafen in Chapel Hill keine Ahnung hatte, wo er eigentlich hinmusste. Als er im Taxi saß, merkte er, dass der Fahrer nichts von einer Konferenz gehört hatte – warum sollte er auch? Feynman erklärte dem Fahrer: «Die Hauptkonferenz begann gestern, also sind gestern mit Sicherheit eine Menge Teilnehmer an der Konferenz hier vorbeigekommen. Lassen Sie mich die Leute beschreiben: Sie waren vom Verstand her irgendwie abgehoben, und sie haben bestimmt miteinander geredet, ohne darauf zu achten, wo sie hingingen, und sagten sich dabei Dinge wie ‹gee-my-ny›.»[20] Gee-my-ny (ausgeschrieben $g_{\mu\nu}$) ist das mathematische Symbol für die Metrik, welche die Geometrie der Raumzeit bestimmt. Der Fahrer wusste sofort Bescheid.

Allen Teilnehmern der Konferenz war klar, dass man etwas unternehmen musste, um die allgemeine Relativitätstheorie wieder aus der Schublade hervorzuholen, in der sie in den letzten drei Jahrzehnten vor sich hingedümpelt hatte. Für Richard Feynman lag es auf der Hand, dass man die allgemeine Relativität vernachlässigt hatte: «Es besteht … eine gravierende Schwierigkeit, und das ist der Mangel an Experimenten. Hinzu kommt, dass wir weit davon entfernt sind, zu irgendwelchen Experimenten zu gelangen, also müssen wir unsere Betrachtungsweise darauf einstellen, wie man mit Problemen umgeht, zu denen keine Experimente verfügbar sind.»[21] Ohne Experimente konnte das Forschungsfeld keine Fortschritte machen, aber Feynman bestand darauf, dass sie weiterforschen mussten. Die allgemeine Relativität war gewiss schwierig, aber nicht *so* schwierig, und der beste Standpunkt ist, wie er sagte, «einfach so zu tun, als gebe es Experimente, und sie berechnen. Auf diesem Gebiet werden wir nicht von Experimenten angestoßen, sondern von der Fantasie.»[22] Feynman gab damit die allgemeine Stimmung auf der Konferenz in Chapel Hill wieder, an der eine neue Generation der Relativitätsforscher teilnahm, die in Kürze mit neuen Ideen ihren Abschluss machen würden oder ihn unlängst gemacht hatten. Sie alle waren zum Kampf bereit. Im Laufe der Konferenz konkurrierten ausgefallene Ideen mit nüchternen Vorschlägen der älteren Gelehrten. Die täglichen Sitzungen waren von hitzigen Diskussionen geprägt. Als Thomas Gold eine Neuauflage der Steady-State-Theorie präsentierte, griff DeWitt die zentrale Prämisse der Theorie (Hoyles Erzeugungsfeld) an und stellte den Mechanismus infrage, der gegen den Energieerhaltungssatz verstoßen würde. Als jemand meinte, man brauche eine Theorie, welche die Gravitation und den Elektromagnetismus nach den Richtlinien miteinander vereinte, die Einstein jahrzehntelang versucht hatte aufzustellen, war Feynman unerbittlich. Warum sollte ausgerechnet der Elektromagnetismus die einzige Kraft sein, die man mit der Gravitation in Einklang bringen musste? Was war mit dem Rest, mit all den anderen Kräften in der Natur? DeWitts und Wheelers Herzanliegen, wie die allgemeine Relativität mit der Quantenmechanik vereint werden konnte, wurde zur Sprache gebracht und in verschiedenen Formen und Varianten diskutiert. War die Raumzeit womöglich von Gravitationswellen gekräuselt wie die Oberfläche eines Sees, nach dem Muster der elektromagnetischen Wellen in Maxwells Theorie? Die Teilnehmer führten hitzige Debatten.

John Wheeler stellte seinen großen Entwurf vor, die Physik mit Hilfe der Relativität zu revolutionieren. Gemeinsam mit seiner Kohorte an Studenten und Postdoktoranden präsentierte er ihre neuen Ideen: Sie trieben die Relativität weiter als je zuvor, bis an den Punkt, wo sie fast schon wie ein Scherz wirkte. Auf der Agenda standen «Elektromagnetismus ohne Elektromagnetismus» und «Ladung ohne Ladung» oder gar «Spin ohne Spin» und «Elementarteilchen ohne Elementarteilchen». Während der gesamten Konferenz stand die Wheeler-Clique im Mittelpunkt der Aufmerksamkeit und warf der Menge Ideen zu, die sorgfältig bedacht oder abgewehrt werden wollten. John Wheeler war in seinem Element.

Auf einer noch grundlegenderen Ebene fragten sich die Relativitätsforscher in Chapel Hill, ob es überhaupt möglich war, anhand von Einsteins Theorie realistische Vorhersagen zu machen. Wenn eine Theorie ein Gütesiegel haben wollte, musste sie Voraussagen ermöglichen. Beispielsweise lässt sich über das Konzept des Elektromagnetismus so gut wie alles erklären, das mit Licht, Elektrizität und Magnetismus zu tun hat. Allerdings wären Schwarzschild, Friedmann, Lemaître und Oppenheimer durchaus imstande gewesen, Vorhersagen zu treffen, aber sie hatten sich auf extrem vereinfachte, idealisierte Systeme beschränkt. Und es war nicht ersichtlich, wie man über jene Vereinfachungen hinausgelangen sollte. Genau genommen fragten sich die Teilnehmer der Konferenz in Chapel Hill: War es überhaupt möglich, *allgemein* Einsteins Feldgleichungen richtig zu lösen und reale, vernünftige Vorhersagen über die Entwicklung der Raumzeit zu machen? Es hatte den Anschein, als wäre wegen der teuflisch vertrackten Natur der allgemeinen Relativität schon die Bestimmung der Ausgangsbedingungen so gut wie unmöglich, von der Entwicklung ganz zu schweigen. Der Versuch, die Gleichungen mit einem Computer zu lösen, war eine noch abschreckendere Aufgabe.

Die Konferenz war ein aufregendes Forum für die neuen Anhänger der Relativität, brachte einen gewaltigen Kreativitätsschub und wurde von John Wheelers Ideenreichtum und Feynmans Vorstellungskraft vorangetrieben. Aber die Idee der Raumzeit steckte immer noch in einer Sackgasse. Die ganze mathematische Genialität, die Vorschläge zur Vereinheitlichung, die Diskussionen um Gravitationswellen und Wheelers Wurmlöcher, Geone und Quantenschaum waren nutzlos, wenn man keinen Bezug zur Realität herstellen konnte.

Inzwischen waren fast 40 Jahre seit Eddingtons Messung der Eklipse vergangen, dem ersten großen Test der Theorie Einsteins. Hubbles Messung der Expansion des Universums lag knapp 30 Jahre zurück. Auf der Konferenz von Chapel Hill gab es keine neuen Messungen, kein einziges Ergebnis erhärtete Einsteins Theorie oder widerlegte sie gar. Robert Dicke, ein Kollege Wheelers aus Princeton, fasste die Lage in einem Vortrag über «Die experimentelle Basis der Theorie Einsteins» zusammen, als er sagte: «Relativität ist allem Anschein nach ein reiner mathematischer Formalismus, der wenig Bezug zu den Phänomenen hat, die im Labor beobachtet werden.»[23] Die Antwort darauf war, wie sich zeigen sollte, nicht in Laboratorien zu finden, sondern in den Sternen.

Im Jahr 1963 nahm der holländische Astronom Maarten Schmidt ein Teleskop in Betrieb, das nach George Ellery Hale, dem Schirmherrn der

Observatorien von Palomar, benannt war. Seine Bemühungen galten einer Quelle im 3C-Katalog der Radioastronomen Martin Ryle und Bernard Lovell. Während Wheeler und seine Leute der allgemeinen Relativität neuen Schwung verliehen, untersuchten die Radioastronomen die Radioquellen in ihren Übersichten genauer. Wie alle Sterngucker hatten sie sich zum Ziel gesetzt herauszufinden, was die Radioquellen wirklich waren. Zu diesem Zweck mussten sie weitere finden, und sie mussten sie genauer untersuchen, um herauszubekommen, was für ein Objekt tatsächlich diese Radiowellen ausstrahlte.

Über zehn Jahre lang erhöhten Ryle und Lovell mit ihrem Erfindungsreichtum die Präzision ihrer Messungen um ein Vielfaches. Das ermöglichte es ihnen, die Radioquellen so exakt am Himmel zu lokalisieren, dass die Astronomen ihre gewöhnlichen Teleskope auf die Punkte richten und herausfinden konnten, um was für Objekte es sich handelte. Ryles 3C-Katalog mit Radioquellen enthielt Hunderte von Quellen mit exakten Ortsangaben.

Lovells Gruppe sah sich Cygnus A an, eine Radioquelle, die Grote Reber über dem Hintergrundrauschen identifiziert hatte, das aus der Galaxie kam, und die in Ryles Katalog unter dem Namen 3C405 verzeichnet war. Cygnus A erwies sich als ein merkwürdiges Objekt, das aus zwei lappenähnlichen Klumpen von Radiowellen bestand, beide fast rechteckig geformt. Es handelte sich um gigantische Strukturen, mit einem Durchmesser von jeweils Hunderten von Lichtjahren, und es sah so aus, als würden sie von etwas, das zwischen ihnen lag, angetrieben. Als die Astronomen ihre Teleskope auf eine andere Quelle namens 3C48 richteten, statt die komplexe Struktur zu untersuchen, die sie um Cygnus A entdeckt hatten, sahen sie einen einfachen hellen Punkt, der von Licht im blauen Ende des Spektrums dominiert wurde. Er sah wie ein Stern aus, ganz einfach und unauffällig. Als sie aber versuchten, das Spektrum zu messen, um zu untersuchen, woraus 3C48 bestand, passte das Muster aus Spektrallinien, die sie von ihren Instrumenten ablasen, zu keinem einzigen bisher bekannten Stern; sie konnten nicht einmal ein Element identifizieren, aus dem er bestand. Viele andere Objekte konnten sie ebenfalls nicht identifizieren. Es gab eine Fülle kosmischer Radioquellen, und zwar ganz verschiedene, und kein Mensch wusste, was sie waren oder wie weit sie entfernt waren.

Maarten Schmidt konzentrierte sich auf eine Quelle mit dem nichtssagenden Namen 3C273. Sie sah wie ein Stern aus, aber die Spektrallinien ähnelten nichts von dem, was er bisher gesehen hatte. Als er die Messungen genauer betrachtete, stellte er etwas Bemerkenswertes fest: Die Spektrallinien der Quelle entsprachen genau denen von Wasserstoff, wenn man sie um fast 16 Prozent deutlich in den Rotbereich verschob. Linie um Linie gelang es ihm, die beiden Spektren in Deckung zu bringen. Aber eine so enorme Rotverschiebung bedeutete entweder, dass sich 3C273 mit einer Geschwindigkeit von uns entfernte, die fast der Lichtgeschwindigkeit entsprach, oder dass das Objekt so weit entfernt war, dass das Spektrum durch die Expansion des Universums deutlich in den Rotbereich verschoben wurde. Schmidt konnte es kaum glauben. Am selben Abend sagte er zu seiner Frau: «Heute ist im Büro etwas Schreckliches passiert.»[24]

Das war eine bahnbrechende Entdeckung. Schmidt hatte erkannt, dass diese über den ganzen Kosmos verstreuten Objekte Milliarden von Lichtjahren entfernt waren. Wenn derart ferne Objekte relativ problemlos über Radiomessungen und mit Hilfe großer optischer Teleskope wahrgenommen werden konnten, dann mussten sie eine gewaltige Menge an Energie ausstrahlen. Tatsächlich strahlten 3C273 und 3C48 so viel Licht aus wie hundert Galaxien zusammen. Sie glichen Supergalaxien, die viel stärker als alle bislang entdeckten Objekte waren.

Außerdem mussten diese Quellen sehr klein sein, nur ein Bruchteil der Größe einer Galaxie. Das Gleiche galt auch für andere Quellen im 3C-Katalog – manche waren zehn- oder gar hundertmal kleiner als normale Galaxien. Bei genauer Betrachtung hatten diese Quellen anscheinend einen Durchmesser von weniger als ein paar Billionen Kilometer, «nach kosmologischem Maßstab nur Körner», wie die Zeitschrift *Time* damals schrieb.[25] Gewaltige Mengen an Energie wurden in riesigen Entfernungen von einer sehr kleinen Region des Alls produziert.

Ein so unerklärliches und außergewöhnliches Objekt war für Fred Hoyle eine unwiderstehliche Herausforderung. Während er nebenher seinen Kampf um die Steady-State-Theorie fortsetzte, hatte er sich ein hohes Ansehen als Experte für die Struktur von Sternen erworben. Gemeinsam mit William («Willy») Fowler und Geoffrey und Margaret Burbidge hatte Hoyle eine ausführliche Erklärung präsentiert, wie alle

Elemente in der Natur durch Kernreaktionen in den Sternen syntheti-
siert werden konnten.

Fowler und Hoyle stellten die These auf, dass die Radiosterne zwar
richtige Sterne seien, aber eine ganz andere Art. Diese Sterne seien
Supersterne, mit Massen von Millionen oder gar hundert Millionen Sonnen wie unsere, so gigantisch, dass sie während ihrer Existenz unvorstellbare Mengen an Energie produzierten. Und ihre Lebenszeit war kurz,
denn sie verbrauchten ihre Energie so schnell, dass sie nach einem kurzen,
brutalen Tod kollabierten. Mit ihren Superstern en dehnten Hoyle und
Fowler die Regeln für die Definition von Sternen, die Eddington aufgestellt hatte, bis in den Bereich der allgemeinen Relativitätstheorie aus.
Einstein ließ grüßen.

In der drückenden Hitze des Sommers von 1963 traf sich eine Gruppe
Relativisten in Dallas, Texas. Sie saßen am Pool, tranken Martini und
diskutierten über die seltsamen, schweren Objekte, die Maarten Schmidt
entdeckt hatte. Es war ein internationaler Haufen, weil, wie einer
meinte, «die wenigsten amerikanischen Wissenschaftler außerhalb der
Geophysik und Geologie auf die Idee gekommen wären, sich hier
niederzulassen. Die meisten hielten die Region für ebenso attraktiv wie
Paraguay.»[26] Aber Texas sollte überraschend zu einem Zentrum für die
Relativitätsforschung werden, eine Verlagerung, die hauptsächlich auf
die Bemühungen eines Tacheles redenden, geselligen Wiener Juden
namens Alfred Schild zurückzuführen war.

Schild hatte eine bewegte Kindheit und Jugend hinter sich, eine
Folge der Unruhen der 1930er und 1940er Jahre. Er wurde in der Türkei
geboren und lebte als Kind in England. Wie Bondi und Gold wurde er
in Kanada interniert, wo er unter Leopold Infeld, einem Schüler Einsteins, Physik studierte und eine Doktorarbeit über Kosmologie schrieb.
Er hatte an der Konferenz in Chapel Hill von 1957 teilgenommen und
die Begeisterung für die nächste Phase der allgemeinen Relativität selbst
miterlebt. Noch im selben Jahr wurde er auf einen Lehrstuhl an der
University of Texas in Austin gerufen.

Texas war Provinz, als Alfred Schild nach Austin kam, aber es war
wegen der Einnahmen aus dem Erdöl, die in die lokale Wirtschaft flossen,
enorm reich. Schild gelang es, die Universität zu überreden, das Ölgeld

für einen guten Zweck zu verwenden. Er bekam die Erlaubnis, sein eigenes Center for Relativity zu gründen. Da die Luftwaffe nur darauf wartete, die magische Kraft der Gravitation nutzbar zu machen, fehlte es nie an Geld. Die Mathematiker in Austin sahen zwar hochnäsig auf Schilds Arbeit herab, aber die Physiker waren bereit, ihn aufzunehmen.

Schild hielt nach Talenten Ausschau und bewies in dieser Beziehung zweifellos ein gutes Händchen. Die Gruppe junger Relativitätsforscher aus Deutschland, England und Neuseeland, die er zusammenstellte, machte aus Austin eine obligatorische Station für jeden Relativisten, der etwas auf sich hielt. Schild selbst blieb allerdings nicht in Austin. In Dallas suchte das neu geschaffene Southwest Center for Advanced Studies nach jungen Dozenten, um den «nach Wissenschaft dürstenden Süden» voranzubringen, und Schild meldete sich.[27] Er riet den Leitern des Instituts, in die Relativitätsforschung zu investieren; so kam es, dass das Zentrum eine ganz internationale Forschergruppe einstellte und die Reihen der texanischen Relativitätsexperten aufstockte.

An jenem Julinachmittag kochten die texanischen Relativisten am Swimmingpool etwas aus, das die ganze Welt nach Texas führen sollte, um über die Relativität zu diskutieren. Das war nicht einfach nur ein weiteres Chapel Hill, eine kleine und völlig unbekümmerte Konferenz. Diesmal holten sie eine ganz neue Gruppe ins Boot, nämlich die Astronomen, und versuchten, diese für Einsteins Theorie zu gewinnen, indem sie eine Konferenz über die Radiosterne, die sogenannten quasistellaren Radioquellen, kurz Quasare, veranstalten. Aufgrund der Messungen Schmidts vom vorigen März lag es auf der Hand, dass diese merkwürdigen Objekte zu massiv und zu entfernt waren, um in die alten newtonschen Gesetze der Schwerkraft zu passen. Das waren die gigantischen Objekte, auf die Chandra und Oppenheimer aufmerksam gemacht hatten, jene Sterne, die zu groß waren, um der Kraft der Gravitation standzuhalten, und bei denen die Relativität eine so entscheidende Rolle spielte. In der verschickten Einladung deuteten die Organisatoren die Möglichkeit an, dass «Energien, die zur Entstehung von Radioquellen führten, durch den Gravitationskollaps eines Supersterns freigesetzt werden könnten».[28] Die Relativitätsforscher nannten ihre Konferenz das Texas-Symposium zur relativistischen Astrophysik. Sie sollte im Dezember 1963 stattfinden.

Das erste Symposium zur relativistischen Astrophysik wäre um ein Haar abgesagt worden. Präsident John F. Kennedy war erst kurz zuvor in Dallas ermordet worden, und die Konferenzteilnehmer hatten schlichtweg Angst, bei einer Reise nach Dallas ihr Leben aufs Spiel zu setzen. Die Organisatoren baten den Bürgermeister, potenzielle Teilnehmer persönlich anzusprechen und ihnen zu garantieren, dass die Stadt sicher sei. Das hatte Erfolg. Über 300 Wissenschaftler kamen nach Dallas, wollten die neuesten Erkenntnisse über Radiosterne hören und darüber diskutieren, was man mit ihnen anfangen sollte. Darunter war auch Robert Oppenheimer, der am Institut in Princeton von Forschungen zur allgemeinen Relativität abgeraten hatte. Er war fasziniert von diesen neuen Radiosternen, weil sie, wie er selbst sagte, «unglaublich schön [waren] … spektakuläre Ereignisse von einer beispiellosen Erhabenheit». Er verwies darauf, wie die gegenwärtige Konferenz jenen Zusammenkünften von Quantenphysikern vor fast zwei Jahrzehnten glich, «als man lediglich ein Chaos und Unmengen von Daten hatte». In seinen Augen war das eine aufregende Zeit.[29]

Die Konferenz dauerte drei Tage, und Astronomen ebenso wie Relativitätsforscher diskutierten darüber, wie die merkwürdigen «quasistellaren Radioquellen» in Ryles 3C-Katalog aufgenommen werden sollten. Ein Konferenzteilnehmer fing an, sie «Quasare» zu nennen, was kürzer und leichter auszusprechen war.[30] In den Augen der Relativisten hatten diese Quasare eine so enorme Masse und waren so verdichtet, dass Schwarzschilds seltsamer Lösungsvorschlag und Oppenheimers und Snyders Berechnung berücksichtigt werden mussten, um die Daten zu interpretieren. Die Astronomen und Astrophysiker wiederum hielten die Quasare für so bizarr und rätselhaft, dass sie anfingen, auf das zu hören, was die Relativisten sagten. Vielleicht musste man die allgemeine Relativität ins Spiel bringen, um diese neuen Entdeckungen vernünftig zu erklären – aber nur vielleicht.

Über zehn Jahre nachdem er selbst angefangen hatte, sich mit der allgemeinen Relativität zu beschäftigen, war auch John Wheeler in Dallas anwesend und trug seinen Teil zur Diskussion bei. Die große, unbeantwortete Frage, die ihn beschäftigte, war «die Frage des Endzustandes», wie er es nannte.[31] Er wollte wissen, was am Ende des gravitativen Kollapses passiert. Es fiel ihm immer noch schwer, Oppenheimers und Snyders Vorhersage zu glauben, dass Singularitäten entstünden, und er war überzeugt, dass die allgemeine Relativität maßgeblichen Anteil an der Erklärung haben würde, warum es nicht dazu kam. Ungeachtet seiner Voreingenommenheit fühlte er sich doch verpflichtet, alle Möglichkeiten zu erörtern und seine Zuhörer für die Erforschung des Endzustands zu gewinnen. Vor seiner Rede nahm Wheeler eine Kreide und füllte sorgfältig eine ganze Tafel mit raffinierten Zeichnungen und Gleichungen, die illustrierten, womit er sich seit fast einem Jahrzehnt beschäftigt hatte. Auf der Tafel waren Schaubilder, die zeigten, wie er sich den Kollaps eines Sterns unter seinem eigenen Gewicht dachte und wie die allgemeine Relativität die unausweichliche Bewegung der Sterne zu ihrem Endzustand vorhersagte. Über die Tafel waren Gleichungen verstreut, Teile aus Einsteins Feldgleichungen, Zusammenfassungen der Quantenphysik, sowie ein Sammelsurium brillanter Kombinationsgabe, das es ihm erleichterte, seine Ergebnisse der letzten zehn Jahre zu präsentieren. Allen voran war Wheelers Vortrag eine Rechtfertigung der allgemeinen Relativität und plädierte dafür, dass jeder vernünftige Astrophysiker die Theorie ernst nehmen müsse.

Für viele Astronomen waren die Ergebnisse allzu fantastisch, und ein Teilnehmer erinnerte sich an den «Ausdruck völliger Ungläubigkeit» auf dem Gesicht «eines renommierten Teilnehmers».[32] Andere hingegen staunten darüber, dass das Universum endlich Wheeler eingeholt habe. Es hatte den Anschein, als würde die allgemeine Relativitätstheorie, über die er so lange nachgedacht hatte, nunmehr tatsächlich eine Bedeutung erhalten und könnte die Interpretation der neuen radiometrischen Beobachtungen erleichtern.

In einem Bericht über die Konferenz schrieb die Zeitschrift *Life:* «Die Wissenschaftler waren, nachdem sie ihre Fantasie bis zu einem Punkt erweitert hatten, an dem einst sogar Sciencefiction-Autoren Schwierigkeiten bekommen hätten, kaum weniger verwirrt als vor Beginn der Diskussionen … das Wesen der Radioquellen ist so fantastisch, dass keine Option ausgeschlossen wurde.»[33] In der Rede nach dem Dinner fasste Thomas Gold die außergewöhnliche Wende der Ereignisse zusammen, die sie auf dem Symposium erlebten: «Hier haben wir einen Fall, der es uns ermöglicht, davon zu sprechen, dass die Relativitätsforscher mit ihrer hochkomplexen Arbeit nicht nur großartiges, kulturelles

Beiwerk sind, sondern womöglich auch für die Wissenschaft einen nützlichen Beitrag leisten! Alle sind erfreut: die Relativisten, die den Eindruck haben, sie seien … auf einmal Experten auf einem Gebiet, von dessen Existenz sie kaum etwas wussten; die Astrophysiker, weil sie … ihr Forschungsgebiet durch die Eingliederung eines weiteren Themas erweitert haben: der allgemeinen Relativität.» [34] Er schloss mit einer zurückhaltenden Anmerkung: «Lasst uns hoffen, dass dieser Schritt richtig ist. Was für eine Schande wäre es, wenn wir irgendwann hergehen und alle Relativisten wieder hinauswerfen müssten.» [35]

Mit seiner unglaublichen visionären Kraft und Hartnäckigkeit hatte John Wheeler die Wiederauferstehung von Einsteins totgesagter Theorie in die Wege geleitet. Indem er seinen beeindruckenden Verstand und seine Kreativität in den Dienst der Ausbildung einer neuen Generation herausragender junger Relativitätsforscher stellte und die neuen Zentren unterstützte, die im ganzen Land entstanden, hatte er eine neue und pulsierende Gemeinschaft von Wissenschaftlern aufgezogen, die nachhaltig über die Gravitation nachdachte. Schließlich hatten die Daten keine anderen Schlüsse zugelassen, und da die Astronomen, Physiker und Mathematiker bereit waren, die großen Fragen anzugehen, läutete das Symposium in Texas eine neue Ära ein. Die allgemeine Relativität hatte sich zurückgemeldet.

Kapitel 8
Singularitäten

Wohl die wenigsten Zuhörer dürften John Wheelers Vortrag 1963 in Texas verstanden haben, aber ein junger Mathematiker verfolgte fasziniert, wie Wheeler anhand seiner sorgfältig vorbereiteten Gleichungen und Schaubilder seine Überlegungen präsentierte. «Wheelers Vortrag hat mich damals wirklich beeindruckt», erinnert sich Roger Penrose.[1] Und auch wenn sich Wheeler hartnäckig weigerte, die Existenz von Singularitäten zu akzeptieren, so stellte er doch, nach Penroses Ansicht, die richtigen Fragen: Waren diese Singularitäten womöglich ein wesentlicher Bestandteil der allgemeinen Relativität? Wheelers Rede in Texas kündigte den Beginn eines Jahrzehnts an, das später als das «Goldene Zeitalter der allgemeinen Relativität»[2] bezeichnet werden sollte (von Kip Thorne, einem Schüler Wheelers), und Roger Penrose zählte zu den brillanten Denkern, die es begleiteten.

Penrose hat sich sein Leben lang mit der Raumzeit beschäftigt: hat sie zerpflückt, wieder zusammengefügt und an ihre Grenzen geführt. Er sieht Dinge anders, besitzt den Blick eines Mathematikers, der durch ein intuitives Verständnis für Raum und Zeit geschärft ist. Seine Zeichnungen, die berühmten Penrose-Diagramme, entzerren die Raumzeit und enthüllen ihre merkwürdigsten Eigenschaften. Sie veranschaulichen, was mit Licht geschieht, wenn es an der Schwarzschild-Oberfläche vorübersaust, wie Licht sich verhält, wenn man es zum Urknall zurückverfolgt, und sogar wie Raum und Zeit ausgedehnt werden können, so dass sie wie die schaumige Oberfläche des Meeres wirken.

Als Penrose zum ersten Mal den Reiz der allgemeinen Relativität spürte, hatte er noch kein Examen abgelegt und studierte in London Mathematik. Die Grundlagen der Theorie brachte er sich mit der englischen Übersetzung eines Buchs von Erwin Schrödinger mit dem passenden Namen *Struktur der Raum-Zeit* bei. Was ihn jedoch eigentlich dazu veranlasste, über die feinen Details nachzudenken, waren Fred Hoyles Vorlesungen, in denen dieser seine Steady-State-Theorie propagierte. Das Universum, das Hoyle beschrieb, war zugleich faszinierend und seltsam – es passte nicht zu Penrose' Verständnis der Relativität. Er beschloss, seinem Bruder Oliver einen Besuch abzustatten, ebenfalls ein Mathematiker, der damals in Cambridge promovierte. Roger Penrose meinte, Oliver könne ihm helfen, diese seltsame Theorie zu begreifen, die ihn so sehr faszinierte.

In den 1950er Jahren entwickelte sich Cambridge, ungeachtet der biederen Atmosphäre der jahrhundertealten Kreuzgänge und der erdrückenden Rituale der Colleges und der Universität, zu einem inspirierenden Ort. Paul Dirac, ein englischer Physiker, der maßgeblich an dem Nachweis teilgehabt hatte, dass Heisenbergs und Schrödingers Quantentheorien im Grunde ein und dasselbe waren, hielt brillante, ausgezeichnet vorbereitete Vorlesungen zur Quantenmechanik. Hermann Bondi las über allgemeine Relativität und Kosmologie und verfocht, gemeinsam mit Fred Hoyle, aktiv ihre Steady-State-Theorie. Und schließlich war dort noch Dennis Sciama.

Penrose und sein Bruder trafen sich im Restaurant Kingswood in Cambridge, um über Fred Hoyles Rundfunkvorträge zu sprechen. Penrose wollte Hoyles Behauptung einfach nicht in den Kopf, dass Galaxien nach dem Steady-State-Modell so schnell beschleunigten und an uns vorbeirasten, dass sie an einem bestimmten Punkt hinter einem kosmischen Horizont verschwanden. Er erinnert sich noch an seine Meinung, etwas anderes müsste geschehen, etwas, das er mit seinen Diagrammen belegen könnte. Oliver zeigte zu einem Tisch und sagte: «Nun, frag doch einfach Dennis. Er weiß darüber Bescheid.»[3] Er führte Roger Penrose zu Dennis Sciama und machte die beiden miteinander bekannt. Sie verstanden sich auf Anhieb.

Sciama war nur vier Jahre älter als Penrose, hatte sich aber bereits mit großer Leidenschaft in Einsteins Theorie vertieft und sollte diese

Begeisterung in der Folge fast 50 Jahre lang an Studenten und Mitarbeiter weitergeben. Im Jahr vor Einsteins Tod hatte er kurz am Institute for Advanced Study studiert. In einem der wenigen Gespräche mit Einstein hatte Sciama kühn und ein wenig ungehobelt erklärt, dass er gekommen sei, «um dem ‹alten Einstein› gegen den neuen beizustehen».[4] Einstein hatte über diese Unverfrorenheit gelacht. Sciama hatte gemeinsam mit Paul Dirac studiert, soweit das überhaupt möglich war, und hatte sich von den Studien Hoyles, Bondis und Golds anstecken lassen. Obwohl er ein überzeugter Anhänger der Steady-State-Theorie war, schenkte er doch den Erkenntnissen der Radioastronomen große Beachtung. Die von der Ryle Gruppe präsentierten Ergebnisse faszinierten ihn. Er sah ganz deutlich, dass sie Hoyles Modell unter Umständen den Todesstoß versetzen würden.

An jenem Abend im Kingswood erklärte Penrose Sciama, warum Galaxien nicht aus dem Sichtfeld verschwänden. Sie würden immer blasser werden und aus einer gewissen Entfernung scheinbar in der Zeit einfrieren, genau wie Oppenheimer und Snyder das bei einem implodierenden Stern nachgewiesen hatten, wenn seine Oberfläche Schwarzschilds Horizont überschreitet. Sciama sah das Funkeln in Penrose' Augen und mochte auf Anhieb dessen frischen Ansatz zur Betrachtung der Raumzeit. Sie blieben in den nächsten 50 Jahren gute Freunde.

Penrose zog schließlich nach Cambridge und promovierte dort in Mathematik, doch die mathematischen Unstimmigkeiten, die er in der Geometrie der Raumzeit entdeckte, ließen ihm keine Ruhe. Er wollte sie unbedingt besser verstehen. Nach Abschluss seiner Doktorarbeit wagte er den Sprung ins kalte Wasser und beschloss, sich der allgemeinen Relativität zu widmen. Anschließend reiste er ein paar Jahre lang durch die Welt und arbeitete mit Wheeler in Princeton, mit Hermann Bondi in London und mit Peter Bergmann an der Syracuse University. Schließlich schloss er sich im Herbst 1963 Schilds Gruppe in Austin an.

Texas war der Brennpunkt der allgemeinen Relativität, und die Forscher verfügten über reichliche Mittel. «Wir fragten nicht lange, woher das Geld kam oder warum irgendjemand glaubte, es lohne sich, so viel Geld für Relativitätsforschung auszugeben», sagte Penrose. «Ich hatte immer das Gefühl, dass hier ein Irrtum vorliegen musste.»[5] Ein Kollege von

Penrose war ein junger Neuseeländer namens Roy Kerr. Tagelang hatte Kerr bei der Hitze und Luftfeuchtigkeit in Texas über den Feldgleichungen von Einstein gegrübelt und versucht, komplexere, der Realität nähere Lösungen zu finden. Er hatte einen eleganten Satz an Gleichungen vorgelegt, der einer einfachen Geometrie für die Raumzeit entsprach. Man könnte Kerrs Lösung als eine allgemeinere Form der Geometrie Schwarzschilds ansehen. Während Schwarzschild eine Raumzeit beschrieb, die punktsymmetrisch um jenen Punkt lag, an dem sich die berüchtigte Singularität befinden musste, war Kerrs Lösung hingegen achsensymmetrisch entlang einer Linie, die quer durch die gesamte Raumzeit verlief. Es war ungefähr so, als wenn er Schwarzschilds Lösung auf eine Achse gezogen und die Raumzeit drum herum gedreht und angepasst hätte. Wollte er Schwarzschilds ursprüngliche Lösung wiederherstellen, brauchte er lediglich den Spin seiner eigenen Lösung zu stoppen.

Penrose begeisterte sich sofort für Kerrs Ergebnis. Unzählige Stunden diskutierte er die Entdeckung mit seinen neuen Kollegen in Austin und formulierte die neue Raumzeit auf seine eigene Weise. Wie Sciama fand auch Schild Gefallen an Penrose' Sichtweise. Sein mathematisches Verständnis und die Diagramme warfen ein völlig neues Licht auf Kerrs Lösung. Kerr reichte sein bemerkenswert einfaches und überzeugendes Ergebnis bei den *Physical Review Letters* ein, der amerikanischen Fachzeitschrift, die vor nicht allzu langer Zeit noch erwogen hatte, überhaupt keine Beiträge zur Relativität mehr zu veröffentlichen. Der Aufsatz wurde sofort akzeptiert und im September 1963 veröffentlicht, nur wenige Monate vor dem Texas-Symposium, das in Dallas stattfand. Dort hatte Kerr Gelegenheit, sein Ergebnis den Astrophysikern vorzulegen.[6]

Schild befürchtete, dass Kerrs Präsentation möglicherweise zu trocken und mathematisch ausfallen könnte, und versuchte Penrose zu überreden, dass er anstelle von Kerr die neue Lösung vorstellte. Aber Penrose wollte davon nichts wissen; das war Kerrs Baby. Schilds Befürchtungen waren nicht ganz unbegründet. Als Kerr zum Rednerpult ging, verließ die Hälfte der Teilnehmer den Saal. Kerr war jung und unbekannt, ein Relativitätsforscher unter einer Schar Astrophysiker, die in diesem Moment Besseres zu tun hatten. Kerr sprach zu der verbliebenen, halbherzig zuhörenden Menge, und Penrose weiß noch gut: «Sie beachteten ihn kaum.»[7] Sehr wenige Menschen erkannten die wahre Bedeutung von Kerrs Ergebnis, den ersten großen Schritt, um Schwarzschilds Lösung zu verallgemeinern, der Realität näher zu bringen und den Nutzen für die Astrophysiker zu erhöhen. Kerr verfasste eine kurze Notiz für die Protokolle der Konferenz, aber die Person, die für die Zusammenfassung der Hauptergebnisse des Symposiums zuständig war, ignorierte den Text einfach völlig. Es war immer noch zu viel allgemeine Relativität für Astrophysiker.

An dem ersten Texas-Symposium nahm kein einziger sowjetischer Physiker teil. Der Großteil der kostbaren Denkkraft der sowjetischen Physiker floss ins sowjetische Atomprogramm, so dass für die allgemeine Relativität kaum Zeit bzw. Beachtung blieb. Genau wie in den Vereinigten Staaten aus dem Manhattan-Projekt und in Großbritannien aus der Radartechnik eine neue Generation von Relativisten hervorging, sollten jedoch auch viele sowjetische Atomforscher in den 1960er Jahren schließlich ein Revival der allgemeinen Relativität in der Sowjetunion einleiten.

Das sowjetische Atomprojekt kam erst spät in Gang. Im Zweiten Weltkrieg waren kostbare Ressourcen aus dem sowjetischen Forschungsapparat an die sowjetisch-deutsche Front abgezogen worden, so dass Josef Stalin gar keine Gelegenheit hatte, seine Männer zur Arbeit an der Atombombe zu zwingen. Von 1939 an, also nach Wheelers und Bohrs Aufsatz, in dem die riesige Menge freigesetzter Energie bei einer Kernspaltung schwerer Elemente erörtert wurde, hatte es den Anschein, als seien im Westen wissenschaftliche Beiträge zur Kernspaltung gewissermaßen versiegt. Für die Sowjets sah es so aus, als sei die westliche Forschung zur Kernspaltung zum Stillstand gekommen. Im Jahr 1942, als der sowjetische Physiker Georgi Flerow in einem Brief Stalin auf diesen merkwürdigen Umstand aufmerksam machte, wurde Stalin misstrauisch. Er vermutete, dass die Amerikaner an einer Bombe arbeiteten, und er erkannte, dass er bei dem Spiel irgendwie mitmischen musste. Nach Kriegsende trommelte Stalin sofort seine eigene wissenschaftliche Elite zusammen, um ein Bombenprojekt auf die Beine zu stellen. Dem Team gehörten unter anderem Lew Landau und Jakow Seldowitsch an.

Lew Landau hatte unter der Verfolgungswelle während der Säuberungen Ende der 1930er Jahre gelitten. Nach seinem Gefängnisaufenthalt war er ein verbitterter Mensch geworden, von dem Regime tief enttäuscht, ihm aber auf Gedeih und Verderb ausgeliefert. Landau war mit einer Fülle von Entdeckungen bereits zu einer Legende geworden, die Palette reichte von der Quantenmechanik bis hin zur Astrophysik. Er hatte eine Schule der Physik gegründet und eine Gruppe brillanter Schüler um sich geschart, die ihre ganzen intellektuellen Fähigkeiten aufbieten mussten, nur damit ihnen überhaupt erlaubt wurde, mit ihm zusammenzuarbeiten. Wer zum Schützling Landaus aufsteigen wollte, musste eine Reihe von elf schweren Examen bestehen, das sogenannte Landauer Theoretische Minimum, das Landau persönlich eingeführt hatte und beaufsichtigte.[8] Diese Prüfungsphase konnte sich bis zu zwei Jahre hinziehen. Nur wenige schafften den Sprung über diese Hürde und hatten Gelegenheit, mit dem großen Mann persönlich zu arbeiten.

Jakow Seldowitsch, ein weißrussischer Jude, der nur wenige Jahre jünger als Landau war, war ein frühreifer Student gewesen. Im Alter von siebzehn war er Laborassistent geworden, hatte mit vierundzwanzig seinen Doktortitel erworben und stieg rasch zur sowjetischen Koryphäe für Fragen der Verbrennung und Zündung auf. Zwangsläufig wurde er in die Entwicklung der russischen Bombe hineingezogen. Von 1945 bis 1963 beteiligte er sich mit großem Geschick an «Joe-1», wie die Amerikaner sie nannten, als sie den Atomtest vom 29. August 1949 nachträglich registrierten, und auch an deren Nachfolger, der «Superbombe». Die Sowjetunion hatte die Amerikaner eingeholt und war zu einer Atommacht aufgestiegen.

Während Seldowitsch ein glühender Verfechter des Atomwaffenprojekts war, hatte man Landau zur Teilnahme gezwungen. Die Wunden seiner Tortur in den Kellern der Lubjanka schmerzten immer noch, und er hegte einen tiefen Hass gegen Stalin. Seldowitsch verehrte Landau zwar geradezu, doch dieser hatte für seinen Kollegen und das ganze Atomprojekt wenig übrig. Als Seldowitsch versuchte, das sowjetische Atombombenprojekt auszuweiten, nannte Landau ihn einen «Hurensohn».[9] Nach Stalins Tod sagte er zu einem Kollegen: «Aus und vorbei. Er ist weg. Ich habe keine Angst mehr vor ihm, und ich werde nicht mehr an [Atomwaffen] arbeiten.»[10] Nichtsdestotrotz wurden beide

Männer für ihren Beitrag zum sowjetischen Bombenprojekt mehrfach mit dem Stalinpreis und dem Orden Held der Sozialistischen Arbeit geehrt. Landau erhielt im Jahr 1962 sogar den Nobelpreis.

Mitte der 1960er Jahre war Seldowitsch immer noch auf dem Weg nach oben; Landau hingegen war nach einem Autounfall, den er um ein Haar nicht überlebt hätte, nur noch ein Schatten seiner selbst und konnte sich nicht länger mit Physik befassen. Seine Schützlinge machten für ihn weiter und widmeten sich als erste sowjetische Physiker den Singularitäten im Weltall. Zwei junge Männer, Isaak Chalatnikow und Jewgeni Lifschitz, die beide die strenge Schule Landaus durchlaufen hatten, waren gut gerüstet, um sich mit den Feinheiten der Theorie Einsteins auseinanderzusetzen und zu untersuchen, was geschieht, wenn Materie unter ihrer eigenen Schwerkraft kollabiert.

Oppenheimer und Snyder hatten ihre Lösung auf eine simple Annäherung aufgebaut, auf eine absolut symmetrische Sphäre aus Materie, die nach innen zusammenfällt. Genau diese vollkommene Symmetrie hatte anfangs Menschen wie Wheeler gestört, der dies für eine allzu große Idealisierung der Ausgangsbedingungen hielt. Die Oberfläche der Erde ist bedeckt von Unregelmäßigkeiten: gewaltigen Bergen und tiefen Ozeanen und Tälern. Was, wenn ein kollabierender Stern vergleichbar uneben ist? Konnten die Unregelmäßigkeiten und Unvollkommenheiten den Kollaps womöglich so stark stören, dass Teile der Oberfläche viel schneller als andere einstürzten, abprallten und wieder hinausgeschleudert wurden? Wenn dem so war, würden Singularitäten womöglich niemals zustande kommen.

Um diese Frage zu klären, lockerten die Russen die von Oppenheimer und Snyder geforderten Symmetrien ein wenig. Nach Chalatnikows und Lifschitz Berechnung konnte sich die Raumzeit auf unterschiedliche Weise in jede Richtung drehen und wenden. Stellen wir uns beispielsweise vor, dass wir direkt auf die tosende Materie, auf einen massereichen Stern, schauen, während er implodiert, also nach innen zum Mittelpunkt hin kollabiert. Im Allgemeinen sollte man annehmen, dass dies nicht gleichmäßig geschieht. Oben und unten könnte die Masse rascher kollabieren, so schnell, dass die betreffenden Stücke möglicherweise zurückprallten, ehe die Seiten Zeit zum Einstürzen hatten. Statt dass alles nach innen stürzte und so unweigerlich die Singularität entstand, gäbe es dann immer ein Teil, das sich nach außen bewegt und so die Raumzeit verzögern würde. Nur wenn der Kollaps auf genau die bislang vermutete Weise ablief, also vollkommen symmetrisch um das Zentrum, würde die gesamte Materie zu *exakt* dem gleichen Zeitpunkt kollabieren und so die Entstehung einer Singularität ermöglichen. Chalatnikow und Lifschitz kamen in ihrem Aufsatz, der in der sowjetischen Zeitschrift *Soviet Physics* veröffentlicht wurde, zu der verblüffenden Schlussfolgerung, dass Singularitäten unter realistischen Bedingungen in der Natur *niemals* entstanden. Schwarzschilds und Kerrs Lösungen waren demnach Abstraktionen, die sich in der Natur niemals bilden würden. Einstein und Eddington hatten, wie es schien, die ganze Zeit über recht behalten.

Gelegentlich wurde es sowjetischen Wissenschaftlern gestattet, an Konferenzen im Westen teilzunehmen. Die dritte Konferenz zur allgemeinen Relativität und Kosmologie, der Nachfolger der Zusammenkunft in Chapel Hill, fand im Jahr 1965 in London statt; es nahmen mehr als 200 Relativitätsforscher daran teil. Als Chalatnikow seine Ergebnisse dort vorstellte, hörten alle Relativisten genau zu. Es lag zwar auf der Hand, dass Einsteins Theorie inzwischen auch in der Sowjetunion Fuß gefasst hatte, aber es fiel den westlichen Wissenschaftlern schwer, genau zu sagen, was dort vorging. Übersetzungen aus der wichtigsten sowjetischen Zeitschrift *Sowjetskaja Fisika* kamen immer mit einiger Verspätung.

Penrose saß ganz ruhig da und hörte sich Chalatnikows Vortrag an. Er wusste, dass sie sich irrten, meinte aber, es sei «undiplomatisch», dies offen zu sagen. «So wie sie vorgingen, konnte man eigentlich überhaupt nichts beweisen», sagt er. «Es gab ganz einfach zu viele Annahmen. Auf diese Weise konnten sie Singularitäten nicht einfach ausschließen.»[11] In Wirklichkeit konnte Penrose beweisen, dass, entgegen Chalatnikows Behauptung, *immer* Singularitäten entstanden. Penrose' Ergebnisse waren ganz allgemein, weil er seine eigene, neuartige Betrachtungsweise der Raumzeit angewandt hatte.

Seit seiner ersten Begegnung mit Sciama vor fast zehn Jahren hatte Penrose seine Diagramme zu einer Reihe von Gesetzen weiterentwickelt, wie man sich die Verbreitung von Licht, oder etwas anderem, durch die Raumzeit vorzustellen hat. Er konnte eine beliebige Raumzeit auswählen, und anhand einiger grundlegender Eigenschaften und der Art der darin enthaltenen Materie bekam er ein ganz klares Gespür dafür, was mit ihr passieren würde, ob sie in einem Punkt kollabieren oder sich ins Unendliche ausbreiten würde. Wandte er seine Regeln auf das Problem eines gravitativen Kollapses an, was Wheeler «die Frage des Endzustands» genannt hatte, kam er unweigerlich zu ein und demselben Ergebnis: Singularitäten. Penrose schrieb seinen Aufsatz «Gravitationskollaps und Singularitäten der Raumzeit» und reichte ihn bei der Zeitschrift *Physical Review Letters* ein. Wie er in seinem Aufsatz zusammenfassend schreibt: «Abweichungen von der sphärischen Symmetrie können nicht verhindern, dass Singularitäten der Raumzeit entstehen.»[12] Fast ein halbes Jahrhundert später ist der Beitrag immer noch ein Musterbeispiel an Prägnanz, Klarheit und Logik: ein perfekter Aufsatz von nicht ganz drei Seiten, mit einer knappen Erläuterung des Problems, den mathematischen Hilfsmitteln und dem Beweis in einem kleinen Absatz, das Ganze illustriert mit einem von Penrose' unverkennbaren Diagrammen.

Zu der Zeit, als Chalatnikow seinen Vortrag hielt, hatte Penrose seinen Aufsatz bereits eingereicht. Die Annahme stand in Kürze bevor; als Erscheinungstermin war der Dezember desselben Jahres vorgesehen. Aber seine Methoden waren den meisten Relativisten im Publikum unbekannt, vor allem den Russen. Als Charles Misner, ein Schüler Wheelers, aufstand und Chalatnikow mit Penrose' Ergebnis konfrontierte, war das vergebliche Mühe. Die Russen trauten Penrose' Ausführungen nicht und wollten nicht akzeptieren, dass ihr eigener Ansatz womöglich einen Fehler haben könnte. «Ich drückte mich in die Ecke», erinnert Penrose sich. «Es war zu peinlich.»[13]

Aber Penrose hatte recht. Was als sein Singularitätstheorem in die Geschichte eingehen sollte, hatte weitreichende Konsequenzen. Daraus folgte: Wenn die allgemeine Relativität zutraf, dann mussten die Lösungen von Schwarzschild und Kerr, jene seltsamen Raumzeiten mit Singularitäten im Zentrum, tatsächlich im Universum existieren. Es handelte sich nicht um rein mathematische Konstrukte. Einstein und Eddington hatten sich geirrt. Vier Jahre später räumten Chalatnikow und Lifschitz ihre Niederlage ein. Im Jahr 1969 widmeten sie sich erneut ihren Berechnungen, allerdings dieses Mal unterstützt von einem ihrer Studenten, Wladimir Belinski. Zu ihrer Bestürzung entdeckten sie einen Fehler.

Während sie im Jahr 1961 davon ausgegangen waren, dass der Kollaps, der zur Entstehung einer Singularität führte, viel zu spezifisch und unnatürlich sei, um in der Realität vorzukommen, gelangten sie nunmehr mit Belinski genau zur gegenteiligen Erkenntnis. Auf ihre Weise bestätigten sie Penrose' Theorem: Singularitäten bildeten sich in jedem Fall. Sie veröffentlichten pflichtschuldig ihre Ergebnisse im Westen und räumten öffentlich ein, dass ihnen ein Fehler unterlaufen war.

Penrose hatte bewiesen, dass es bei einem Gravitationskollaps unweigerlich zu Singularitäten kam, und damit Wheelers Frage nach dem Endstadium beantwortet. Eine weitere Bestätigung sollte in Kürze folgen.

Martin Ryle mochte mit seinen ersten Versuchen, die Lehre vom Steady State aus Cambridge mit Hilfe seiner Messungen zu widerlegen, gescheitert sein, aber seine Daten wurden immer besser. Als er im Jahr 1961 den 4C-Katalog von Radioquellen veröffentlichte, stimmten die meisten Radioastronomen darin überein, dass viele Probleme der vorherigen Daten behoben waren. Doch das eigentliche Ende der Steady-State-Theorie nahm seinen Anfang bei ihren eigenen Anhängern.

Dennis Sciama war zu der Zeit ein vehementer Verteidiger der Steady-State-Theorie Hoyles. Er war auch von den Quasaren fasziniert und gab seinem Student Martin Rees den Auftrag, Ryles neue Messungen auf verschiedene Weise zu prüfen. Rees wählte einen einfacheren und viel klareren Ansatz als Ryles Technik, die Zahl der Quasare als eine Funktion des Energieflusses darzustellen. Stattdessen wählte Rees eine Untergruppe aus 35 Quasaren mit gemessenen Rotverschiebungen aus und unterteilte sie in drei Kategorien. Eine Kategorie wies eine geringe Rotverschiebung auf, die Quasaren entsprach, welche der Erde räumlich und zeitlich relativ nahe waren. Die zweite Kategorie umfasste Quasare mit mittleren Rotverschiebungen, und die letzte Kategorie bestand aus Objekten mit hohen Rotverschiebungen, die in der fernen Vergangenheit betrachtet wurden.

Rees' Idee war einfach, aber bemerkenswert raffiniert. Nach dem Steady-State-Modell, laut dem sich das Universum im Laufe der Zeit nicht ausdehnte, müsste jede Sektion ungefähr die gleiche Anzahl an Quasaren enthalten. Stattdessen entdeckte Rees so gut wie keine Quasare in der jüngsten Sektion. Fast alle waren in der am weitesten entfernten Sektion enthalten. Anders gesagt, die Zahl der Quasare hat sich anscheinend im Lauf der Zeit verändert – in der Vergangenheit gab es mehr –, und deshalb konnte sich das Universum nicht in einem gleichförmigen Zustand befinden. Das Schaubild sagte alles aus: Das Steady-State-Modell funktionierte nicht. «Es war wirklich dieses Schaubild, das Dennis überzeugte», erinnert sich Rees.[14] Von da an glaubte Sciama an Lemaîtres Theorie oder den «Big Bang», wie Hoyle in seinen Vorlesungen einmal gesagt hatte, und an alles, was daraus folgte.

Der letzte Sargnagel für die Steady-State-Theorie kam von jenseits des Teichs. In New Jersey hatten Arno Penzias und Robert Wilson bei Holmdel, einer Telekommunikationsfirma, die zu den Bell Laboratories gehörte, an einer Antenne gearbeitet. Sie wollten die Antenne, ein riesiges Horn, das Radiowellen einfing, nachrüsten und mit ihrer Hilfe die Galaxie durchmessen. Um die Struktur der Milchstraße genau zu kartieren, mussten sie zuerst die Präzision ihres Instruments prüfen. Also starrten sie mit Hilfe ihrer Antenne ins Nichts und testeten, wie gut sie es wahrnahmen.

Aber was sie sahen, war alles andere als nichts. Penzias und Wilson sahen oder, genauer, *hörten* ganz eindeutig etwas: ein leises, schwaches Rauschen, das aus dem leeren All kam. Wie sie ihr Instrument auch ausrichteten, sie wurden das Geräusch nicht los. Diese beiden Männer waren zufällig auf ein Überbleibsel aus der Frühzeit des Universums gestolpert, auf ein Echo des Urknalls.

Ende der 1940er Jahre hatte George Gamow, ein russischer Physiker, der in den Vereinigten Staaten arbeitete, die Existenz eines sehr kalten Lichtstroms vorausgesagt, der das Weltall durchdringe. Er ging von Abbé Lemaîtres Idee aus, dass das Universum in einer heißen, dichten Suppe begann, aus der früher oder später alle Elemente hervorgingen, und argumentierte wie folgt: Man stelle sich das Weltall in seinem einfachsten Zustand vor, angefüllt mit nichts als Wasserstoffatomen. Das Wasserstoffatom ist der Grundbaustein der Chemie: ein Proton und ein Elektron, zusammengehalten von elektromagnetischer Kraft. Wenn man ein Wasserstoffatom mit genügend Energie bombardiert, kann man das Elektron von seinem Kern trennen, so dass ein einsames Proton zurückbleibt.

Stellen wir uns jetzt ein Gas aus Wasserstoffatomen vor, die in einem heißen Bad aufeinander zugetrieben werden. Sie werden miteinander kollidieren, umhertreiben und von energiereichen Photonen bombardiert werden, von zuckenden Lichtstrahlen. Je heißer sie sind, desto größer ist die Wahrscheinlichkeit, dass die Elektronen von den Protonen getrennt werden. Wenn die Umgebung sehr heiß ist, dürften kaum Wasserstoffatome intakt bleiben. Anstatt mit einem Wasserstoffgas wird das Universum mit freien Protonen und Elektronen angefüllt sein. In der Anfangsphase des Universums, als die Temperatur höher als 1000 Grad war, wird man nur wenige Atome und in erster Linie freie Protonen und Elektronen antreffen. Im Laufe der Zeit, wenn sich das Universum abkühlt, bleiben Elektronen an Kernen haften, so dass hauptsächlich Wasserstoff- und Heliumatome, ein fast bedeutungsloses Sammelsurium an schwereren Elementen und ein schwaches, fast unsichtbares Hintergrundlicht zurückbleiben. Genau das haben Arno Penzias und Robert Wilson wahrgenommen: einen eindeutigen Hinweis auf einen heißen, dichten Zustand in frühen Zeiten. Noch näher konnte man dem Beweis des Urknalls kaum kommen, und ein weiterer Schüler von Dennis Sciama, Stephen Hawking, sollte diesen letzten Schritt vollziehen.

Der junge Hawking hatte etwas von Einsteins Art an sich, und seine Kindheitsfreunde nannten ihn auch oft so. Er hatte in der Schule nicht geglänzt, war eher locker, verspielt und neckisch gewesen, ein zarter, unordentlicher Junge, der es liebte, seine Kameraden zu unterhalten. Hawking hatte sich dann verstärkt für Wissenschaft interessiert und legte bei der Bewerbung in Oxford ein ausgezeichnetes Aufnahmeexamen und Gespräch ab. Das Studium in Oxford kam ihm lächerlich einfach vor; seine Tutoren und Dozenten zeigten sich von seinen Leistungen in der Tat beeindruckt. Als Doktorand in Cambridge, unter der Schirmherrschaft Sciamas, widmete sich Hawking dem Kosmos und erklärte in einfachen Worten eine bedeutende Konsequenz der Entdeckung Penzias und Wilsons.

Stephen Hawking, ein Jahr älter als Martin Rees, war von der Mathematik der allgemeinen Relativität fasziniert. Schon zu Beginn seiner Arbeit an der Promotion wurde bei ihm das Lou-Gehrig-Syndrom, oder Amyotrophe Lateralsklerose (ALS), diagnostiziert. Man ging davon aus, dass ihm nur noch wenige Jahre blieben. Diese Neuigkeit hatte ihn zunächst schwer erschüttert, aber nach zwei Jahren Promotion war er immer noch am Leben und wohlauf. Die unheilbare Krankheit veranlasste ihn, sich ganz auf seine Arbeit zu konzentrieren und den Versuch zu wagen, zu verstehen, was wirklich am Beginn der Ausdehnung des Universums geschehen war – also beim Urknall selbst. Waren die Singularitäten möglicherweise am Beginn der Zeit ebenso unvermeidlich wie im Endzustand?

In einem Wettlauf gegen das Fortschreiten seiner Krankheit gelang es Hawking zu zeigen, dass ein expandierendes Universum unter normalen Bedingungen in der Tat unweigerlich mit einer Singularität begonnen haben musste. Im Lauf der Jahre bewies er mit einem südafrikanischen Physiker und talentierten Schüler Sciamas namens George Ellis, dass ein Universum, in dem man eine Reststrahlung wie die von Penzias und Wilson beobachtete, mit einem singulären Zustand begonnen haben muss. Schließlich konstruierte er gemeinsam mit Roger Penrose einen vollständigen Satz an Theoremen, die so gut wie jedes mögliche Modell eines expandierenden Universums erfassten, das sich damals jemand ausdenken mochte. Singularitäten ließen sich in der Zukunft ebenso wenig wie in der Vergangenheit vermeiden, zumindest schien die Mathematik von Penrose und Hawking das zu besagen.

Auf dem ersten Texas-Symposium hatten manche spekuliert, dass die fernen Quellen von Radiowellen in Ryles Katalog möglicherweise irgendwie mit dem allgemeinen, relativistischen Kollaps supermassereicher Sterne zusammenhängen könnten. Chandra hatte darauf aufmerksam gemacht, dass superschwere, weiße Zwerge instabil seien und implodieren könnten, und Oppenheimer und Snyder hatten nachgewiesen, dass bei noch schwereren Sternen die nächste Phase im unvermeidlichen Kollaps führe über Neutronensterne. Es gab zwar unzählige überzeugende Beweise für weiße Zwerge, aber keine Anzeichen für Neutronensterne. Das änderte sich im Jahr 1965, als Jocelyn Bell nach Cambridge kam, um in Martin Ryles Gruppe ihre Promotion zu beginnen.

Bell arbeitete nicht mit Ryle selbst zusammen, sondern mit dem ihm unterstellten Kollegen Antony Hewish. Dieser gab ihr den Auftrag, aus ein paar Pfosten und Maschendraht ein Radioteleskop zu bauen, mit dessen Hilfe sie die Position der Quasare auf der Frequenz 81,5 Megahertz anvisieren und studieren konnte. Wie sie selbst sagt, waren ihre «ersten Jahre mit viel schwerer Arbeit auf dem Feld oder in einer lausig kalten Hütte verbunden».[15] Doch der Job hatte auch seine guten Seiten: «Als ich aufhörte, konnte ich einen Vorschlaghammer schwingen.»[16] Bis zum Jahr 1967 zeichnete Bell mit einem Messschreiber Daten auf, analysierte täglich mehr als 30 Meter Schreibpapier und hielt nach den charakteristischen Signalen der Quasare Ausschau. Rund 120 Meter Papier erfassten den ganzen Himmel.

Etwas an ihren Aufzeichnungen war merkwürdig. Alle 120 Meter trat ein 6 mm hoher Ausschlag der Daten auf, den Bell sich nicht erklären konnte. Sie hatte keine Ahnung, um was für ein Signal es sich handelte und woher es kam. Es war unbestreitbar da, eine Reihe von Tönen in einer ganz bestimmten Himmelsrichtung. «Wir hatten angefangen, es im Scherz ‹kleine grüne Männchen› zu nennen», erinnert sich Bell. «Ich ging mit einem Gefühl von Unzufriedenheit nach Hause.»[17] Das Team beschloss, der Angelegenheit weiter nachzugehen und die mysteriöse Entdeckung zu veröffentlichen.

Im Februar 1968 erschien in der Zeitschrift *Nature* ein Aufsatz mit dem Titel «Beobachtung einer rasch pulsierenden Radioquelle». Bell, Hewish und ihre Mitautoren gaben darin ihre Entdeckung bekannt und erklärten: «Ungewöhnliche Signale von pulsierenden Radioquellen sind am Mullard Radio Astronomy Observatory aufgezeichnet worden.» Unmittelbar darauf wagten sie eine kühne These: «Die Strahlung scheint von lokalen Objekten innerhalb der Galaxie auszugehen und könnte mit den Oszillationen weißer Zwerge oder Neutronensterne im Zusammenhang stehen.»[18] Sie vermuteten, dass die Ausschläge auf dem Schreiberpapier die Oszillationen oder das Pulsieren in diesen dichten Radioquellen waren.

Die Presse begeisterte sich für die Entdeckung und fragte Hewish nach der Bedeutung. Allerdings stellten die Journalisten, wie Bell noch gut weiß, ihr selbst «wirklich wichtige Frage wie die, ob ich größer sei als Prinzessin Margaret oder nicht ganz so groß».[19] Sie sagt: «Sie wandten sich an mich und fragten mich nach meinem Familienstand oder wie viele Freunde ich bereits hatte … für etwas anderes taugten Frauen nicht.»[20] Die *Sun* versah die Meldung mit der Schlagzeile: «Die Frau, die die Kleinen Grünen Männchen entdeckte».[21] Und der *Daily Telegraph* präsentierte einen Namen für die ausgefallenen Objekte; ein Journalist schlug vor, sie «Pulsare» zu nennen, die Kurzform für «pulsating radio stars».[22]

Wieder einmal hatte die Radioastronomie einen großen Erfolg gefeiert, und wiederum war man durch Zufall darauf gestoßen. Es war eine monumentale Entdeckung, und im Jahr 1974 wurde Bells Doktorvätern Tony Hewish und Martin Ryle der Nobelpreis verliehen. Bell selbst wurde völlig übergangen. Viele betrachten dies als eine der größten Ungerechtigkeiten in der Geschichte des Nobelpreises. Fast 20 Jahre später nahm Bell als Gast von Joseph Taylor Jr., eines anderen Astronomen, an der Zeremonie teil, als dieser 1993 den Preis bekam. «Am Ende bekam ich eine Gelegenheit, hinzufahren», erinnert sie sich ohne jede Bitterkeit.[23]

Pulsare waren die ersten handfesten Beweise für Neutronensterne. Sie pulsieren eigentlich gar nicht – sie rotieren und senden auf diese Weise ein periodisches Signal aus. Aber sie waren das berühmte *missing link* beim Gravitationskollaps, den Landau postuliert, Oppenheimer untersucht und Wheeler und seine Schüler bis ins Kleinste erforscht hatten. Sie waren der letzte Schritt vor der Entstehung von Penrose' unvermeidlichen Singularitäten.

Wenn Jakow Seldowitsch das Forschungsgebiet wechselte, so tat er das stets ohne jegliche Berührungsängste.[24] Ein Student von ihm erinnert sich noch an seinen Rat: «Es ist schwierig, aber reizvoll, auf jedem Gebiet … zehn Prozent zu beherrschen. … Der Weg von zehn zu neunzig Prozent ist das reinste Vergnügen und echte Kreativität. … Die nächsten neun Prozent zu erwerben ist unendlich schwierig und längst nicht jedem gegeben. … Das letzte Prozent ist allerdings hoffnungslos», woraus Seldowitsch den Schluss zog: «Es ist vernünftiger, sich einem neuen Problem zuzuwenden, ehe es zu spät ist.»[25]

Wie Wheeler wechselte Seldowitsch im Alter von gut 40 Jahren von der Atomforschung zur Relativität und gründete in der Folge eine der zielstrebigsten Forschungsgruppen auf der Welt. Die Aufsätze, die Seldowitsch mit seinen Studenten schrieb, waren alle fast schon literarisch und begannen häufig seltsam mit Sätzen wie: « Sigmund Freud, der Pate der Psychoanalyse, lehrte uns, dass das Verhalten von Erwachsenen von den Erfahrungen ihrer frühen Kindheit abhängt. In diesem Sinn besteht das Problem darin, ... die gegenwärtige Struktur des Universums ... aus ... seinem früheren Verhalten abzuleiten.»[26] Sie lasen sich wie verdichtete Essays lediglich mit ein paar vereinzelten Gleichungen, gerade noch ausreichend, um seine Argumentation zu erhärten. Nach der Übersetzung waren sie oft kaum noch zu verstehen. Aber im Laufe der Zeit wurden sie als das geschätzt, was sie eigentlich waren: wahre Juwelen der relativistischen Astrophysik.

Nach dem Wechsel des Forschungsgebiets hielt Seldowitsch Ausschau nach gefrorenen Sternen, wie die kollabierenden Sterne Schwarzschilds und Kerrs im Osten genannt wurden. Diese gefrorenen Sterne sind unsichtbar, strahlen kein Licht aus und haben keine Oberfläche, die reflektieren oder leuchten kann. Aber Seldowitsch wollte nicht akzeptieren, dass diese seltsamen Objekte vom menschlichen Auge nicht wahrgenommen wurden, denn sie hatten eine enorme Wirkung und krümmten Raum und Zeit um sie herum. In Wirklichkeit müssten sie, wie er mit seinen Studenten erörterte, eine unwiderstehliche Anziehungskraft auf alles ausüben, das in ihre Nähe kommt. Und deshalb ist es vielleicht möglich, vermutete er, indem man die Wirkung der gefrorenen Sterne auf andere Dinge betrachtet, sie doch zu sehen, zwar nicht direkt, aber indirekt. Wenn die Sonne zum Beispiel einem solchen Stern zu nahe käme, wäre sie gezwungen, ihn in einer Umlaufbahn zu umkreisen, genau wie der Mond um die Erde kreist. Der gefrorene Stern wäre unsichtbar, und deshalb hätte es den Anschein, als würde die Sonne aus der Reihe tanzen und auf einer merkwürdigen Bahn ohne Zentrum eiern. Sucht nach eiernden Sternen, regten Seldowitsch und sein Team an: Sterne, die auf den ersten Blick eigenständig sind, sich aber wie ein Teil eines Doppelsystems verhalten.

Allerdings dürften gefrorene Sterne, mutmaßte Seldowitsch, ihre Partner nicht nur anziehen, sondern müssten sie eigentlich zerreißen. Er stellte eine einfache Vermutung auf: Wenn Materie in das Gravitationsfeld eines gefrorenen Sterns gerät, müsste sie beinahe Lichtgeschwindigkeit erreichen, verdichtet werden und sich dabei erhitzen. Während sich Materie vermischt und kollidiert und sich beim Sturz auf den gefrorenen Stern in der sogenannten Akkretion erhitzt, strahlt sie Energie ab. Die

Akkretion in der Nähe des Horizonts von Schwarzschild ist so effizient, dass sie bis zu zehn Prozent der restlichen Massenenergie abgeben kann – eine enorme Menge an Energie, die den Vorgang zum effizientesten Energieerzeugungsprozess im gesamten Universum macht. Also spekulierte Seldowitsch in einem kurzen Aufsatz, den er im Jahr 1964 in der Zeitschrift *Doklady Akademii Nauk* (Vorträge der Akademie der Wissenschaften) veröffentlichte, dass die Energieerzeugung im Umfeld eines gefrorenen Sterns enorm hoch sein müsse und ausreiche, um die extrem hellen Quasare zu erklären, die von den Radioastronomen entdeckt worden seien. Um die gleiche Zeit gelangte ein amerikanischer Astronom an der Cornell University, Edwin Salpeter, zur selben Schlussfolgerung, dass gewaltige Ausstrahlungen von Radiowellen von einem massereichen Objekt ausgehen konnten, das mehr als eine Million Sonnenmassen wog, oder, wie er schrieb, von «extrem massereichen Objekten von relativ kleiner Größe».[27]

Seldowitsch gab sich damit jedoch nicht zufrieden. Mit seinem jungen Kollegen Igor Nowikow wandte er seine Argumentation auf binäre Systeme wie einen normalen Stern auf einer Umlaufbahn um einen gefrorenen Stern an. Sie spekulierten, dass die gewaltige Anziehungskraft des kalten Sterns das gesamte Gas und Brennmaterial von den äußeren Schichten des normalen Sterns abziehen müsste. Das wäre ungefähr so, als wenn man, nach Roger Penrose, «eine Badewanne von der Größe des Loch Lomond durch ein ganz normales Abflussrohr leeren müsste».[28] Auf das Gas würden so gewaltige Kräfte einwirken, dass Unmengen von Licht mit einer sehr hohen Energie, sonst Röntgenstrahlen genannt, abgegeben werden. Sucht nach Röntgenstrahlen, sagten Seldowitsch und seine Schüler der Welt.

Der Name Schwarzschild tauchte unablässig in wissenschaftlichen Beiträgen von Astronomen und Astrophysikern auf, als die Verbindung zwischen kollabierten oder gefrorenen Sternen und Quasaren immer eindeutiger hervortrat. Aber wie Wheeler sich Jahre später erinnerte, war die Bezeichnung, die er und seine Kollegen in den Vereinigten Staaten verwendeten – «vollständig kollabiertes gravitatives Objekt»[29] –, überaus lästig. «Wenn man es geschafft hat, das gut zehnmal zu sagen, dann sucht man verzweifelt nach einem besseren Begriff.»[30] Auf einer Konferenz in Baltimore im Jahr 1967 half ihm ein Zuhörer und schlug den Namen «Schwarzes Loch» vor. Wheeler übernahm ihn, und seither ist es dabei geblieben.

Im Jahr 1969 erklärte Donald Lynden-Bell, ein Kollege von Dennis Sciama in Cambridge, in der Einleitung zu einem Aufsatz: «Es wäre jedoch falsch, wenn wir den Schluss ziehen würden, dass solche massereichen Objekte in der Raumzeit nicht wahrzunehmen sind. Ich stelle die These auf, dass wir sie indirekt schon seit Jahren beobachtet haben.»[31] Er argumentierte, dass massereiche Schwarze Löcher im Zentrum der Galaxien die umliegende Materie so ansaugen würden, wie Penrose es beschrieben habe – wie ablaufendes Wasser, das sich um den Abfluss dreht. Das rotierende Gas um das Loch würde eine flache Scheibe bilden, so wie die Ringe um den Saturn, und das ganze System würde sich unweigerlich um die eigene Achse drehen. Die Kerne von Galaxien, die von derartigen Akkretionsscheiben laufend Brennmaterial erhielten, würden wahren Leuchtfeuern gleichen, und Lynden-Bell konnte zeigen, wie die Energie erzeugt und abgegeben wurde. Martin Rees hatte ebenfalls gemeinsam mit Dennis Sciama angefangen, detaillierte Modelle der Quasare zu konstruieren, die alle ihre merkwürdigen Eigenschaften erklärten: ihre Größe, Entfernung, wie rasch sie flimmern und pulsieren und welche Mengen an Energie abgegeben werden. In den folgenden Jahren gelang es Rees zusammen mit Lynden-Bell und ihren Studenten und Postdoktoranden in Cambridge, ein hübsches, bis ins Kleinste ausgearbeitetes Modell der Feuerwerke zu präsentieren, die sich im Umfeld der Quasare und Radioquellen abspielten. Alle Puzzlesteinchen waren an ihrem Platz.

Und an diesem Punkt kamen endlich die Röntgenstrahlen ins Spiel. Seit den 1960er Jahren schickte ein Team unter Leitung des italienischen Physikers Riccardo Giaccone Raketen aus der Erdatmosphäre, wo sie ein paar Minuten lang nach Röntgenstrahlen suchten. Und sie fanden sie auch: helle Flecken aus Röntgenstrahlen über den ganzen Himmel verteilt, die stärker als die Planeten im Sonnensystem leuchteten. Anfang der 1970er Jahre wurde der Satellit *Uhuru* von einer Plattform in der Nähe von Mombasa, Kenia, gestartet, der nur die Aufgabe hatte, die Röntgenstrahlen am Himmel zu kartieren. Die Mission war ein großer Erfolg und ergab hervorragende Messungen von über 300 Röntgenstrahlenobjekten.

Mitten in den unzähligen Quellen, die *Uhuru* durchmaß, lag ein Objekt namens Cygnus X-1, eine außerordentlich stark strahlende Quelle im Sternbild Schwan (Cygnus). Es war zum ersten Mal im Jahr 1964 auf einem Raketenflug entdeckt worden, aber *Uhuru* fand heraus, dass die Intensität des Röntgenlichts außerordentlich schnell schwankte, mehrere Male pro Sekunde – ein sicheres Indiz dafür, dass es sich um ein unvorstellbar kompaktes Objekt handelte. Auf die Messungen *Uhurus* folgten schon bald Beobachtungen zu den Rundfunkfrequenzen und optischen Wellen, die darauf schließen ließen, dass hier der von Seldowitsch und Nowikow angekündigte Fall vorlag: ein Stern, dem allmählich seine Hülle entzogen wird und der leicht eiert, während er von einem unsichtbaren, dichten Objekt mit einer Masse von über acht Sonnen angezogen wird. Hier war er: der erste Beweis eines Schwarzen Loches, noch nicht hundertprozentig sicher, aber höchst wahrscheinlich. Es war klein, stark und unsichtbar, strahlte aber dennoch Röntgenstrahlen aus.

Im Sommer 1972 organisierten Bryce und Cécile DeWitt in Les Houches, in den französischen Alpen, ein Seminar. Es nahmen die jungen, von Sciama, Wheeler und Seldowitsch geschulten Relativitätsforscher teil, die inzwischen die weltweit anerkannten Experten waren: Brandon Carter und Stephen Hawking aus Cambridge, Kip Thorne und sein Schüler James Bardeen sowie Remo Ruffini aus Caltech und Princeton und Igor Nowikow als Vertreter Moskaus. Sie waren die neuen Propheten der Schwarzen Löcher.

«Die Geschichte des unglaublichen Wandels der allgemeinen Relativität in kaum mehr als einem Jahrzehnt von einer stillen Nische der Forschung, mit der sich nur eine Handvoll Theoretiker befasste, zu einem Boom-Thema, das eine wachsende Zahl hochbegabter, junger Menschen anlockte, … ist inzwischen bekannt», schrieben die DeWitts im Vorwort zu den Protokollen des Seminars von Les Houches. «Kein Objekt oder Konzept versinnbildlicht besser den gegenwärtigen Stand der Entwicklung als die Schwarzen Löcher.»[32] Die Veranstaltung war der Höhepunkt eines Jahrzehnts phänomenaler Entdeckungen.

Einstein und Eddington hatten sich gewaltig geirrt. Selbst Wheeler hatte klein beigegeben und im Jahr 1967 akzeptiert, dass die Natur *keineswegs* vor den Singularitäten in der allgemeinen Relativität zurückschreckte. Schwarzschilds Lösung aus dem Jahr 1915 von den Schlachtfeldern an der Ostfront und Kerrs Lösung aus der Hitze eines texanischen Sommers waren real und existierten mit Sicherheit in der Natur. Sie waren die wahren Endpunkte des Gravitationskollapses. Sie wurden von der allgemeinen Relativität vorausgesagt, unweigerlich und ganz einfach, und sie vollbrachten wunderbare Dinge in der Natur: Mächtige Quasare entstanden und Sternen wurde ihre Hülle entzogen. Der Radiowellenhimmel gab immer wieder schmerzliche Einblicke frei, und das Chaos aus Röntgenstrahlen, das aufgedeckt wurde, schien auf kleine, dichte Objekte hinzudeuten. Bislang war keine Messung absolut zweifelsfrei bestätigt, aber die reale Existenz Schwarzer Löcher ließ sich nicht mehr leugnen. Es wurden bereits Wetten abgeschlossen, welche der verschiedenen, merkwürdigen Objekte, die am Himmel beobachtet wurden, in Wirklichkeit Schwarze Löcher waren. Sie waren schon fast Realität.

Die in Les Houches versammelte Gruppe hatte außerdem in den letzten Jahren erkannt, dass Schwarze Löcher, wenn es sie tatsächlich in der Natur gab, mathematisch ebenso simpel *sein mussten* wie Schwarzschilds und Kerrs Lösungen. Ezra («Ted») Newman von der Syracuse University hatte Kerrs Lösung zwar etwas erweitert, so dass sie auch elektrisch geladene Schwarze Löcher umfasste, doch die eigentliche Lösung der Theorie Einsteins mit Blick auf die Schwarzen Löcher konnte vollständig mit nur drei Zahlen umschrieben werden: Masse, Drehimpuls und Ladung des Objekts. Das war ein verblüffendes Ergebnis. Warum konnte ein Schwarzes Loch nicht, wie ein Berg auf der Erdoberfläche, auf einer Seite mehr Masse besitzen, welche durch weniger Masse auf der anderen Seite ausgeglichen wurde, wie es bei einem Tal der Fall ist? Man konnte sich sogar Schwarze Löcher vorstellen, bei denen Masse, Drehimpuls und Ladung identisch waren und die trotzdem völlig unterschiedlich aussahen und ihre eigenen, individuellen Merkmale besaßen. Doch die Mathematik bewies, dass diese Vorstellung falsch war, und zeigte eindeutig, dass derartige Komplikationen unter den Bedingungen der allgemeinen Relativität rasch verschwinden würden. Die Berge würden platt gemacht und die Täler aufgefüllt werden, und eingedrückte Regionen würden rasch wieder anschwellen. Schwarze Löcher mit gleicher Masse, gleichem Drehimpuls und gleicher Ladung würden rasch zu Ruhe kommen und *genau gleich* aussehen, absolut ununterscheidbar. Wheeler umschrieb dieses einheitliche Aussehen einmal mit den Worten: «Schwarze Löcher haben keine Haare»; der Beweis wurde unter dem Namen «Keine-Haare-Theorem» bekannt.

Die Konferenz zeigte, was möglich war, wenn sich große Geister großen Problemen widmeten. Martin Rees erinnert sich noch heute an jene Zeit: «Es gab drei Gruppen, die versuchten, die Schwarzen Löcher zu verstehen: Moskau, Cambridge und Princeton. Und ich hatte immer das Gefühl, dass unter allen eine geistesverwandte Atmosphäre herrschte.»[33] Tatsächlich brachten ausgerechnet in einer Zeit der extremen Isolation zwischen Ost und West die gemeinsamen Sitzungen die Wissenschaft weiter. Kip Thorne und Stephen Hawking statteten Seldowitsch in Moskau einen Besuch ab und verglichen ihre Notizen zu Akkretionsscheiben, Gravitationskollaps und Singularitäten. Ebenso wichtig waren die kurzen und schwierigen Reisen in den Westen, die sowjetische Physiker unternahmen. Etwa Nowikow, der sich später an seinen Besuch des Texas-Symposiums im Jahr 1967 erinnerte, das dieses Mal in New York stattfand: «Trotz unserer verzweifelten Bemühungen, möglichst viele Informationen zu sammeln und mit so vielen Kollegen wie möglich zu sprechen, waren wir gar nicht in der Lage, alles zu erfassen, was von Interesse war.»[34] Jahre später, in Les Houches, sollten Nowikow und Thorne gemeinsam einen Aufsatz über Akkretionsscheiben verfassen.

Innerhalb von zehn Jahren hatte sich Einsteins allgemeine Relativitätstheorie gewandelt. Das Texas-Symposium war zu einem regelmäßigen Treffen Hunderter Astrophysiker geworden, die sich inzwischen selbst zu den Relativitätsforschern zählten. Wie Roger Penrose sagte: «Ich sah, wie sich die Schwarzen Löcher von einem Teil der Mathematik zu etwas wandelten, an dessen Existenz die Menschen wirklich glaubten.»[35] Die Generation, die aus dem Goldenen Zeitalter der allgemeinen Relativitätstheorie hervorging, sollte mit renommierten Posten an führenden Universitäten belohnt werden. In Großbritannien erhielten Martin Rees und Stephen Hawking angesehene Lehrstühle in Cambridge, genau wie Roger Penrose in Oxford. In den Vereinigten Staaten fanden sich Wheelers Schüler im Lehrkörper der Caltech in

Maryland sowie einer Reihe anderer Spitzenuniversitäten wider, das Gleiche galt für Seldowitschs Anhänger in der Sowjetunion. Und das alles war der Lohn für ihre Arbeit an der allgemeinen Relativität. Es sah ganz so aus, als hätte Einsteins Theorie auf geradezu spektakuläre Weise endlich Einzug in den Mainstream der Physik gehalten.

Kapitel 9
Die Suche nach der einheitlichen Theorie

Bryce DeWitt traf im Jahr 1947, frisch nach seinem Examen, Wolfgang Pauli und erzählte ihm, dass er an der Quantisierung des Gravitationsfeldes arbeite. DeWitt wollte nicht in den Kopf, warum die beiden großen Theorien des 20. Jahrhunderts, die Quantenphysik und die allgemeine Relativität, so sehr auf Distanz blieben. «Was hat das Gravitationsfeld da zu suchen, in einer derartigen ‹splendid isolation›?», fragte er sich. «Was wäre, wenn man es einfach mit aller Gewalt dem Mainstream der theoretischen Physik anpassen und quantisieren würde?»[1] Pauli war von DeWitts Absichten nicht völlig überzeugt. Das sei ein sehr wichtiges Problem, sagte er zu ihm, aber es erfordere einen wirklich klugen Kopf.[2] Kein Mensch würde DeWitts erstaunliche Intelligenz anzweifeln, aber mehr als ein halbes Jahrhundert lang sollten alle seine Bemühungen um die allgemeine Relativität bemerkenswert fruchtlos bleiben.

Die allgemeine Relativitätstheorie war das einzige Gebiet der Physik, das sich nicht mit der Quantenphysik vereinbaren ließ. Der Aufstieg der Quantenmechanik nach dem Zweiten Weltkrieg brachte eine völlig neue und überzeugende Theorie hervor, die alle physikalischen Grundkräfte mit den Grundbestandteilen der Materie zu einem einfachen, kohärenten Ganzen vereinte – das heißt alle Kräfte bis auf die Gravitation. Albert Einstein und Arthur Eddington hatten jahrzehntelang vergeblich versucht, eine eigene einheitliche Theorie zu präsentieren. Quantentheorie war anders. Sie wurde mit verblüffender Präzision in riesigen Experimenten mit Teilchenbeschleunigern in Europa und den Vereinigten Staaten überprüft, eine Erfolgsstory, bei der wunderbare

Mathematik und konzeptionelle Brillanz mit echten, bodenständigen Messungen gepaart wurden.

Ungeachtet der großen Erfolge gab es einen Mann, der sich strikt weigerte, die neue Quantenphysik nach dem Krieg zu bejubeln. Paul Dirac hielt die Quantentheorie der Teilchen und Kräfte für eine Schande und ein Musterbeispiel der Schlamperei. Man führte einen simplen Taschenspielertrick vor und wich grundlegenden Problemen aus, indem man unendliche Zahlen auf magische Weise verschwinden ließ. Nach Diracs Überzeugung hielt genau diese Trickserei die Physiker davon ab, mit Hilfe der allgemeinen Relativität den ganzen Ruhm für die Vereinigung *aller* Kräfte zu erringen.

Paul Dirac wirkte unzugänglich, der große, schlanke Mann sagte in einer geselligen Runde kaum etwas. Und wenn er sprach, waren seine Worte fast schon *zu* präzise und treffsicher. Häufig wirkte er extrem schüchtern und zog es vor, allein zu arbeiten, ganz besessen von der mathematischen Schönheit, die nach seiner Überzeugung der Realität zugrunde lag. Seine Aufsätze waren Perlen der Mathematik mit weitreichenden Konsequenzen für die reale Welt. Ursprünglich hatte er in Bristol Elektrotechnik studiert, machte sich aber schon bald einen Namen als Prophet der neuen Quantenmechanik, als er Anfang zwanzig nach Cambridge wechselte. Er stieg rasch zum Dozenten am St. John's College in Cambridge auf und wurde kurz danach der Lucasische Professor für Mathematik, ein Lehrstuhl, den im 17. Jahrhundert Isaac Newton innegehabt hatte. Cambridge gewährte Dirac eine gesicherte Existenz, wo er sich zurückziehen, aber auch Generationen von Physikern beeinflussen konnte, darunter einige Astrophysiker und Relativitätsforscher, die in den 1960er Jahren die allgemeine Relativität wieder auffrischten. Fred Hoyle und Dennis Sciama hatten beide bei ihm promoviert, und Roger Penrose hatte sich seine Vorlesungen angehört und ihre Klarheit und Präzision bewundert.

Ironischerweise sollte Paul Diracs eigene grundlegende Gleichung zur Beschreibung des Elektrons – die sogenannte Dirac-Gleichung – den ersten Schritt in Richtung Vereinheitlichung tun, indem sie Einsteins Prinzip der speziellen Relativität und die Grundlagen der Quantenphysik miteinander vereint. Die Gleichungen für Quantenphysik sagen uns, wie sich der Quantenzustand eines Systems, etwa ein Elektron, das in einem Wasserstoffatom an ein Proton gebunden ist, im Laufe der Zeit entwickelt. Hier wird ganz klar zwischen Raum und Zeit unterschieden. Einsteins spezielle Relativität führt Raum und Zeit zu einem unteilbaren Ganzen zusammen, zur Raumzeit. Sie kombiniert ferner die Gesetze der Mechanik und die Gesetze des Lichts zu einem kohärenten Gerüst. Paul Dirac gelang es, die Gesetze der Quantenphysik in dasselbe Gerüst einzufügen. Mit Diracs Gleichung konnte sich die gesamte Physik, einschließlich der Quantenphysik, dem speziellen Prinzip der Relativität fügen.

Teilchen im Universum lassen sich in zwei Typen unterteilen: Fermionen und Bosonen. Als Faustregel sind die Teilchen, aus denen Materie besteht, meistens Fermionen, die Teilchen, die die Kräfte der Natur übertragen, hingegen Bosonen. Zu den Fermionen zählten die Bausteine der Atome wie Elektronen, Protonen und Neutronen. Wie wir bereits bei der Betrachtung der weißen Zwerge und Neutronensterne gesehen haben, haben diese Teilchen eine bizarre Quanteneigenschaft, die auf das Pauli-Prinzip zurückzuführen ist: Keine zwei Fermionen können den gleichen physischen Zustand einnehmen. Wenn man sie in den gleichen Raum zwängt, stoßen sie sich durch den Quantendruck gegenseitig ab. Fowler, Chandra und Landau haben mit Hilfe dieses Drucks erklärt, wie weiße Zwerge und Neutronensterne unterhalb ihrer kritischen Masse bleiben. Im Gegensatz zu den Fermionen gilt für Bosonen das Pauli-Prinzip nicht; sie lassen sich beliebig zusammenpressen. Ein Beispiel für ein Boson ist das Photon, der Träger der elektromagnetischen Kraft.

Die von Dirac aufgestellte Gleichung beschreibt zum einen das quantenphysische Verhalten eines Elektrons, also eines Fermions, entspricht aber zum anderen auch Einsteins spezieller Relativitätstheorie. Mit der Gleichung lässt sich die Wahrscheinlichkeit errechnen, ein Elektron an einer bestimmten Position im Raum oder mit einer bestimmten Geschwindigkeit anzutreffen. Statt den Raum separat zu behandeln, ist Diracs Gleichung einheitlich für die gesamte Raumzeit aufgestellt, wie es in der speziellen Relativität verlangt wird. Diracs Gleichung beinhaltet eine Fülle von Erkenntnissen und Informationen über die natürliche Welt und ihre Elementarteilchen. Zu seiner eigenen

Überraschung sagt die Gleichung auch die Existenz von Antiteilchen voraus. Ein Antiteilchen hat die gleiche Masse, aber die entgegengesetzte Ladung des zugehörigen Teilchens. Das Antiteilchen eines Elektrons wird Positron genannt. Es sieht genau wie ein Elektron aus, aber es ist positiv geladen, nicht negativ. Laut Diracs Gleichung müssen in der Natur sowohl Elektronen als auch Positronen vorkommen. Die Gleichung besagt außerdem, dass Paare von Elektronen und Positronen dem Vakuum entspringen können, im Grunde aus nichts geschaffen. Das war bizarr und kaum zu verstehen, insbesondere wenn man bedenkt, dass zu der Zeit, als Dirac seine Gleichung aufschrieb, noch kein Mensch jemals ein Positron gesehen hatte. Dirac hielt sich mit der These, dass Positronen wirklich existierten, auch zurück, bis sie im Jahr 1932 in kosmischer Strahlung entdeckt wurden. Ein Jahr später bekam Dirac den Nobelpreis.

Als Dirac seine Gleichung präsentierte, leitete er eine Revolution im Verständnis der Teilchen und Kräfte in der Natur ein. Wenn sich die Quantenphysik des Elektrons im selben Rahmen wie das elektromagnetische Feld beschreiben ließ – also im Einklang mit Einsteins speziellem Relativitätsprinzip –, warum konnte das elektromagnetische Feld selbst dann nicht genau wie das Elektron quantisiert werden? Statt lediglich Lichtwellen zu beschreiben, sollte das Prinzip naturgemäß auch Photonen beschreiben, die Quanten des Lichts, deren Existenz Einstein im Jahr 1905 postuliert hatte. Eine Quantentheorie der Elektronen *und* des Lichts, die sogenannte Quantenelektrodynamik oder kurz QED, war der nächste Schritt auf dem Weg zur Vereinheitlichung von Teilchen und Kräften. Die von Richard Feynman, Julian Schwinger und Sin-Itiro Tomonaga nach dem Zweiten Weltkrieg entwickelte Theorie markierte eine neue Möglichkeit, die Quantenphysik zu erforschen: Teilchen (Elektronen) und Kräfte (das elektromagnetische Feld) in einem kohärenten Ganzen zu quantisieren. Die QED war ein gewaltiger Fortschritt und gestattete es ihren Erfindern, die Eigenschaften der Elektronen und elektromagnetischen Felder mit einer bislang ungekannten Präzision vorherzusagen. Dafür bekamen sie den Nobelpreis.

Die QED bewährte sich zwar auf gerade sensationelle Weise, doch Paul Dirac betrachtete sie voller Abscheu. Denn wesentlicher Bestandteil des Erfolgs war eine Berechnungsmethode, die seinem tiefen Glauben an die Einfachheit und Eleganz der Mathematik zutiefst widersprach. Der Vorgang nannte sich Renormierung. Um zu verstehen, was mit Renormierung gemeint ist, müssen wir uns ansehen, wie Physiker mit Hilfe der QED die Masse eines Elektrons berechnen. Die Masse eines Elektrons ist in Laborversuchen perfekt gemessen worden und entspricht 9,1 Zehntel eines Milliardstels von einem Milliardstel eines Milliardstel Gramms – eine sehr winzige Zahl. Wendet man jedoch die Gleichungen der QED an, so gelangt man zu einem unendlichen Wert für die Elektronenmasse. Das liegt daran, dass die Quantenelektrodynamik die Schaffung und Zerstörung von Photonen und kurzlebigen Paaren aus Elektron und Positron – die Teilchen und Antiteilchen aus der Dirac-Gleichung – de facto aus nichts zulässt. Alle diese *virtuellen* Teilchen, die aus dem Vakuum entstehen, steigern die Eigenenergie und Masse des Elektrons drastisch, so dass es schließlich unendlich groß ist. Somit führt die QED, wenn sie unüberlegt angewandt wird, überall zu unendlichen Größen und gibt die falsche Antwort. Aber Feynman, Schwinger und Tomonaga argumentierten, dass wir, weil wir ja wissen, dass die Masse des Elektrons endlich ist, einfach das errechnete unendliche Ergebnis «renormieren» dürfen, indem wir es durch den bekannten, gemessenen Wert ersetzen.

Für den kritischen Beobachter klingt das so, als würden bei der Renormierung einfach unendliche Werte willkürlich durch endliche ersetzt. Paul Dirac erklärte sich «sehr unzufrieden mit der Situation». Er argumentierte: «Das ist einfach keine vernünftige Mathematik. Zu einer vernünftigen Mathematik gehört es, eine Größe zu vernachlässigen, wenn sie klein ist – und nicht sie zu vernachlässigen, weil sie unendlich und einfach nicht erwünscht ist!» Der Ansatz hatte etwas von einem Gehudel magischen Denkens, aber man musste anerkennen, dass er hervorragend funktionierte,

Die Quantenelektrodynamik war eine Etappe auf dem langen Weg zur Vereinheitlichung, aber in den Jahrzehnten von 1930 bis 1960 war deutlich geworden, dass es neben der elektromagnetischen Kraft und der Schwerkraft zwei weitere Grundkräfte der Physik gibt, die ebenfalls in das alles umfassende Gerüst integriert werden müssen. Die erste war die schwache Kraft, die in den 1930er Jahren von dem italienischen Physiker Enrico Fermi präsentiert wurde, um eine bestimmte Form der

Radioaktivität zu erklären, den sogenannten Betazerfall. Im Laufe des Betazerfalls wandelt sich ein Neutron zu einem Proton um und gibt dabei ein Elektron ab. Dieser Prozess lässt sich nicht mit Hilfe des Elektromagnetismus erklären; deshalb forderte Fermi eine neue Kraft, die eine derartige Umwandlung ermöglichte. Die neue Kraft wirkt allerdings nur auf sehr kurze Distanz, im Zwischenraum zwischen Atomkernen, und ist viel schwächer als die elektromagnetische Kraft – daher auch der Name. Die vierte Kraft, die sogenannte starke Kraft, hält Protonen und Neutronen zusammen, so dass sie den Kern bilden. Sie bindet auch die noch kleineren Teilchen, die sogenannten Quarks, aus denen Protonen, Neutronen und etliche andere Teilchen bestehen. Sie wirkt zwar ebenfalls nur auf sehr kurze Distanz, ist aber viel stärker als die schwache Kraft. Die große Herausforderung für die theoretischen Physiker war es nun – genau wie James Clerk Maxwell Mitte des 19. Jahrhunderts die elektrischen und magnetischen Kräfte zu einer einzigen elektromagnetischen Kraft zusammengeführt hatte –, eine einheitliche Methode zu präsentieren, um alle vier Grundkräfte zu beschreiben: die Schwerkraft, die elektromagnetische Kraft sowie die schwache und die starke Kernkraft.

Die ganzen 1950er und 1960er Jahre hindurch wurden die schwache und die starke Kernkraft systematisch unter die Lupe genommen. Als man sie besser verstand, kristallisierte sich allmählich eine mathematische Ähnlichkeit zwischen ihnen und der elektromagnetischen Kraft heraus, so dass die Existenz einer einheitlichen Kraft nahezuliegen schien, die sich je nach Situation als eine von drei verschiedenen Kräften äußert. Ende der 1960er Jahre regten Steven Weinberg vom MIT, Sheldon Glashow aus Harvard und Abdus Salam vom Imperial College in London einen neuen Ansatz an, zumindest zwei Kräfte, die elektromagnetische und die schwache, zur elektroschwachen Kraft oder Wechselwirkung zusammenzufassen. Die starke Kraft konnte noch nicht in den Mix eingebunden werden, schien aber den anderen Kräften so ähnlich zu sein, dass man gemeinhin davon ausging, es müsse möglich sein, eine sogenannte Grand Unified Theory zu präsentieren, welche die elektromagnetische, die schwache und die starke Kraft beschrieb. In den 1970er Jahren wurde gezeigt, dass die elektroschwache Theorie und die Theorie der starken Kraft genau wie die QED renormiert werden konnten.

Sämtliche unendlichen Größen, die sich bei ihren Berechnungen ergaben, ließen sich durch bekannte Werte ersetzen, so dass die Theorien außerordentlich gute Vorhersagen ermöglichten. Die Kombination der elektroschwachen und der starken Theorien wurde später unter der Bezeichnung «Standardmodell» bekannt und ergab exakte Vorhersagen, die in Laboren wie dem gigantischen Teilchenbeschleuniger im CERN in Genf bestätigt wurden. Diese fast völlig vereinheitlichte, aber überzeugende und Voraussagen ermöglichende Quantentheorie der drei Kräfte (elektromagnetisch, schwach und stark) wurde allgemein akzeptiert.

Allgemein, das heißt von allen außer Paul Dirac. Er war zwar beeindruckt von der jüngeren Generation, die das Standardmodell konstruiert hatte, und bewunderte einen Teil der mathematischen Formeln, die dabei zum Einsatz kamen, aber er verwies wiederholt ablehnend auf die unendlichen Größen und auf den in seinen Augen verächtlichen Trick der Renormierung. In den wenigen Vorlesungen, in denen er sich herabließ, das Standardmodell zu erwähnen, rügte er seine Kollegen, weil sie sich nicht mehr Mühe gegeben hatten, eine bessere Theorie ohne unendliche Größen zu finden. Gegen Ende seiner Lehrtätigkeit in Cambridge wurde Dirac immer stärker isoliert. Stur lehnte er die Entwicklungen in der Quantenphysik ab. Ungeachtet seiner Sehnsucht nach Privatsphäre fühlte er sich vom Rest der physikalischen Welt ignoriert. Die Physiker hatten allesamt die QED akzeptiert und betrachteten ihn als ein Relikt der Vergangenheit. Also zog er sich zurück, blieb in seinem Arbeitszimmer im St. John's College und mied die Fakultät, an der er die Professur innehatte. Er schenkte den großen Entdeckungen in der allgemeinen Relativität keine Beachtung, die von Dennis Sciama, Stephen Hawking, Martin Rees und ihren Mitarbeitern kamen. Wie sich ein Zeitgenosse in Cambridge noch erinnert: «Dirac, das war dieser Geist, den wir selten zu Gesicht bekamen und mit dem wir nie ein Wort wechselten.»[3] Im Jahr 1969 trat er von seinem Lehrstuhl zurück und zog nach Florida um, wo er eine Professur übernahm. In seinen letzten Jahren hätte es ihn nicht gewundert, wenn er noch erlebt hätte, wie sich die allgemeine Relativität weigerte, sich den Methoden der Renormierung zu beugen.

Bryce DeWitt hatte keine Ahnung, welche Probleme ihm sein Versuch bereiten würde, eine Quantentheorie der Schwerkraft zu präsentieren.

Während der Arbeit mit Julian Schwinger in Harvard hatte er die Geburt der QED selbst miterlebt. Als er beschloss, sich die Schwerkraft vorzunehmen, entschied er sich dafür, sie genau wie den Elektromagnetismus zu behandeln und die Erfolge der QED zu wiederholen. Es bestanden Ähnlichkeiten zwischen dem Elektromagnetismus und der Schwerkraft: Beide Kräfte konnten über lange Strecken wirken. Nach der QED ließ sich die Übertragung der elektromagnetischen Kraft als die Übertragung durch ein masseloses Teilchen, das Photon, beschreiben. Man kann sich Elektromagnetismus als ein Meer aus Photonen vorstellen, die sich zwischen geladenen Teilchen wie Elektronen und Protonen vor und zurück bewegen, sie je nach Ladung entweder abstoßen oder anziehen. DeWitt näherte sich auf eine analoge Weise einer Quantentheorie der Schwerkraft, indem er das Photon durch ein anderes masseloses Teilchen ersetzte, durch das Graviton. Diese Gravitonen sollten zwischen massehaltigen Teilchen hin und her springen und sie dabei zusammenziehen, so dass sich der Effekt einstellt, denn wir Gravitation nennen. Dieser Ansatz verzichtete auf all die wunderschönen Ideen der Geometrie. Die Gravitation wurde zwar weiterhin nach den Bedingungen der Gleichungen Einsteins beschrieben, aber DeWitt beschloss, sie sich einfach als eine weitere Kraft vorzustellen, und wandte sämtliche Methoden der QED an.

In den folgenden 20 Jahren versuchte DeWitt herauszufinden, wie man das Graviton mit Hilfe der Quantenphysik beschreiben kann, stellte allerdings fest, dass dies eine gewaltige Herausforderung war. Einmal mehr erwiesen sich Einsteins Feldgleichungen als so sperrig und eng miteinander verflochten, dass sie sich nicht ohne weiteres anwenden ließen. Er verfolgte die Fortschritte, die die Theorie der anderen Kräfte machte, und sah durchaus Parallelen bei den Schwierigkeiten, die sich einstellten. Aber während die Probleme bei der Vereinheitlichung der starken, schwachen und elektromagnetischen Kraft nach und nach zu verschwinden schienen, wehrte sich die allgemeine Relativität hartnäckig dagegen, in das gleiche Korsett aus Quantengesetzen gezwängt zu werden, das allem Anschein nach für die anderen drei Kräfte galt. Mit seinen Bemühungen war DeWitt keineswegs allein: Matwej Bronstein, Paul Dirac, Richard Feynman, Wolfgang Pauli und Werner Heisenberg hatten allesamt schon vor ihm den Versuch unternommen, das Graviton zu quantisieren. Steven Weinberg und Abdus Salam, die Architekten des erfolgreichen Modells der elektroschwachen Kraft, versuchten, die von ihnen entwickelten Methoden auf das Standardmodell anzuwenden, aber auch sie mussten feststellen, dass die Gravitation eine harte Nuss war.

Während DeWitt weiter verzweifelt versuchte, das Graviton in den Griff zu bekommen und zu quantisieren, erhielt er punktuell Schützenhilfe. John Wheeler ermutigte ihn und setzte auch seine Schüler auf das Thema an, und das galt auch für den pakistanischen Physiker Abdus Salam, für Dennis Sciama in Oxford und Stanley Deser in Boston. Aber im Großen und Ganzen fielen die Reaktionen auf die Forschungen zur Quantengravitation gemischt und häufig kühl aus. Michael Duff, ein ehemaliger Student von Salam, weiß noch gut, wie er seine Ergebnisse zur Quantengravitation auf einer Konferenz in Cargèse auf Korsika präsentierte und der Vortrag «mit Schmährufen bedacht» wurde.[4] Ein Student von Dennis Sciama namens Philip Candelas, der die Quanteneigenschaften von Feldern erforschte, die auf Raumzeiten mit verschiedenen Geometrien lagen, hörte, dass die Mitglieder der physikalischen Fakultät von Oxford murrten, er «befasse sich überhaupt nicht mit Physik».[5] Die Quantengravitation war noch zu sperrig im Vergleich zu der Arbeit an der Quantisierung der anderen Kräfte. Viele hielten sie immer noch für reine Zeitverschwendung.

Im Februar 1974 machte sich in Großbritannien Stagnation breit. Der Ölpreis war in die Höhe geschossen, eine Reihe unfähiger Regierungen hatte versucht, den Anstieg der Inflation zu stoppen, und das Land wurde von einem Arbeitskampf gelähmt. Immer wieder wurde die Arbeitswoche auf drei Tage abgekürzt, um Energie zu sparen, und die zeitweiligen Stromausfälle hatten zur Folge, dass die Familien abends bei Kerzenlicht beim Essen saßen. In diesen finsteren Tagen wurde eine Konferenz einberufen, um fast 25 Jahre nachdem sich DeWitt zum ersten Mal des Themas angenommen hatte, eine Bilanz der Versuche zu ziehen, die Gravitation zu quantisieren. Ungeachtet des trüben wirtschaftlichen Klimas herrschte beim Beginn des Oxford-Symposiums zur Quantengravitation Euphorie. Die Vorhersagen des Standardmodells der Teilchenphysik, die von Glashow, Weinberg und Salam entwickelt worden waren, wurden auf geradezu sensationelle Weise vom Teilchenbeschleuniger des CERN bestätigt. In Kürze würde mit Sicherheit auch die Quantengravitation folgen.

Aber als die Redner einer nach dem anderen ihre Lösungsvorschläge und Ideen präsentierten, hatte es den Anschein, als ob selbst die erfolgverprechendsten und populärsten Wege zur Quantisierung der Schwerkraft stets durch das gleiche Problem zunichtegemacht würden. Die Organisatoren erklärten verärgert in Anlehnung an Wolfgang Pauli: «Was Gott getrennt hat, soll der Mensch nicht verbinden.»[6] Das Problem war, dass die allgemeine Relativität nicht mit der QED und dem Standardmodell vergleichbar war. Bei der QED und dem Standardmodell war es stets möglich, sämtliche Massen und Ladungen der Elementarteilchen zu renormieren und so die unendlichen Größen, die sich bei der Berechnung ergaben, loszuwerden, um ein vernünftiges Ergebnis zu erhalten. Aber wenn die gleichen Tricks und Methoden auf die allgemeine Relativität angewandt wurden, fiel das ganze Modell auseinander. Es stellten sich weiterhin unendliche Größen ein, die sich beim besten Willen nicht renormieren ließen. Lagerte man sie in einen anderen Teil der Theorie aus, dann traten sie eben an anderer Stelle in Erscheinung, und eine Renormierung der ganzen Theorie in einem Schwung erwies sich als unmöglich. Die Schwerkraft, wie sie von der allgemeinen Relativität beschrieben wird, schien viel zu komplex und andersartig zu sein, um sie ähnlich wie die anderen Kräfte neu zu verpacken und zu formulieren. Auf dem Symposium sagte Mike Duff zum Abschluss seines Vortrags mit einer dunklen Vorahnung: «Es hat den Anschein, als ständen die Chancen schlecht, und nur ein Wunder könnte uns vor der Unrenormierbarkeit bewahren.»[7]

Die Quantengravitation war in eine Sackgasse geraten; es wollte einfach nicht gelingen, die allgemeine Relativität mit den anderen Kräften zu einem einheitlichen Bild zusammenzufassen. In einem Beitrag der Zeitschrift *Nature* über das Symposium hieß es missmutig: «Die Präsentation der technischen Ergebnisse von M. Duff dienten lediglich als Bestätigung der außerordentlichen Bemühungen, die notwendig sein werden, um selbst kleine Fortschritte zu erzielen.»[8] Dieses Scheitern war umso bitterer, als in der relativistischen Astrophysik, bei den Schwarzen Löchern und der Kosmologie in den jüngsten Jahren so große Erfolge gelungen waren, ganz zu schweigen von dem spektakulären Fortschritt beim Standardmodell der Teilchenphysik.

Das Symposium in Oxford wirkte wie das Eingeständnis einer Niederlage, bis auf einen erstaunlichen Vortrag des Cambridger Physikers Stephen Hawking über Schwarze Löcher und Quantenphysik. In seinem Redebeitrag zeigte Hawking, dass ein heller Fleck existierte, an dem Quantenphysik und allgemeine Relativität miteinander in Einklang gebracht werden konnten. Darüber hinaus behauptete er, dass er beweisen könne, dass Schwarze Löcher in Wirklichkeit nicht schwarz seien, sondern mit einem unvorstellbar schwachen Licht scheinen würden. Das war eine völlig ausgefallene These, welche die Quantengravitation in den folgenden vier Jahrzehnten verändern sollte.

Anfang der 1970er Jahre war Stephen Hawking eine feste Größe in Cambridge und forschte in der Abteilung für angewandte Mathematik und theoretische Physik, oder englisch abgekürzt: DAMTP. Mit seinen nur 30 Jahren hatte er sich bereits einen Namen in der Forschung zur allgemeinen Relativität gemacht. Der Schüler von Dennis Sciama hatte gemeinsam mit Roger Penrose nachgewiesen, dass am Anfang der Zeit zwangsläufig Singularitäten existiert hatten. Inzwischen hatte er sich den Schwarzen Löchern zugewandt und gemeinsam mit Brandon Carter und Werner Israel unzweifelhaft bewiesen, dass Schwarze Löcher keine Haare haben: Jede Erinnerung daran, wie sie entstanden, geht verloren, und Schwarze Löcher mit der gleichen Masse, Drehimpuls und Ladung sehen alle exakt gleich aus. Außerdem war er zu einer faszinierenden Erkenntnis mit Blick auf die Größe der Schwarzen Löcher gelangt. Wenn man zwei Löcher miteinander verschmolz, dann muss, wie er herausfand, die Fläche der Schwarzschild-Oberfläche oder des Ereignishorizonts auf jeden Fall größer oder gleich sein der Summe der Flächen der ursprünglichen Schwarzen Löcher. In der Praxis hieß das, wenn man die Gesamtfläche Schwarzer Löcher vor und nach einem *beliebigen* physikalischen Ereignis zusammenzählte, so nahm sie *immer* zu.

Hawking bewältigte diese ganze Forschungsarbeit, während die Krankheit ALS in seinem Körper immer weiter voranschritt. Ende der Sechzigerjahre lief er mit einem Gehstock durch die Korridore im DAMTP und lehnte sich gegen die Wand, um sich abzustützen, aber langsam und unaufhaltsam verlor er die Fähigkeit, sich eigenständig fortzubewegen. Als seine Fähigkeit, zu zeichnen und zu schreiben – unverzichtbare Werkzeuge im Arsenal eines theoretischen Physikers –, schwand, entwickelte er eine eindrucksvolle Fähigkeit, Dinge ausgiebig zu durchdenken. Das gestattete es ihm, schwierige Fragen in der allgemeinen Relativität und Quantentheorie zu lösen.

Man könnte sagen, Hawkings großartige Entdeckung sei von seinem Ärger über ein Ergebnis angespornt worden, das ein junger israelischer Doktorand John Wheelers namens Jacob Bekenstein vorgelegt hatte. Bekenstein wollte Schwarze Löcher mit dem zweiten Gesetz der Thermodynamik in Einklang bringen. Zu diesem Zweck zog er ein Forschungsergebnis Hawkings heran und präsentierte eine in dessen Augen völlig lächerliche These zu den Schwarzen Löchern. Für Hawking war die These viel zu spekulativ und schlicht falsch.

Um Bekensteins These zu verstehen, ist ein kleiner Exkurs in die Thermodynamik erforderlich, den Zweig der Physik, der Hitze, Arbeit und Energie erforscht. Das zweite Gesetz der Thermodynamik (von insgesamt vier) besagt, die Entropie oder das Ausmaß der Unordnung in einem System wird sich immer erhöhen. Nehmen wir dazu das klassische Beispiel eines einfachen thermodynamischen Systems: eine Kiste, die Gasmoleküle enthält. Solange die Moleküle in Ruhe sind und alle in einer Ecke liegen, hat das System eine geringe Entropie – es herrscht sehr wenig Unordnung. Es besteht auch nicht die Möglichkeit, dass die ruhenden Teilchen mit den Wänden zusammenstoßen und sich so erhitzen, folglich hat das System eine niedrige Temperatur. Stellen Sie sich jetzt vor, dass die Moleküle in Bewegung kommen. Sie treiben frei durch die Kiste und breiten sich willkürlich aus, das System wechselt in einen Zustand hoher Entropie. Das heißt, die Verteilung der Moleküle innerhalb der Kiste wird stärker gestört. Während die Moleküle sich bewegen, prallen sie gegen die Wände und übertragen einen Teil ihrer Energie auf sie, erhitzen sie und erhöhen ihre Temperatur. Je schneller sich die Moleküle bewegen, desto schneller werden sie ganz zufällig geordnet und desto schneller steigt die Entropie, bis sie ihren Höhepunkt erreicht. Genau genommen, je schneller sich die Moleküle bewegen, desto unwahrscheinlicher ist, dass sie sich alle zu einem friedlichen, geordneten Zustand geringer Entropie verbinden. Aber nicht nur das: Schnellere Moleküle übertragen darüber hinaus mehr Wärme auf die Wände der Kiste und erhöhen so die Temperatur des Systems zusätzlich. Das zeigt zwei Dinge: Die Kiste neigt zu einem Zustand hoher

Entropie, wie es das zweite Gesetz der Thermodynamik fordert, und mit der Entropie erhöht sich die Temperatur.

Bekenstein wollte das Paradox lösen, was passieren würde, wenn man eine Kiste voller Materie in ein Schwarzes Loch schleuderte. Der Inhalt der Kiste war beliebig: Enzyklopädien, Wasserstoff, ein Eisenklumpen. Um die Sache nicht zu verkomplizieren, nehmen wir einfach die Kiste mit Gas. Die Kiste wird in dem Loch verschwinden, und unmittelbar danach wird das «Keine-Haare-Theorem» eintreten. Nach dem Ereignis gibt es keine Möglichkeit herauszufinden, was ursprünglich in das Loch gefallen ist. Sämtliche Informationen über die Kiste gehen verloren. Aber wenn dem so ist, dann ist auch das ganze Chaos aus Gas in der Kiste – die gesamte Entropie – verschwunden, und die Entropie des Universums insgesamt hat sich verringert. Schwarze Löcher verstoßen allem Anschein nach gegen das zweite Gesetz der Thermodynamik.

Der Weg, den Bekenstein fand, um das zweite Gesetz der Thermodynamik zu retten, bestand darin, dass er Hawkings Ergebnis anwandte. Wenn man Materie in ein Schwarzes Loch schleudert, wird die Fläche des Ergebnishorizonts niemals abnehmen, sie bleibt entweder gleich oder vergrößert sich. Und deshalb gelangte Bekenstein zu der Schlussfolgerung, dass Schwarze Löcher, folgt man dem Gesetz der Thermodynamik, eine Entropie haben müssen, die in einem direkten Verhältnis zur Oberfläche des Ereignishorizonts steht. Die Erhöhung der Fläche des Schwarzen Loches werde den Verlust an Unordnung, die in den Ereignishorizont eingesaugt worden war, mehr als kompensieren, und die Entropie des gesamten Universums könne niemals abnehmen. Als Bekenstein jedoch seinen Lösungsvorschlag für das Paradox bis zur letzten Konsequenz durchspielte, gelangte er zu einem bizarren Ergebnis: Wenn ein Schwarzes Loch eine Entropie hat, müsste es, genau wie die Kiste mit Gasmolekülen, eine Temperatur haben. Sogar Bekenstein hatte das Gefühl, dass er zu weit ging, und schrieb in seinem Aufsatz: «Wir betonen, dass man keinesfalls T als die Temperatur des Schwarzen Lochs ansehen dürfe; eine derartige Identifizierung kann leicht zu allen möglichen Paradoxen führen und ist folglich nicht hilfreich.»[9]

Ungeachtet der Einschränkungen Bekensteins ärgerte sich Hawking über diese These. Laut den Gesetzen der Thermodynamik gab es keine

Möglichkeit, die Entropie eines Schwarzen Loches zu erhöhen, ohne dass es gleichzeitig in irgendeiner Form Wärme abstrahlte. Das ging Hawking zu weit. In seinen Augen lag es auf der Hand, dass Schwarze Löcher einfach schwarz waren: Es konnte etwas in die Löcher hineinfallen, aber es konnte definitiv nichts herauskommen. Die Tatsache, dass die Gesamtfläche der Schwarzen Löcher nicht abnehmen konnte, wie er selbst nachgewiesen hatte, könnte bereits den Eindruck einer Entropie erwecken, aber es war keine *echte* Entropie – der Begriff Entropie diente lediglich als hilfreiche Analogie, um das Verhalten zu erklären.

Allerdings sprach manches dafür, dass Bekenstein möglicherweise recht hatte und Hawking sich irrte. Roger Penrose etwa fand im Jahr 1969 heraus, dass ein sich drehendes Schwarzes Loch, das von Kerrs Lösungsansatz beschrieben wird, Energie abgeben kann. Man stelle sich ein Teilchen vor, das sich annähernd mit Lichtgeschwindigkeit bewegt, wenn es in die Umlaufbahn eines Schwarzen Loches nach Kerr gerät. Zerfällt es in zwei Teilchen, wird eines davon in den Ereignishorizont eingesaugt werden, das übrige Teilchen hingegen wird beschleunigt und mit mehr Energie ausgeworfen, als geschluckt wurde, so dass die Gesamtenergie des Systems und des Universums gleich bleibt. Über diesen seltsamen Vorgang, die sogenannte Penrose-Superradianz, geben Schwarze Löcher de facto Energie ab, als würden sie auf eine seltsame Weise strahlen. Doch es kursierten noch andere Theorien. Im Jahr 1973 besuchte Stephen Hawking Jakow Seldowitsch und dessen jungen Kollegen Alexei Starobinski und erfuhr, dass sie herausgefunden hatten, was mit einem Schwarzen Loch nach Kerr passieren würde: Es würde das Quantenvakuum, das es umgab, aufsaugen und mit Hilfe dieser Energie selbst Energie abgeben und tatsächlich strahlen.

Hawking beschloss, mit Hilfe der Quantenphysik über Teilchen nachzudenken, die in der Nähe des Ereignishorizontes eines Schwarzen Lochs lagen, wo seltsame Dinge passieren konnten. Was er herausfand, war in der Tat merkwürdig. In der Quantenphysik ist es möglich, dass sich aus dem Vakuum Paare von Teilchen und Antiteilchen bilden. Unter normalen Umständen werden diese Teilchen erzeugt, kollidieren ebenso, wie sie entstanden, und werden vernichtet, so dass sie restlos verschwinden. Aber in der Nähe des Ereignishorizonts war, wie Hawking erkannte, die Lage völlig anders: Einige Antiteilchen werden in das Schwarze Loch gesaugt, während die Teilchen bleiben. Dieser Vorgang wiederholt sich ständig, und während die Antiteilchen eingesaugt werden, wird das Schwarze Loch langsam und unweigerlich einen Strom energiehaltiger Teilchen aussenden. Hawking erforschte genauer, was passieren würde, wenn die Teilchen wie Photonen keine Masse hätten. Und er kam zu dem Ergebnis, dass das Schwarze Loch, aus der Ferne betrachtet, mit einer unglaublich schwachen Helligkeit strahlen würde, vergleichbar mit einem blassen Stern. Und genau wie bei einem Stern, beispielsweise unserer Sonne, wäre es möglich, ihm eine Temperatur zuzuweisen. Indem wir das Licht, das unsere Sonne abstrahlt, betrachten, können wir eine Oberflächentemperatur von etwa 6000 Grad Kelvin messen. Mit anderen Worten, ausgerechnet über die Gesetze der *Quantenphysik* hatte Hawking erkannt, dass die von der allgemeinen Relativitätstheorie postulierten Schwarzen Löcher Licht abgaben und eine Temperatur hatten.

Das war ein bemerkenswert klares und eindeutiges mathematisches Ergebnis mit weitreichenden Konsequenzen. Hawking gelang mit seiner Berechnung der Nachweis, dass die Temperatur, mit der Schwarze Löcher strahlen, umgekehrt proportional zu ihrer Masse ist. Beispielsweise hätte nach der Gleichung ein Schwarzes Loch mit der Masse der Sonne eine Temperatur von einem milliardstel Kelvin, ein Schwarzes Loch mit der Masse des Mondes hingegen eine Temperatur von etwa 6 Grad Kelvin. Während das Schwarze Loch strahlt, verliert es einen Teil seiner Masse. Dieser Prozess vollzieht sich unvorstellbar langsam. Ein Schwarzes Loch mit der Masse der Sonne würde eine unglaublich lange Zeit brauchen, bis es seine gesamte Masse verliert oder «verdampfen» würde, wie Hawking selbst dazu sagte.[10] Erheblich kleinere Schwarze Löcher würden allerdings schneller verdampfen. So würde etwa ein Schwarzes Loch mit einer Masse von etwa einer Billion Kilogramm (aus astrophysikalischer Sicht ein kleines Exemplar) innerhalb der Dauer des Universums verdampfen und in seiner letzten Zehntelsekunde explosionsartig eine Unmenge an Energie freisetzen. Nach Hawkings Beschreibung wäre es «eine relativ kleine Explosion nach astronomischem Standard, aber sie würde dem Äquivalent von etwa einer Million Wasserstoffbomben mit einer Energie von jeweils einer Megatonne entsprechen».

Hawking nannte den Aufsatz, der schließlich in der Zeitschrift *Nature* erschien, «Explosionen schwarzer Löcher?».[11]

Als Stephen Hawking auf dem Symposium in Oxford seinen Vortrag hielt, saß er in einem Rollstuhl vor dem Publikum. Er hatte bahnbrechende Dinge zu sagen, sprach klar und verständlich und erklärte den Zuhörern seine Berechnungen. Als er zum Ende kam, herrschte im Saal fast völlige Stille. Philip Candelas, damals ein Student von Dennis Sciama, erinnert sich noch: «Die Leute behandelten Hawking mit großem Respekt, aber niemand verstand wirklich, was er sagte.»[12] Und Hawking selbst erinnerte sich später: «Mir schlug allgemeine Ungläubigkeit entgegen … der Vorsitzende der Sitzung … behauptete, das sei alles Unfug.»[13] In der Besprechung des Oxforder Symposiums in *Nature* wurde zwar eingeräumt, dass «die Hauptattraktion der Konferenz ein Vortrag des unermüdlichen S. Hawking war», aber der Autor hatte seine Zweifel wegen der Vorhersage explodierender Schwarzer Löcher und kommentierte: «So aufregend diese Aussicht sein mag, ist doch kein vernünftiger, physikalischer Mechanismus zu erkennen, der einen so dramatischen Effekt auslösen würde.»[14]

Es sollte einige Zeit dauern, bis sich Hawkings Entdeckung durchsetzte, aber einige erkannten sofort die Bedeutung seiner Arbeit. Dennis Sciama bezeichnete Hawkings Aufsatz als «einen der wunderbarsten in der Geschichte der Physik» und beauftragte prompt einige Studenten damit, diese Studien fortzusetzen.[15] John Wheeler nannte Hawkings Ergebnisse «ein Bonbon, das einem auf der Zunge zergeht».[16] Bryce DeWitt machte sich daran, Hawkings Ergebnisse auf seine Weise herzuleiten, und schrieb eine Besprechung, die eine ganz neue Gruppe von Wissenschaftlern überzeugte.

Hawkings Berechnung der Strahlung hatte mit Quantengravitation nichts zu tun. Es ging nicht um die Quantisierung des Gravitationsfeldes, indem die Gesetze und Prozesse erforscht wurden, denen Gravitonen unterworfen waren, wie DeWitt und so viele andere es bislang vergeblich versucht hatten. Aber Hawking kombinierte mit dem Ansatz erfolgreich die Quantenphysik mit der allgemeinen Relativität und erhielt ein bemerkenswert konkretes Ergebnis, etwas, auf das sich die Quantengravitation, falls sie jemals verwirklicht werden sollte, womöglich berufen und das sie näher erklären konnte. So weckte in den folgenden Jahren die Strahlung der Schwarzen Löcher neue Hoffnung, die unmögliche Aufgabe einer Quantisierung der Gravitation zu lösen. Hawking lehrte seine Ansichten zur Quantisierung dezidiert nicht nur von Objekten innerhalb der Raumzeit, sondern auch von der Raumzeit selbst. Er bildete eine neue Gruppe Studenten für die Arbeit an dieser Forschungsrichtung aus. Zehn Jahre nachdem Paul Dirac von der Lucasischen Professur am DAMTP zurückgetreten war, wurde Stephen Hawking auf den Lehrstuhl berufen, eine Stelle, die er 25 Jahre lang innehaben sollte.

Als ein junger Student einmal John Wheeler fragte, wie er sich am besten auf die Forschung an der Quantengravitation vorbereiten könne – ob es besser sei, ein Experte der allgemeinen Relativität oder der Quantenphysik zu werden –, erwiderte dieser, es sei vermutlich besser, wenn der Student an etwas völlig anderem arbeiten würde. Das war ein weiser Ratschlag. Weiterhin vereitelten hartnäckig auftretende unendliche Größen jeden Versuch, die allgemeine Relativität zu quantisieren, und es sah so aus, als sei jede Anstrengung, die Quantengravitation zu finden, zum Scheitern verurteilt.

Doch es traf auch zu, wie Hawking mit seinem sensationellen Ergebnis gezeigt hatte, dass unerwartete Dinge passierten, sobald die allgemeine Relativität und die Quantenphysik aufeinandertrafen. Schwarze Löcher hatten eine Entropie und strahlten Wärme ab, was der Vorstellung widersprach, die Relativitätsforscher von Schwarzen Löchern hatten, dass sie nämlich schwarz wären. Aber Bekensteins und Hawkings Berechnung warf darüber hinaus ein neues Licht auf die Quantenphysik, der durch die allgemeine Relativität Merkwürdiges widerfuhr. In einem gewöhnlichen 08/15-System wie einer Kiste mit Gas hängt Entropie mit Volumen zusammen. Je mehr Volumen ein Objekt hat, desto mehr Möglichkeiten gibt es, Dinge zufällig anzuordnen und Unordnung zu schaffen, das Kennzeichen einer Entropie. Die gesamte Zufälligkeit, diese Unordnung ist *in* der Kiste enthalten. Das direkte Verhältnis zwischen Entropie und Volumen ist fester Bestandteil der Thermodynamik laut Lehrbuch. Bekenstein und Hawking fanden jedoch, wie wir gesehen haben, heraus, dass die Entropie des Schwarzen Lochs in Relation zur Größe seiner Oberfläche steht, nicht zum Volumen, das es im Raum einnimmt. Das ist ungefähr das Gleiche, als würde unsere Kiste voller Gasteilchen die Entropie in den Wänden der Kiste statt in den willkürlichen Bewegungen der Gasteilchen im Innern verwahren. Wie speichern wir die Entropie der Oberfläche eines Schwarzen Lochs, das, wie wir wissen, einfach gestrickt ist und keine Haare hat und einfach nur unablässig über die Hawking-Strahlung Licht abgibt?

In ihrer Unergründlichkeit und Widerborstigkeit war die Quantengravitation mittlerweile zur ultimativen Herausforderung für begabte junge Physiker geworden. Aber während sich die Quantengravitation, wie die folgenden Jahrzehnte zeigen sollten, in eine Arena der Ideen verwandelte, war parallel dazu ein weiterer Kampf auf dem Feld der allgemeinen Relativität im Gang. Statt Gedankenexperimente und raffinierte Mathematik waren in diese Auseinandersetzung Instrumente und Detektoren verwickelt, mit denen der Versuch unternommen wurde, im Gefüge der Raumzeit schwer fassbare Wellen zu messen, die von aufeinanderprallenden Schwarzen Löchern ausgestrahlt wurden.

Kapitel 10

Die Schwerkraft sehen

Joseph Weber wurde einst als der erste Beobachter der Gravitationswellen gerühmt. Er begründete das Forschungsgebiet der Gravitationswellenexperimente fast im Alleingang. Ende der 1960er und Anfang der 1970er Jahre wurden Webers Ergebnisse als große Errungenschaften für die Relativitätsforschung gefeiert. Aber im Jahr 1991 war er bereits wieder auf dem Boden der Tatsachen angekommen. In einem Zeitungsinterview sagte er: «Wir sind die Nummer eins auf dem Gebiet, aber ich habe seit 1987 keine Mittel mehr erhalten.»[1]

Auf den ersten Blick erscheint Joe Webers Situation extrem unfair. Auf dem Höhepunkt seiner Karriere wurden auf allen wichtigen Konferenzen zur allgemeinen Relativität neben Neutronensternen, Quasaren, dem heißen Urknall und strahlenden Schwarzen Löchern seine Ergebnisse diskutiert. Sie waren das Thema unzähliger Aufsätze, die versuchten, sie zu erklären. Weber war ein sicherer Kandidat für den Nobelpreis. Und dann wurde er, genauso schnell, wie er zu einer prominenten Person aufgestiegen war, in akademisches Hinterland abgeschoben. Von seinen Kollegen gemieden, von Leistungsträgern abgewiesen und außerstande, in einer Fachzeitschrift zu veröffentlichen, war Weber zu einem langen und einsamen Tod als Wissenschaftler verurteilt, eine seltsame und peinliche Fußnote in der Geschichte der allgemeinen Relativität. Manche würden sogar sagen, dass die wahre Suche nach Gravitationswellen erst mit Webers Sturz anfing.

Gravitationswellen sind für die Schwerkraft das, was elektromagnetische Wellen für die Elektrizität und den Magnetismus sind. Als James

Clerk Maxwell bewies, dass Elektrizität und Magnetismus zu einem übergreifenden theoretischen Konzept, dem Elektromagnetismus, vereint werden können, schuf er die Grundlage für den Nachweis von Heinrich Hertz, dass es elektromagnetische Wellen gab, die mit unterschiedlichen Frequenzen oszillieren. Im sichtbaren Frequenzbereich entsprachen diese Wellen dem Licht, für dessen Aufnahme und Interpretation unsere Augen so gut ausgestattet sind. Die längeren Frequenzen wiederum waren Rundfunkwellen, die unsere Rundfunkempfänger bombardieren, drahtlos Informationen an und von unseren Laptops übermitteln und es uns gestatten, die extrem energiereiche Quasare in den fernen Regionen des Universums aufzuspüren.

Wenige Monate nach der Präsentation der allgemeinen Relativität hatte Albert Einstein nachgewiesen, dass die Raumzeit, nach seiner neuen Theorie, genau wie der Elektromagnetismus Wellen enthalten müsste. Laut Theorie waren die Wellen Störungen in Raum und Zeit selbst. Raumzeit funktioniert ganz ähnlich wie ein Teich: Wirft man ein Steinchen hinein, sendet er Wellen aus, die sich zum Rand hin ausbreiten. Wie die elektromagnetischen Wellen und die Wasserwellen in einem Teich können auch Gravitationswellen Energie von einem Ort zu einem anderen transportieren.

Im Gegensatz zu den elektromagnetischen Wellen hat es sich jedoch als unvorstellbar schwierig erwiesen, Gravitationswellen aufzuspüren. Sie sind völlig ungeeignet dafür, einem gravitierenden System Energie zu entziehen. Während die Erde die Sonne in einem Abstand von 150 Millionen Kilometer umkreist, verliert sie allmählich über Gravitationswellen Energie und nähert sich der Sonne an, aber die Entfernung zwischen der Erde und der Sonne schrumpft nur minimal, täglich ungefähr so viel wie der Durchmesser eines Protons. Das heißt, dass sich die Erde während ihrer gesamten Existenz der Sonne lediglich um einen *Millimeter* nähern wird. Selbst wenn ein Objekt groß genug ist, um große Mengen an Gravitationswellen zu erzeugen, sind diese Wellen nur ein ganz schwaches Flüstern, wenn sie sich durch die Raumzeit ausbreiten. Die Raumzeit wiederum gleicht weniger einem Teich, sondern eher einer unglaublich dichten Schicht aus Stahl, die selbst bei den härtesten Stößen kaum merklich zittert.

Die Gravitationswellen bereiteten den Physikern hauptsächlich Probleme. Fast ein halbes Jahrhundert lang, seit Einstein ihre Existenz postuliert hatte, weigerten sich viele zu glauben, dass es sie wirklich gibt. Sie wurden als eine weitere mathematische Absonderlichkeit angesehen, die mit einem tieferen Verständnis von Einsteins allgemeiner Relativitätstheorie bestimmt ausgeräumt werden könnte. Arthur Eddington etwa lehnte die Existenz von Gravitationswellen entschieden ab. Nachdem er Einsteins Berechnung, wie Gravitationswellen in der allgemeinen Relativität in Erscheinung treten, wiederholt hatte, argumentierte Eddington, dass sie lediglich ein Kunstprodukt seien, das davon abhänge, wie man Raum und Zeit beschreibe. Sie entstünden wegen eines Fehlers, einer Zweideutigkeit bei der Bezeichnung von Raum und Zeit, und könnten völlig vernachlässigt werden. Diese Wellen seien keine echten Wellen. Eddington verwarf die Gravitationswellen; im Gegensatz zu den elektromagnetischen Wellen würden sie nicht mit Lichtgeschwindigkeit reisen, wie er sagte, sondern mit «Gedankengeschwindigkeit».[2] Nach einer überraschenden Kehrtwende gelangte Einstein selbst zu dem Schluss, dass er sich bei seiner ursprünglichen Berechnung geirrt hatte, und reichte im Jahr 1936 gemeinsam mit seinem jungen Assistenten Nathan Rosen einen Beitrag bei der *Physical Review* ein, in dem sie argumentierten, dass Gravitationswellen schlichtweg nicht existieren könnten.

Hermann Bondi plädierte auf der Konferenz in Chapel Hill 1957 sehr überzeugend für die Existenz von Gravitationswellen. Bondi, der damals eine Gruppe Relativitätsforscher am King's College in London anführte, präsentierte ein ganz simples Gedankenexperiment: Man nehme einen Stab und schiebe ihn durch zwei Ringe, zwischen denen ein kleiner Abstand liegt. Die Ringe sollen so stark zusammengezogen werden, dass sie sich gerade noch bewegen lassen, aber am Stab selbst reiben. Wenn eine Gravitationswelle durchläuft, wird sie sich kaum auf den Stab selbst auswirken. Der Stab ist zu steif, um irgendetwas zu spüren. Aber die Ringe werden an dem Stab hoch- und runtergeschoben, wie Bojen auf dem Meer, die von den Wellen hin und her geworfen werden. Sie bewegen sich vor und zurück, kommen enger zusammen und treiben wieder auseinander, während die Welle hindurchgeht. Und dabei werden sie an dem Stab reiben und ihn erwärmen, ihm also Energie zuführen. In Anbetracht der Tatsache, dass diese Energie nur von den Gravitationswellen stammen kann, müssen diese demnach Energie transportieren. Bondis Argument war einfach und einleuchtend. Richard Feynman, der ebenfalls an der Konferenz teilnahm, präsentierte eine ganz ähnliche Argumentation, und die Mehrheit der Teilnehmer war überzeugt. Gravitationswellen waren irgendwo da draußen und warteten darauf, dass jemand sie entdeckte. Joe Weber war ebenfalls in Chapel Hill gewesen und hatte gebannt die Diskussionen verfolgt. Bondi, Feynman und alle anderen Teilnehmer mochten herumsitzen und über die Realität von Gravitationswellen diskutieren, aber er wollte sich aufmachen und wirklich nach ihnen suchen.[3]

Weber war genau der Typ Mensch, der versuchte, das Unmögliche möglich zu machen. Der leidenschaftliche Tüftler hatte schon als Teenager gelernt, Radios zu reparieren, und sich damit etwas dazuverdient. Als einfallsreicher Visionär, der unablässig die Technologie über die Machbarkeitsgrenze hinaustrieb, entwarf und konstruierte er Experimente mit ganz wenigen Ressourcen und lotete anschließend mit ihrer Hilfe die äußersten Grenzen der physikalischen Welt aus. Sein Elan wirkte sich auf jeden Aspekt seines Lebens aus; jeden Morgen lief er gut fünf Kilometer und absolvierte bis spät in die Siebziger einen vollen Arbeitstag.

Weber hatte an der Marineakademie der US Navy eine Ausbildung zum Elektroingenieur abgeschlossen und im Zweiten Weltkrieg ein Schiff kommandiert. Aufgrund seiner elektronischen Kenntnisse sowie auf dem Gebiet der Rundfunkwellen wurde er aufgefordert, die elektronischen Abwehrmaßnahmen der Navy zu leiten. Nach dem Krieg wurde er Professor für Elektrotechnik an der University of Maryland, wo er beschloss, das Forschungsgebiet zu wechseln und Physik zu studieren.

Mitte der 1950er Jahre wurde Webers Interesse für die Gravitation geweckt. John Wheeler hatte sich angeboten und Weber angespornt, ins kalte Wasser zu springen, und ihm eine einjährige Stelle in Europa verschafft, damit er über die neue Herausforderung der allgemeinen Relativität nachdenken konnte. Als Weber zurückkehrte, war er bereit, sich an Entwurf und Bau eines Instruments zu machen. Während er sich immer mehr in die Aufgabe vertiefte, Gravitationswellen aufzuzeichnen, skizzierte er verschiedene Optionen, füllte ganze Hefte mit Entwürfen für Apparate. Vor allem eine Methode hatte es ihm angetan. Die Idee war ganz simpel: Man konstruiert große, schwere Zylinder aus Aluminium und hängt sie an der Decke auf. Jeder Zylinder wird mit einem Ring unvorstellbar empfindlicher Detektoren beklebt, die bei der geringsten Druckausübung einen elektrischen Impuls aussenden. Jede beliebige Störung konnte das Signal auslösen: das Klingeln eines Telefons, ein vorbeifahrendes Auto, eine zuschlagende Tür. Deshalb musste Weber die Zylinder so weit wie möglich isolieren, um alle potenziellen Quellen für Erschütterungen und Störungen auszuschalten.

Als Weber schließlich die Vorrichtung in Betrieb nahm, oder die Weber-Zylinder, wie man sie inzwischen nennt, spürte er sofort Erschütterungen. Die Zylinder vibrierten. Auch nachdem sämtliche bekannten Störungen eliminiert waren, blieben immer noch Vibrationen: winzige Signale dessen, was theoretisch die Gravitationsstrahlung sein konnte. Allerdings war an diesen Signalen etwas merkwürdig. Wenn es sich hier wirklich um Gravitationsstrahlung handelte, dann stammte sie zweifellos von einem so explosiven Ereignis, dass man es garantiert mit Teleskopen beobachtet hätte. Das Signal war zu stark, um der Gravitationsstrahlung zu entsprechen. Weber musste sein Messinstrument verfeinern.

Um absolut sicherzugehen, dass jede Vibration in den Zylindern von einer Gravitationswelle stammte, die sie durchlief, stellte Weber eine Antenne im Argonne National Laboratory auf, fast 1000 Kilometer entfernt von seinem Labor an der University of Maryland. Wenn Zylinder an *beiden* Orten exakt zur gleichen Zeit zitterten, so wäre das ein deutliches Signal, dass sie von Gravitationswellen getroffen wurden, die aus dem Weltall kamen. Weber verglich die Aufzeichnungen der Detektoren an jedem einzelnen Zylinder. Schlug eine Aufzeichnung an mehreren Zylindern *zur gleichen Zeit* aus, dann war die Wahrscheinlichkeit größer, dass die Ursache der Erschütterung die gleiche externe Quelle – eine Gravitationswelle – war und nicht nur ein zufällig gleichzeitiges Zittern in den Zylindern selbst. Er wollte nach diesen «Übereinstimmungen» suchen, wie er sie nannte. Wiederum setzte Weber seinen Apparat in Betrieb und wartete.

Im Jahr 1969, nachdem er seit mehr als einem Jahrzehnt an seinem Experiment arbeitete, hatte Weber etwas, das er der Welt vorzeigen konnte: eine Handvoll übereinstimmender Erschütterungen nicht nur zwischen den Zylindern im ANL und der University of Maryland, sondern unter *allen* vier Zylindern. Eine so große Übereinstimmung konnte kein Zufall sein. Sie hatten mit Sicherheit gemeinsam etwas gespürt. Es gab weder Erderschütterungen noch seltsame elektromagnetische Turbulenzen, auf die man das Phänomen hätte zurückführen können. Allem Anschein nach hatte Weber die Gravitationswellen entdeckt.

In den folgenden Jahren perfektionierte Weber sein Experiment und überprüfte, ob er nicht nur fand, was er finden wollte. Das Zittern in den Zylindern trat selten auf und mit großen Abständen, und es ging im Lärm des Experiments fast unter. Die Zylinder zitterten einfach aufgrund ihrer eigenen Hitze, während die Atome und Moleküle in ihnen vibrierten, und wenn man nicht aufpasste, dann sahen die Augen Muster, wo überhaupt keine waren. Um das zu vermeiden, entwickelte Weber ein Computerprogramm, das jedes Zittern erfasste und automatisch die Übereinstimmungen erkannte. Außerdem beschloss er, bei der Aufzeichnung des Signals an einem Zylinder eine kleine Verzögerung einzubauen und sie dann mit den Aufzeichnungen anderer Zylinder zu vergleichen. War die Übereinstimmung tatsächlich vorhanden, würde das Signal von einem Zylinder an dem Zylinder mit der Zeitverzögerung erst *nach* der tatsächlichen Übereinstimmung eintreffen – die Zahl der Übereinstimmung beim Vergleichen der Aufzeichnungen der beiden Zylinder wäre also kleiner. Und wirklich ging die Zahl der Übereinstimmungen zurück.

Im Jahr 1970 führte Weber sein Experiment schon so lange durch, dass er imstande war, die Richtung der Gravitationsstrahlung zu orten, die sein Instrument empfing. Sie schien aus dem Mittelpunkt der Galaxie zu kommen, was er als ein gutes Zeichen wertete. In seinem Aufsatz schreibt er dazu: «Ein guter Befund ist die Tatsache, dass es [zehn Milliarden] Sonnenmassen gibt, und es ist vernünftig, wenn man entdeckt, dass die Quelle jene Himmelsregion ist, die den größten Teil der Masse der Galaxie enthält.»[4]

Während Weber immer überzeugter war, dass er mit seinem Experiment tatsächlich Gravitationswellen registrierte, schenkte der Rest der Welt ihm allmählich Beachtung. Seine Entdeckung hatte alle überrascht. Ein so direktes Aufspüren der Gravitationswellen hatte niemand erwartet, allerdings bestand a priori kein Grund, seine Erkenntnisse anzuzweifeln. Webers Ergebnisse wurden wiederholt von den Relativitätsforschern aufgegriffen, während sie versuchten herauszufinden, welche

Bedeutung sie eigentlich hatten. Roger Penrose berechnete, was passieren würde, wenn zwei Gravitationswellen miteinander zusammenstießen – war das Endergebnis womöglich so explosiv, dass es Webers Apparat auslöste? Stephen Hawking arbeitete sein eigenes Gedankenexperiment aus, in dem Schwarze Löcher aufeinandergeschleudert wurden, in der Hoffnung, dass sie explosionsartig eine Gravitationsstrahlung abgaben, die Webers Entdeckung möglicherweise erklärte. Während dieser ersten Jahre breitete sich Webers Ruhm stetig aus. Er wurde von der Zeitschrift *Time* interviewt und über sein Forschungsprojekt berichteten die *New York Times* sowie etliche andere Zeitungen in den Vereinigten Staaten und Europa. Unablässig gingen weitere Ergebnisse ein.[5]

Webers Ergebnisse waren erstaunlich, und sie schienen fast schon zu schön, um wahr zu sein. Allem Anschein nach hatte Weber eine unglaubliche Quelle der Gravitationsstrahlung entdeckt, weit größer, als irgendjemand für möglich gehalten hätte. So raffiniert Webers Zylinder und so ausgereift seine Detektoren waren, sie waren nicht sonderlich empfindlich. Damit sie tatsächlich wahrnehmbar zitterten, müssten Webers «Antennen» von unglaublich starken Gravitationswellen erschüttert werden, wahren Ungeheuern auf dem Weg zur Erde.

Das war ein Problem, denn selbst wenn die vermuteten Gravitationswellen tatsächlich aus dem Mittelpunkt der Galaxie kamen, wo eine Unmenge von Materie existierte, die in der Lage war, zu implodieren, zu kollidieren und die Raumzeit aufzuwühlen, so ist doch das galaktische Zentrum mehr als 20 000 Lichtjahre von der Erde entfernt.[6] Falls in der Tat eine Quelle für die Gravitationswellen im Herzen der Milchstraße verborgen war, so wären die Wellen, die sie ausstrahlte, in dem dazwischen liegenden Raum bis zum Eintreffen auf der Erde fast völlig verklungen. Tatsächlich entsprach, wie Weber ausführte, die Menge an Energie in den Gravitationswellen, die er registrierte, dem Äquivalent von Tausend Sternen von der Größe der Sonne, die Jahr für Jahr im Zentrum der Galaxie vernichtet wurden – eine wahrlich gewaltige Menge.

Martin Rees in Cambridge war von Anfang an skeptisch bei Webers Ergebnissen. Gemeinsam mit seinem ehemaligen Doktorvater Dennis Sciama und George Field von der Harvard University untersuchte er, wie viel Energie aus dem Zentrum der Galaxie in Form von Gravitationswellen überhaupt ausströmen konnte. Rees und seine Mitarbeiter fanden heraus, dass allerhöchstens 200 Sterne von der Größe unserer Sonne jährlich vernichtet werden konnten, damit die Gravitationswellen entstanden. Alles, was darüber hinausging, würde bedeuten, dass sich die Galaxie ausdehnen müsste. Und das war nicht der Fall, wie man schon anhand der Bewegung der benachbarten Sterne nachweisen konnte. Ihre Berechnung war eine Annäherung, und deshalb hielten sie sich bei ihren Schlussfolgerungen sehr zurück. In ihrem Aufsatz erklärten sie: «Da der hohe Verlust an Masse, der durch Webers Experimente angedeutet wird, durch die hier erörterten astronomischen Erwägungen nicht völlig ausgeschlossen werden kann, wäre es zweifellos wünschenswert, wenn diese Experimente von anderen Forschern wiederholt würden.»[7] Weber war davon nicht beeindruckt, denn Rees, Field und Sciama brachten hier lediglich ein *theoretisches* Argument vor. Die Theorie konnte sich irren, aber seine Experimente hatten definitiv recht.

Unter Webers Anleitung wurden in Moskau, Glasgow, München, Bell Labs, Stanford und Tokio neue Vorrichtungen für Experimente aufgebaut. Einige waren genaue Kopien von Webers Aufbau, und sie waren alle auf die eine oder andere Weise von Webers ursprünglichen Entwürfen inspiriert. Als sie nach und nach in Betrieb genommen waren, gingen auch die ersten Ergebnisse ein, und ein gemeinsames Muster zeichnete sich allmählich ab: Abgesehen von vereinzelten Ereignissen an dem Detektor in München schien kein Einziger die Fülle von Übereinstimmungen zu registrieren, die Weber mit seinem Apparat entdeckte. Sie waren schlichtweg nicht vorhanden. Weber ließ sich davon nicht stören. Er hatte einen Vorsprung von zehn Jahren bei diesen Experimenten, und für ihn lag auf der Hand, dass alle anderen Experimente viel unempfindlicher waren als seine eigenen, also war es auch kein Wunder, dass es kein Signal gab. Wollte man seine Ergebnisse kritisieren, musste man einen Detektor bauen, der seinen «aufs Haar» glich, eine exakte Kopie. Dann konnte man darüber reden. Mehrere Versuchsleiter, darunter die in Glasgow und in den Bell Laboratories in Holmdel, erwiderten, die von ihnen aufgebauten Experimente *seien* exakte Kopien, und dennoch würden sie nichts entdecken, was mit Webers Ergebnissen vergleichbar wäre. Wiederum hatte Weber eine Ausrede: Ihre Kopien waren schlicht nicht gut genug.

Doch an Webers eigenem Experiment passte so manches nicht zusammen. Zum einen waren seine Antennen nicht zwangsläufig sensibler als alle anderen. In einem so jungen Forschungsgebiet war nicht einmal klar, wie man die Empfindlichkeit der Experimente bestimmen sollte. Noch beunruhigender war hingegen, dass Weber dazu neigte, Fehler zu machen und *dennoch* Übereinstimmungen zu finden. Anfangs hatte er behauptet, die von ihm gemessenen Gravitationswellen stammten aus dem Zentrum der Galaxie. Zu dieser Schlussfolgerung gelangte er, als er erkannte, dass die Erschütterungen meistens alle 24 Stunden in Ereignisclustern auftraten, wenn die Antennen auf das Zentrum der Galaxie gerichtet waren. Allerdings hatte Weber einen wichtigen Punkt außer Acht gelassen: Gravitationswellen würden ohne Schwierigkeit die Erde *durchdringen*. Waren die Antennen also zum Zentrum der Galaxie ausgerichtet, befanden sich aber auf der entgegengesetzten Seite der Erde, so sollte man davon ausgehen, dass die gleiche Zahl an Übereinstimmungen auftrat. Die Cluster müssten mithin alle zwölf Stunden eintreten und nicht alle 24 Stunden, wie Weber festgestellt hatte. Als er erkannte, dass er einen Fehler gemacht hatte, analysierte er die Daten nochmals und fand heraus, dass tatsächlich ein zwölfstündiger Zyklus der Übereinstimmungen existierte, den er bei der ersten Analyse übersehen hatte. Er schien das zu entdecken, was er entdecken wollte, sobald er wusste, wonach er suchte. Bernard Schutz, der damals ein junger Relativitätsforscher war, weiß noch gut: «Die Leute waren sehr skeptisch. Er veröffentlichte seine Daten nicht, so dass wir alle sie untersuchen konnten, aber er schien zu finden, was immer er wollte.»[8]

Ein noch eklatanteres Problem tauchte auf, als sich Weber einem anderen Forscherteam an der University of Rochester anschloss. Wie bei seinen eigenen Zylindern entdeckte Weber, als er die Erschütterungen an den Maryland-Zylindern mit denen in Rochester verglich, eine Fülle von Übereinstimmungen, Vibrationen, die anscheinend zu exakt dem gleichen Zeitpunkt an beiden Orten auftraten – ein sicheres Indiz für Gravitationswellen. Es stellte sich allerdings heraus, dass Weber die Methode falsch interpretiert hatte, mit der das Rochester-Team den Zeitpunkt eines jeden Ereignisses dokumentierte. Die von Weber ent-

deckten Übereinstimmungen traten in Wirklichkeit mit einer Verzögerung von vier Stunden ein. Sobald die zeitliche Verschiebung korrigiert
war, analysierte Weber die Daten erneut und fand wiederum Übereinstimmungen.

Webers Entdeckung schien gegen alle Fehler und falschen Berechnungen gefeit. Er entdeckte überall Übereinstimmungen. Und Überein-
stimmungen bedeuteten Gravitationswellen. Webers unerschütterliche
Fähigkeit, Irrtümer auszuräumen, hatte verheerende Folgen für seinen
Ruf. Die Tatsache, dass es keinem anderen Forscher gelang, Webers
Ergebnisse zu wiederholen, war ebenfalls alles andere als hilfreich. Der
angesehene Forscher Richard Garwin schrieb in der Zeitschrift *Physics
Today* einen Aufsatz mit dem Titel «Entdeckung der Gravitationswellen
infrage gestellt», der Webers eigene Analyse der Daten und sein gesamtes
Experiment systematisch auseinandernahm und kategorisch erklärte,
dass Webers Übereinstimmungen «*nicht* auf Gravitationswellen zurückzuführen waren und dass sie überdies auch gar nicht von Gravitationswellen ausgehen *konnten*».[9] Die Gemeinde der Relativitätsforscher wandte
sich kollektiv von Weber ab. Obwohl er einst eine Flut hochkarätiger Beiträge produziert hatte, sank die Zahl seiner Veröffentlichungen rasant.
Die Mittel liefen aus, weil immer mehr Kollegen sich weigerten, seine er-
giebigen Experimente zu unterstützen. Ende der 1970er Jahre war Weber
aus dem Establishment der Physiker ausgeschlossen.

Webers Experimente mögen in Verruf geraten sein, aber seine Ergebnisse hatten etwas viel Größeres in Bewegung gebracht. Ein neues
Forschungsfeld war aus dem Chaos entstanden. Astronomen hatten erkannt, dass sie, anstatt elektromagnetische Wellen wie die Lichtwellen,
Radiowellen oder Röntgenstrahlen einzufangen, sich die Gravitationswellen als neue Möglichkeit, das Universum zu betrachten, zunutze
machen könnten. Noch besser: Theoretisch könnten sie *mit Hilfe der*
Gravitationswellen sehen und Dinge in den fernsten Winkeln der
Raumzeit betrachten, die sie nicht sahen, wenn sie herkömmliche Teleskope verwendeten. Zur optischen, Radio- und Röntgenastronomie
würde die Gravitationswellenastronomie hinzukommen.

Im Jahr 1974 entdeckten die beiden amerikanischen Astrophysiker
Joe Taylor und Russell Hulse nicht einen, sondern zwei Neutronen-

sterne, die einander auf einer sehr engen Bahn umkreisen. Einer von beiden war ein Pulsar und strahlte alle paar Tausendstel einer Sekunde Licht aus, so dass man ihm ohne weiteres folgen konnte, während er seinen ruhigen Partner umkreiste. Während sich diese Neutronensterne umkreisten, gelang es Taylor und Hulse, unglaublich genau ihre Positionen zu bestimmen. Sie hatten einen neuen, idealen Laborversuch für die allgemeine Relativität vor sich. Einstein hatte postuliert, dass zwei Objekte, die sich umkreisen, an die umgebende Raumzeit Energie verlören und dass ihre Bahn schrumpfen würde, bis sie am Ende ineinanderstürzten. Er nahm seine These zwar später zurück, doch die Berechnung lag vor und wartete darauf, überprüft zu werden. Und der Pulsar von Hulse und Taylor war das ideale Versuchsobjekt.

Im Jahr 1978 gab Joe Taylor auf dem neunten Texas-Symposium, das in München stattfand, ein neues Ergebnis bekannt: Nachdem er den Millisekunden-Pulsar vier Jahre lang beobachtet hatte, konnte er mit Sicherheit sagen, dass die Umlaufbahn abnahm und dass sie sich genau so verhielt, wie Einstein es vorhergesagt hatte. Während sich die beiden Neutronensterne umkreisen, gaben sie über die Gravitationsstrahlung Energie ab. Das war zwar ein indirekter Nachweis der Gravitationsstrahlung, aber er war unbestreitbar vorhanden. Er stimmte hervorragend mit der Theorie überein, und die Messungen waren sauber und eindeutig. Gravitationsstrahlen waren real.[10]

Aus den Trümmern der Entdeckung Webers entwickelte sich ein neues Forschungsgebiet. Verschiedene Gruppen auf der ganzen Welt bauten ihre eigenen Detektoren. Manche optimierten Webers ursprünglichen Aufbau, indem sie die Zylinder stark abkühlten, damit sie nicht bei der Raumtemperatur vibrierten. Andere veränderten die Form der Rezeptoren und bauten Sphären, die auf Wellen aus allen Richtungen reagieren sollten. Doch die Signale, nach denen gesucht wurde, waren so winzig und so schwach, dass ein größerer und besserer Rezeptor benötigt wurde, einer mit einer so unerhörten Empfindlichkeit, dass er Störungen in der Raumzeit wahrnehmen konnte. Es gab einen Ansatz, der sich von den anderen deutlich abhob: Er war um ein Vielfaches aussagekräftiger, aber auch um ein Vielfaches teurer: Laserinterferometrie.

Ein Laserinterferometer nutzt die besten Instrumente der modernen Physik. So verwendet das Gerät etwa einen Laserstrahl, ein außerordentlich dichtes Lichtbündel, das verstärkt und auf einen winzigen Punkt konzentriert wird. Bei einer sachgemäßen Anwendung kann ein Laserstrahlen kilometerweit leuchten und sicher das Ziel treffen, etwa eine Bleistiftspitze in Brand stecken. Tatsächlich hatte Joe Weber als einer der Ersten das Konzept des Laserstrahls präsentiert, in seinem Leben vor den Gravitationswellen. Er machte diesen Vorschlag zeitgleich mit Charles Townes an der Columbia University, wurde aber nie voll für seinen Beitrag gewürdigt, geschweige denn zählte er zu den Trägern des Nobelpreises für die Entdeckung des Lasers im Jahr 1964.

Die Interferometrie macht sich eine weitere Eigenschaft des Lichts zunutze, nämlich den Umstand, dass es sich wie eine Welle verhält. Stellen Sie sich Wellen im Meer vor. Wenn zwei Wellen mit exakt der gleichen Wellenlänge aufeinandertreffen, dann überlagern sie sich. Das heißt, dass sich die Wellen, wenn sie sich auf dem Scheitelpunkt treffen, addieren und die daraus entstehende Welle einen viel höheren Scheitelpunkt (und tieferes Tal) haben wird. Ist im Moment des Aufeinandertreffens die eine Welle hingegen auf dem Scheitelpunkt, die andere aber am Tiefpunkt, dann heben sie sich gegenseitig auf. Natürlich gibt es zwischen diesen beiden Extremen eine Vielzahl weiterer Möglichkeiten.

Diese beiden Eigenschaften des Laserlichts kann man nutzen, um winzige Bewegungen von Objekten aufzuspüren, die von Gravitationswellen erfasst wurden. Die Bedienungsanleitung lautet wie folgt: Hänge zwei Massen in einem Abstand voneinander auf und richte jeweils einen Laserstrahl auf sie. Beide Strahlen werden von den Massen reflektiert werden und sich miteinander überlagern; das daraus entstehende Überlagerungsmuster hängt von der Wellenlänge und der exakten zurückgelegten Entfernung ab. Wenn sich nun eine Masse minimal bewegt, wird das Überlagerungsmuster gestört und verändert sich. Über die Beobachtung der Veränderung im Überlagerungsmuster müsste es möglich sein, die mikroskopischen Bewegungen zu erfassen, die von Gravitationswellen angeregt werden. Und dieser Aufbau dürfte weit präziser und zuverlässiger sein als Webers Zylinder.

Laserinterferometrie umfasste eine völlig neue Methode der wissenschaftlichen Forschung, zumindest für die Relativisten. Die Relativität war bislang ein reines Papier-und-Bleistift-Projekt gewesen, mit ganz wenigen Experimenten. Es gab ein paar Laboreinrichtungen und ein bisschen Zusammenarbeit zwischen Universitäten und Instituten. Das war nicht vergleichbar mit der Teilchen- und Atomphysik mit ihren riesigen Teilchenbeschleunigern und Reaktoren. Aber jetzt war eine neue Forschungskultur notwendig, eine Kultur, die Ausgaben in Höhe von zehn oder Hunderten Millionen von Dollar für den Aufbau von Experimenten billigte. Anstelle von Teams mit einer Handvoll Leute brauchte man große Organisationen mit Hunderten von Wissenschaftlern und Technikern.

Diesmal gab es kein Pardon. Diesmal mussten sie wissen, wonach sie suchten. Es war klar, dass die Gravitationswellen von etwas stammen mussten, das die Theorie an ihre Grenzen brachte. Hulse' und Taylors Millisekunden-Pulsare schienen recht harmlos, einfach zwei sehr kompakte Sterne, die einander umkreisen. Aber anscheinend waren sie imstande, Wellen abzustrahlen, und zwar immerhin genügend, um ihrer Umlaufbahn deutlich Energie zu entziehen. Neutronensterne waren Sterne, die kurz vor der Implosion standen und Raum und Zeit so stark krümmten, dass Einsteins Theorie voll zur Geltung kam.

Eine mögliche Quelle für Unmengen an Gravitationswellen könnte eine Supernova sein. Supernovae sind implodierende Sterne, die einige Sekunden lang heller als die Milliarden Sterne in unserer Galaxie zusammen leuchten, ehe sie zu Neutronensternen oder Schwarzen Löchern werden. Zu jedem beliebigen Zeitpunkt ist eine Supernova das hellste Objekt am Himmel. Genau wie Supernovae eine starke Quelle elektromagnetischer Wellen sind, spekulierten die Astrophysiker, könnten sie womöglich so viel Energie freisetzen, dass sie die Raumzeit durcheinanderwirbeln und einen Ausbruch von Gravitationswellen bewirken. Im Jahr 1987 kam es in der unserer Milchstraße benachbarten Großen Magellanschen Wolke, in der Entfernung von etwa 160 000 Lichtjahren, zu einer Supernova, die sich mit gewöhnlichen Teleskopen in ihrer ganzen Pracht beobachten ließ. Zum Leidwesen fast aller Beteiligten war damals keine einzige Antenne oder eine andere Form von Detektor in Betrieb, außer denen Joe Webers. Wie zu erwarten, behauptete er prompt, er habe etwas entdeckt, und wie inzwischen üblich, wurde er ignoriert.

Das Problem an einer Supernova ist, dass sie zu unvorhersehbar auftritt. Diese gewaltigen Detonationen mochten zwar eine gewaltige

Energiemenge freisetzen, aber bis die Gravitationswellen einer Supernova einen Detektor auf der Erde erreichten, wären sie nur noch ein schwacher Impuls. Sie konnten ohne weiteres mit jedem anderen störenden Geräusch verwechselt werden, das möglicherweise bis zu dem Messinstrument gelangte. Nein, in diesem Fall brauchte man ein eindeutiges Signal, das, auch wenn es schwach war, eine festgelegte, bekannte Gestalt und Form hatte, wie die Suche nach einem bekannten Gesicht in einer Menge.

Es gab etwas da draußen, das möglicherweise den Anforderungen entsprach. Das von den Neutronensternen, die Hulse und Taylor beobachtet hatten, ausgehende Signal ließ sich im Prinzip hinreichend genau berechnen. Im Gegensatz zu dem Chaos an Wellen, die von einer kosmischen Explosion ausgingen, sollte das Signal einer Gravitationswelle regelmäßig und periodisch sein, wie eine Sirene, und es sollte sich im Lauf der Zeit langsam verändern, wenn die Neutronensterne Energie verloren und einander näherten. Das Signal war einfach, leicht zu beschreiben und womöglich sogar leicht zu entdecken.

Aber warum sollten sie sich damit zufriedengeben? Warum nicht nach dem großen Preis suchen? Ein Neutronenstern, der ein Schwarzes Loch umkreist und in es hineinstürzt, würde ein viel stärkeres Signal freisetzen, und natürlich würde ein binäres System aus zwei Schwarzen Löchern die Verkrümmung von Einsteins Raum und Zeit in ihrer ganzen Pracht demonstrieren. Zwei Schwarze Löcher, die sich gegenseitig umkreisen, würden einen regelmäßigen Puls aus Gravitationswellen aussenden. Während sie sich einander näherten, würde die Tonhöhe dieses Pulses immer höher steigen, bis sie, unmittelbar vor der Vereinigung, ein Zwitschern von sich gaben und danach einen Ausbruch von Wellen, die schwinden würden, sobald die Schwarzen Löcher zu einem zusammengefallen waren. Nach ebendieser Wellenform sollten die Instrumente Ausschau halten: der spiralförmigen Annäherung, der Vereinigung mit einem hohen Ausschlag und dann dem Nachklingen. Diese relativistischen Doppelsysteme glichen Juwelen, die am Firmament verborgen sind. Und die Detektoren der Gravitationswellen würden sie aufspüren.

Das schien zwar ganz einfach (man halte nur nach Neutronensternen auf einer Spiralbahn und Schwarzen Löchern Ausschau), aber eine entscheidende Information fehlte. Was würde der Gravitationswellendetektor denn wirklich *sehen?* Wie würden die Spiralbahn, die Vereinigung und das Nachklingen eigentlich aussehen, wenn sie an dem Instrument ankamen? Die Beobachter, die neue Generation der Gravitationswellenastronomen, mussten wissen, was für ein Signal sie erwartete, und zwar nicht ungefähr, sondern exakt, wenn sie imstande sein wollten, es aus dem Chaos an Geräuschen herauszufiltern, die unweigerlich die Daten verfälschten. Und um eine präzise Antwort auf diese Fragen zu erhalten, war es unumgänglich, wiederum zu dem uralten Problem der Lösung von Einsteins Feldgleichungen zurückkehren, in diesem Fall, um präzise mathematische Lösungen zu finden, mit denen das Aussehen der Gravitationswellen beschrieben werden konnte. Die jahrzehntelange Erfahrung zeigte, dass sich Einsteins Gleichungen gewissermaßen gegen jeden Versuch sträubten, sie zu zähmen. Die einzige Aussicht auf einen Fortschritt bestand darin, die Gleichungen an einem leistungsfähigen Rechner zu lösen und zu testen, was passierte, wenn sich zwei Schwarze Löcher umkreisten und am Ende zusammenstießen.

Charles Misner, ein Student und Mitarbeiter Wheelers, hatte schon auf der Konferenz in Chapel Hill im Jahr 1957 vor dem tückischen Wesen der Gleichungen gewarnt. Man musste sehr behutsam vorgehen, wenn man versuchte, die störrischen, nicht linearen Ungeheuer zu lösen, die Einstein uns vermacht hatte; denn es gab nur zwei mögliche Ergebnisse, wie Misner sagte: «Entweder wird sich der Programmierer erschießen, oder die Maschine geht in die Luft.»[11] Und Letzteres war auch tatsächlich einmal passiert. Als Robert Lindquist, ein ehemaliger Student Wheelers, im Jahr 1964 versuchte, das Modell durchzuspielen, gab das Programm seinen Geist auf. Je näher die Schwarzen Löcher einander kamen, desto größer wurden die Fehler in den Lösungen, und schon bald spuckte der Rechner nur noch Müll aus: einen endlosen Zahlensalat. Die Fehler waren so hartnäckig, dass Lindquist am Ende kapitulierte.

In den 1970er Jahren versuchte Bryce DeWitt herauszufinden, was passieren würde, wenn zwei Schwarze Löcher in einer Computersimulation kollidierten. Sein Herz hatte zwar stets für die Quantengravitation geschlagen, aber er hatte gelernt, wie man komplizierte Gleichungen am Computer simulierte, während er gemeinsam mit Edward Teller im Lawrence Livermore National Laboratory in Kalifornien an dem Bombenprojekt gearbeitet hatte. In Texas gab er seinem Schüler Larry Smarr den Auftrag herauszufinden, wie viel Gravitationsstrahlung freigesetzt würde, wenn zwei Schwarze Löcher zusammenstießen. Sie ließen ihr Programm am großen Rechner der University of Texas laufen und waren imstande, eine grobe Vermutung darüber abzugeben, wie die Gravitationswellen aussehen müssten. Und dann tauchten Fehlermeldungen auf, und es kam Zahlensalat heraus. Es war ein kurzer Blick auf die Wellenform, aber zu ungenau, um weiterzuhelfen. Die Singularitäten der Raumzeit zeigten jedes Mal ihre hässliche Fratze und machten das Ergebnis zunichte.[12]

In den folgenden drei Jahrzehnten versuchten ganze Teams von Programmierern, die Doppelsysteme zu simulieren, und scheiterten mit ihren Versuchen. Ihre Arbeit machte Fortschritte, aber «ganz harmlose Dinge funktionierten nicht, und niemand wusste eigentlich, warum», erinnert sich Frans Pretorius, ein Relativitätsforscher in Princeton. «Und die Leute tappten gewissermaßen im Dunkeln umher. Das Tückische an der Sache waren die rechnerbedingten Kosten des ganzen Problems.»[13] In den 1990er Jahren galt das Problem der Kollision Schwarzer Löcher sogar als eine der großen Herausforderungen für die rechnergestützte Physik in den Vereinigten Staaten. Millionen von Dollar wurden Teams im ganzen Land zur Verfügung gestellt, damit sie sich Supercomputer kauften und ihre Programme laufen ließen. Ab und zu ergab sich eine Verbesserung, und ein kleiner Fortschritt konnte erzielt werden, ehe sich der nächste Fehler einschlich. Daraus entwickelte sich ein eigenes Forschungsgebiet: die numerische Relativität.

Es war eine schwierige, undankbare Aufgabe, die Gleichungen für kollidierende Schwarze Löcher zu lösen – ebenso schwierig wie das Aufspüren der Gravitationswellen selbst, und geradezu emblematisch für Einsteins Feldgleichungen. Junge Relativitätsforscher ließen sich ganz von Einsteins Feldgleichungen vereinnahmen und verbrachten ihre – häufig kurzen – akademischen Karrieren damit, eine winzige Verbesserung des Status quo zu erreichen. Das glich dem Spiel eines unvorstellbar ausgefeilten Computerspiels, allein auf sich gestellt, ohne zwischenzeitliche Belohnungen, ohne bestandene Levels, von heroischen Siegen ganz zu schweigen.

Für manche wurde allgemeine Relativität nach einiger Zeit gleichbedeutend mit numerischer Relativität. Eine Forschergruppe zur allgemeinen Relativitätstheorie wäre nicht vollständig gewesen, wenn nicht einer oder mehrere Relativisten versucht hätten, das Problem kollidierender Schwarzer Löcher am Computer zu lösen und dabei die Gravitationswellen im Blick zu behalten. Richtige Konferenzen und Sitzungen zu dem Problem wurden veranstaltet, wo jeder seine neuen Tricks, Diagramme und Schaubilder präsentieren konnte. Doch die Gleichungen blieben so unlösbar wie zuvor. Und was die Wellenformen anging, die aus den Simulationen von Doppelsystemen hervorgingen, so bestand nicht die geringste Hoffnung, diese mit den Detektoren zu entdecken.

Im Rückblick auf diese finsteren Zeiten sagt Pretorius: «Es bestand die ernstzunehmende Möglichkeit, dass dieses Problem so schwierig war, dass es nicht einmal annähernd gelöst war, bis zu der Zeit, wo [der Gravitationswellendetektor] kam.»[14] Es konnte ohne weiteres so kommen, dass die Daten eher eintrafen als eine hilfreiche Vorhersage dessen, was die Computersimulationen enthüllen könnten.

Allerdings gab es noch eine andere Seite des Ringens um numerische Relativität, die eine erstaunliche Wirkung auf die Außenwelt haben sollte. Ende der 1970er und Anfang der 1980er Jahre entwickelte Larry Smarr immer raffiniertere numerische Codes, die er auf den größten Rechnern eingeben wollte, zu denen er Zugang hatte. Der in den Vereinigten Staaten wohnende Smarr stellte fest, dass er einen großen Teil seiner Versuche in Deutschland durchführen musste, und sein Ärger darüber, dass er die Codes nicht im eigenen Land eingeben konnte, nahm zu. Mitte der 1980er Jahre gelang es Smarr endlich, die US-Regierung zu überzeugen, ein Netzwerk aus Zentren mit Supercomputern zu finanzieren, das allen Zweigen der Forschung dienen sollte, die «Daten verarbeiten» mussten. Smarr leitete schließlich sogar eines dieser neuen Zentren, das National Center for Supercomputing Applications in Illinois, und sein Forscherteam präsentierte in den 1990er Jahren den ersten graphischen Web-Browser Mosaic, der es ihnen gestattete, Daten über das Internet zu visualisieren, anstelle des bisherigen rein textbasierten Webs. So entstand mitten in der Schlacht um Schwarze Löcher mit Hilfe der numerischen Relativität die Browser-Kultur, die aus dem heutigen Leben nicht mehr wegzudenken ist.

Während sich die numerischen Relativisten verzweifelt abplagten, wurde das Projekt, ein funktionierendes Gravitationswelleninstrument zu bauen, auf den Weg gebracht. Dieses Mal durfte es keine falschen Entdeckungen geben, die die Kapazität des Instruments überstiegen – die Ära Weber war vorbei. Der Interferometer war derzeit die erste Wahl, aber die Anforderungen an ein solches Gerät waren extrem hoch. Der Laserstrahl musste so weit reichen, dass schon eine winzige Massenveränderung aufgrund der Gravitationswellen im Interferenzmuster nachgewiesen werden konnte. Selbst bei einem Interferometer von mehreren Kilometer Länge musste der Laserstrahl über hundertmal vor- und zurückprallen und von mit den Massen verbundenen Spiegeln reflektiert werden. Die Spiegel mussten absolut perfekt und ideal ausgerichtet sein. Nichtsdestotrotz wäre die Abweichung winzig. Gravitationswellen, die von einem Doppelsystem ausgingen, würden eine Abweichung von einem winzigen Bruchteil des Durchmessers eines Protons bewirken.

Ein voll funktionsfähiger Interferometer, der wirklich Gravitationswellen aus dem All erfassen konnte, war eine fast unmögliche Konstruktion. Der Laserstrahl müsste kilometerweit reisen, ohne von seinem Weg mehr abzuweichen als den Durchmesser eines Atoms. Die Vorrichtung müsste so aufgestellt werden, als würde sie in der Luft schweben, abgeschirmt von sämtlichen Nebengeräuschen des Alltags, mit idealen Spiegeln und der modernsten Signalverarbeitung, um die nicht wahrnehmbaren Abweichungen herauszukitzeln. Sie müsste imstande sein, den Effekt der Gezeiten, das Rumpeln von Lastwagen auf fernen Schnellstraßen und die Vibrationen der elektrischen Ausrüstung zu isolieren, alles Effekte, die die Dinge um den Bruchteil eines Millimeters verschieben konnten.

Der Apparat musste in jeder Hinsicht perfekt sein, und er musste groß sein. Als Interferometer allmählich das Gebiet der Gravitationswellenforschung übernahmen, wurde deutlich, dass Größe und Kosten ihre Anzahl stark limitierten. In Europa schlossen sich die Briten und die Deutschen zusammen, um einen Interferometer mit einer Schenkellänge von etwa 600 Metern zu bauen. Die in der Nähe der deutschen Stadt Sarstedt angesiedelte Vorrichtung wurde GEO600 genannt. Eine viel größere Vorrichtung namens Virgo, benannt nach dem Galaxienhaufen, mit einer Schenkellänge von drei Kilometern wurde von französischen und italienischen Forschern entwickelt und im italienischen Cascina gebaut. In Japan wurde ein kleinerer Interferometer namens TAMA mit einer Schenkellänge von 300 Meter errichtet.

Das Aushängeschild für die Gravitationswelleninterferometrie sollte LIGO werden, das Laser Interferometer Gravitational Wave Observatory. Ursprünglich wurde es von den beiden Experimentalforschern Rainer Weiss vom MIT und Ronald Drever vom Caltech sowie dem Theoretiker Kip Thorne geleitet. Das erstmals Anfang der 1970er Jahre geplante Projekt LIGO war eine schwere Geburt.

Es sollte der mit Abstand größte Interferometer überhaupt werden. In Wirklichkeit war es nicht einer, sondern gleich zwei Interferometer, einer in Hanford im Staat Washington und der andere in Livingstone, Louisiana. Mit zwei weit auseinanderliegenden Detektoren wäre es möglich, Ergebnisse auszuschließen, die Geräuschen vor Ort, Erderschütterungen oder dem Verkehr geschuldet waren. Und wenn man sich gar mit einem weiteren Detektor wie GEO600 oder gar mit einem Observatorium zusammenschloss, wäre es unter Umständen sogar möglich, die Richtung der Quellen von Gravitationswellen zu orten. Bislang wusste niemand *genau*, was sie zu erwarten hatten oder ob das Instrument schlicht empfindlich genug war. LIGO musste in zwei Schritten gebaut werden. Zuerst sollte ein «Machbarkeitsnachweis» erbracht werden – ein gigantischer Prototyp, der genau so funktionierte, wie die Relativitätsforscher und Versuchsleiter es wollten –, ein Vorgang, der mehr als ein Jahrzehnt dauern dürfte. Erst im Anschluss daran konnte LIGO aufgerüstet werden und anfangen, nach wirklich interessanten Daten zu suchen. Die Projekte würden lange Zeit in Anspruch nehmen, aber der Lohn, wenn LIGO tatsächlich Gravitationswellen registrierte, wäre enorm. Die Entdeckung würde es ermöglichen, das Universum auf eine völlig neue Weise zu betrachten, nicht mit Hilfe von Licht- oder Radiowellen oder anderen herkömmlichen Ansätzen. Außerdem würde es ein völlig neues Fenster auf Einsteins allgemeine Relativitätstheorie öffnen, weil bislang niemand Gravitationswellen wirklich beobachtet hat, auch wenn die meisten Menschen an ihre Existenz glaubten. Die Entdeckung der Gravitationswellen durch LIGO stände auf einer Stufe wie die Entdeckung der Elektronen, Protonen und Neutronen zu Beginn des 20. Jahrhunderts. Der Nobelpreis wäre dem Betreffenden sicher.

Um das Projekt LIGO herrschte allgemeine Aufregung. Die Kosten für den Bau und die Durchführung des Projekts wurden auf Hunderte Millionen Dollar veranschlagt, wodurch anderen Forschungsprojekten Mittel entzogen würden. Unweigerlich ging LIGO auf Kosten anderer Experimente zu Gravitationswellen, aber auch andere Forschungsgebiete waren davon betroffen. Indem LIGO sich ein Observatorium nannte, trat es auch den Astronomen auf die Zehen. Sie konnten förmlich sehen, wie LIGO Mittel von ihren Forschungen absaugte. In einem Beitrag aus dem Jahr 1991 für die *New York Times* schrieb Tony Tyson von den Bell Laboratories, der in der Anfangsphase an den Gravitationswellen geforscht hatte: «Der größte Teil der astrophysikalischen Gemeinde hält es anscheinend für sehr schwierig, einem Gravitationswellensignal irgendwelche nennenswerten Informationen zu entnehmen, selbst wenn man tatsächlich ein Signal empfangen sollte.»[15] Wie Jeremiah Ostriker, ein führender Astrophysiker aus Princeton, gegenüber der *New York Times* erklärte, sollte die Welt «abwarten, bis jemand mit einer billigeren und zuverlässigeren Herangehensweise an die Gravitationswellen daherkommt».[16] Die Astrophysiker äußerten lautstark ihre Ablehnung von LIGO, fast schon fanatisch. Auf die Frage, welchen astronomischen Projekten von den US-Behörden Prioritäten eingeräumt werden sollten, nahm Anfang der 1990er Jahre ein Ausschuss aus Astronomen unter Leitung von John Bahcall vom Institute for Advanced Study in Princeton LIGO nicht einmal in ihrer Liste auf.

Die American National Science Foundation lehnte die ersten beiden Entwürfe für LIGO ab und ließ sich fünf Jahre Zeit, gerechnet von der Einreichung des ersten Vorschlags, bis ein drittes Konzept endlich mit einem Budget von 250 Millionen Dollar genehmigt wurde – eine gigantische Summe für ein Instrument, das aller Wahrscheinlichkeit nach nichts zutage fördern würde und auf den ersten Blick technisch undurchführbar war. Aber im Jahr 1992, nach fast 20 Jahren der Planung und des Träumens, konnte das perfekte Experiment gestartet werden.

Kip Thorne und seine Mitarbeiter diskutierten bereits über ihre Pläne für LIGO, als Frans Pretorius in Südafrika auf die Welt kam. Pretorius wuchs in den Vereinigten Staaten und Kanada auf und schloss an der University of British Columbia in Vancouver seine Promotion ab. Er erlernte das physikalische Handwerk in einem der Zentren für numerische Relativität. Am Caltech in Maryland, dem Revier Kip Thornes, wurde ihm eine Stelle angeboten, die ihm bei der Forschung alle Freiheiten ließ. Pretorius beschloss, sich auf seine Weise mit dem Problem einander umkreisender Schwarzer Löcher zu befassen. Im Gegensatz zu den großen Teams aus Programmierern, die mit den unüberwindlichen Schwierigkeiten kämpften, die Spiralbahn, die Vereinigung und das Nachklingen zu simulieren, arbeitete Pretorius allein, «unter dem Radar», wie er sich erinnert,[17] ohne sich an den großen Gemeinschaftsarbeiten zu beteiligen, die Programme entwickelten, um das Problem zu lösen. Pretorius ging ein wenig auf Abstand, sah sich alle gescheiterten Versuche der letzten Jahrzehnte an und pickte sich verschiedene Ideen heraus, die ihm vielversprechend schienen. Dann ging er daran, von Grund auf ein neues numerisches Programm zu schreiben, auf seine eigene Weise. Er hatte einen unglaublich guten Instinkt dafür, was funktionieren könnte und was nicht. In dem Code, der dabei herauskam, wurden Einsteins Gleichungen viel einfacher, so einfach, dass sie fast schon den Gleichungen für den Elektromagnetismus glichen. Und elektromagnetische Wellen waren einfach zu lösen und weiterzuverarbeiten.

Dann setzte er es in Betrieb. Es dauerte einige Monate, bis das Programm richtig lief, eine Phase, die Pretorius als «reinste Tortur» in Erinnerung hat.[18] Aber zu seiner eigenen Überraschung und Freude gelang es Pretorius, sein Programm alle Phasen durchlaufen zu lassen, von dem Moment, an dem Schwarze Löcher anfangen, einander zu nähern, bis sie zusammenprallen, Wellen freisetzen und dann zu einem sich schnell drehenden Schwarzen Loch verschmelzen. Das war die präzise, zuverlässige Beschreibung der Gravitationswellen, nach der alle so verzweifelt gesucht hatten. Pretorius hatte schließlich Einsteins Feldgleichungen an einem Rechner gelöst. Er hatte sich auf eine Fülle von Ideen gestützt, die schon vor ihm aufgekommen waren, aber seine neue, unverbrauchte Sichtweise des Problems war nötig gewesen, um die Ideen genau richtig miteinander zu kombinieren.

Pretorius gab seine Ergebnisse im Januar 2005 auf einer Konferenz zur allgemeinen Relativität in Banff, Alberta, bekannt. Einsteins Feldgleichungen waren endlich geknackt worden, und es war zum ersten

Mal möglich, zwei Schwarze Löcher zu simulieren, die einander umkreisten, sich gegenseitig in einem unwiderstehlichen Sog anzogen, bis
sie zu einem Schwarzen Loch verschmolzen und eine Salve Gravitationswellen abstrahlten, die mit der Zeit allmählich ausklangen. «Das gab
eine ziemliche Aufregung», erinnert sich Pretorius. «Die Leute interessierten sich so sehr dafür, dass sie die Vorträge verließen und eine Sitzung organisierten, um alle Detailfragen zu stellen.»[19] Ein halbes Jahr
später gaben zwei andere Gruppen bekannt, dass es ihnen ebenfalls gelungen sei, das Problem der weiteren Entwicklung binärer Systeme aus
Schwarzen Löchern mit völlig anderen Methoden zu lösen. Genau wie
Pretorius waren sie imstande, den katastrophalen Zusammensturz eines
Paares Schwarzer Löcher durch alle Phasen zu verfolgen. Es war, als ob
Pretorius' Entdeckung die mentalen Blockaden in der Forschungsarbeit
auch anderer Teams aufgehoben hätte. Die eingehenden Ergebnisse bestätigten Pretorius' Berechnung.

Mittlerweile herrschten eine spürbare Euphorie und Erleichterung.
Endlich, endlich war es nun möglich, die schwer fassbare Wellenform
zu beschreiben. Die Beobachter wussten jetzt, wie sie die gespenstischen
Signale erkannten, die in dem ganzen Getöse verborgen waren, das die
Interferometer maßen.

Gegen Ende seines Lebens war Joseph Weber ein verbitterter Mann
geworden. Bei jeder Diskussion über Gravitationswellen schäumte er
geradezu vor Wut. Auf den wenigen Konferenzen oder Workshops, an
denen er teilnahm, bekamen seine Zuhörer den Zorn zu spüren, der sich
jahrzehntelang in ihm aufgestaut hatte. Er explodierte schon beim
leisesten Versuch, ihn infrage zu stellen. Er hatte die Gravitationsstrahlung vor allen Menschen gesehen, und das ließ er sich von niemandem
nehmen. Freeman Dyson, einer der ersten Unterstützer, hatte Weber in
seinem späteren Leben geschrieben und ihn gebeten nachzugeben.
Dyson schrieb: «Ein großer Mann hat keine Angst, öffentlich zuzu-
geben, dass er einen Fehler gemacht und seine Meinung geändert hat.
Ich weiß, dass Sie ein integrer Mensch sind. Sie sind stark genug zuzu-
geben, dass Sie sich geirrt haben. Wenn Sie das tun, werden Ihre Feinde
jubeln, aber Ihre Freunde werden noch mehr jubeln. Sie werden sich
selbst als Wissenschaftler retten.»[20]

Weber rang sich nie dazu durch. Im Gegenteil, er war zum Bremsklotz der Gravitationswellenforschung geworden und organisierte aktiv Kampagnen gegen LIGO. Webers Name war früher so oft in der Presse genannt worden, dass er in der Öffentlichkeit immer noch den Ruf eines Experten für Gravitationswellen genoss. Anfang der 1990er Jahre, als LIGO den dritten, verzweifelten Antrag auf Geldmittel einreichte, schrieb Weber an den Kongress und erklärte, dass die Unterstützung eines so ungeheuer kostspieligen Instruments reine Geldverschwendung sei. Seine Zylinder hätten, behauptete er, die Gravitationswellen aufgespürt und lediglich einen Bruchteil von einer Million Dollar gekostet. Es sei überhaupt nicht nötig, Hunderte von Millionen auszugeben. Seine Schimpftirade zeigte allerdings keine Wirkung. Sein Leben lang hatte Weber so viele lächerliche Behauptungen aufgestellt, wie Bernard Schutz sich erinnert, dass «ihn zu der Zeit, als er sich gegen LIGO aussprach, eigentlich niemand auf seiner Seite haben wollte».[21] Wenn Weber sich übergangen fühlte, so machte er die Sache nur noch schlimmer. Er war zum Feind des Forschungsgebiets geworden, das er selbst gegründet hatte.

Weber starb im Jahr 2000, noch bevor LIGO in Betrieb ging. Es hatte Jahrzehnte harter Arbeit erfordert, bis das am besten abgestimmte Instrument endlich funktionierte. Immer wieder war es zu Verzögerungen gekommen, Kip Thorne hatte in den 1980er und 1990er Jahren mit Kollegen Wetten abgeschlossen, dass die Gravitationswellen noch vor der Jahrtausendwende entdeckt würden – er verlor sie allesamt. Selbst zu Beginn des 21. Jahrhundertes musste LIGO noch Rückschläge hinnehmen: verursacht von den Holzarbeitern mit ihren Kreissägen im Wald von Louisiana, die die Detektoren in Livingstone auslösten, bis hin zu einem ominösen Summen in den Kernreaktoren um den Standort Hanford in Washington. Aber als die Anlage im Jahr 2002 endlich ans Netz ging und ein paar Jahre lief, gelang es LIGO, jene Sensitivität zu erreichen, die alle angestrebt hatten. Die Detektoren waren imstande, Vibrationen von weniger als dem Durchmesser eines Protons zu registrieren, wie man vor Jahrzehnten geplant hatte. Tatsächlich war das Instrument, wie das LIGO-Team bekannt gab, noch empfindlicher als vorausgesagt. Wie bei der ersten Realisation zu erwarten war, war LIGO noch nicht empfindlich genug, um Gravitationswellen tatsächlich aufzuspüren, aber es gab die weitere Richtung vor. Das LIGO-Team kann jetzt das bestehende Instrument verbessern. Irgendwann wird es die Wellen in der Raumzeit registrieren, die Einstein als Erster vorhergesagt hat.

Es ist ein langer Weg. Anders als Webers Ergebnisse, die schnell und immer in dem Moment eingingen, wenn er sein Instrument einschaltete, wird LIGO Tausende von Technikern über viele Jahrzehnte hinweg verschleißen, bevor die Anlage tatsächlich Gravitationswellen entdeckt. Das Gründungstrio Ron Drever, Kip Thorne und Rainer Weiss, die inzwischen in den Siebzigern und Achtzigern sind, könnten durchaus bereits gestorben sein, wenn es so weit ist, und sie haben womöglich ihr Leben etwas gewidmet, das sie nie selbst sehen werden. Aber es besteht das unerschütterliche Vertrauen, dass es die Wellen da draußen wirklich gibt. Einsteins Theorie sagt ihre Existenz voraus, und wenigstens indirekt wurden sie bereits durch den sanften, aber stetigen Schwund der Umlaufbahn des Millisekunden-Pulsars nachgewiesen. Es ist nur eine Frage der Zeit, bis Gravitationswellen sichtbar gemacht werden, und dann wird ein Forschungsgebiet, das mit Webers großer Sensation begann, mit einem Flüstern enden: dem Flüstern der flirrenden Raumzeit, während sie die Erde durchläuft.

Kapitel 11

Das dunkle Universum

Auf der Konferenz Critical Dialogus in Cosmology in Princeton im Jahr 1996 lieferten sich die Koryphäen auf diesem Gebiet etliche Wortgefechte über den Zustand des Universums. Die Organisatoren hatten eine Reihe umstrittener, offener Fragen zur öffentlichen Diskussion ausgewählt und forderten die Experten zum Kampf heraus. Paarweise verzichteten die eingeladenen Redner – führende Astronomen, Physiker und Mathematiker – auf das übliche Protokoll, wenn sie das Wort ergriffen. Sie gingen sofort zum Angriff über und versuchten, die Thesen ihres Gegenübers zu widerlegen. Es war eine seltsame, aber packende Weise, wissenschaftliche Fragen zu diskutieren.

Martin Rees, der inzwischen viel zum Verständnis der Schwarzen Löcher und zur Theorie vom Urknall beigetragen hatte und für relativistische Astrophysiker zum roten Tuch geworden war, eröffnete die Duelle. Er argumentierte, die Kosmologie sei «eine grundlegende Wissenschaft» und «die großartigste Umweltwissenschaft». Sie biete die ultimative Anwendung der wunderbaren Mathematik und Physik, die im 20. Jahrhundert von Einstein, Dirac und vielen anderen entwickelt worden sei. Darüber hinaus befasse sie sich mit einer Fülle von Beobachtungen an Galaxien, Quasaren und Sternen und bemühe sich um Erklärungen, wie sich scheinbar chaotische Vorgänge in das große Bild des Universums einfügten. Die Aufgabe der Kosmologie sei schwierig, umstritten und unvollendet, aber sie sei, wie Rees argumentierte, auch von unschätzbarer Bedeutung.[1]

Das Bild des Universums, das die Kosmologie zur Zeit der Konferenz von Princeton enthüllte, war in der Tat bizarr. Es sah ganz so aus, als würden wir das Universum längst nicht so gut verstehen, wie wir eigentlich geglaubt hatten. Tatsächlich schien ein großer Teil des Universums aus exotischen Substanzen zu bestehen, die man noch nie im Labor gesehen hatte. Die als «dunkle Materie» und «dunkle Energie» bezeichneten Substanzen waren irgendwo da draußen und beeinflussten die Raumzeit, waren aber merkwürdigerweise kaum zu fassen und nicht wahrnehmbar. An einem Nachmittag der Konferenz zeichnete sich deutlich das Plädoyer für ein dunkles Universums ab, als die großräumige Struktur des Universums zur Diskussion stand. Genau dieses Thema hatte mich vor allem zur Kosmologie geführt.

Wenn wir einen Blick auf das All werfen, sehen wir einen gigantischen Bildteppich aus Lichtern, mit zu Haufen, Filamenten und Wänden zusammengeballten Galaxien, die große Lücken von Leere lassen. Es ist reich, voller Informationen und Komplexität. Woher kommt diese großräumige Struktur des Universums? J. Richard Gott, ein großer, schlaksiger Astronom aus Princeton mit einem tiefen Südstaatenakzent, ergriff das Wort und setzte auf den gesunden Menschenverstand. Auf den ersten Blick wirke das Universum sehr leer; Gott entwarf das Bild eines Universums, das so gut wie keine Materie kenne und sich langsam zu dem Teppich aus Galaxien und Haufen entwickelt habe, die den Nachthimmel bedeckten. Ein anderer junger und tatkräftiger Astronom aus Princeton namens David Spergel schlug vor, dass das Universum eigentlich gar nicht leer sei, sondern mit einer unsichtbaren, dunklen Form von Materie angefüllt. Spergels dunkle Materie setzte sich aus Elementarteilchen zusammen, die in dem Standardmodell der Teilchenphysik nicht berücksichtigt und bislang in keinem Experiment beobachtet worden seien. Der letzte Redner, Michael Turner, ein scharfsinniger theoretischer Kosmologe aus Chicago, sollte den ausgefallensten Vorschlag des Nachmittags präsentieren: Warum nehmen wir nicht einfach an, dass das Universum von der Energie einer kosmologischen Konstante durchdrungen sei? In Turners Universum gingen zwei Drittel der gesamten Energie von jener Konstante aus, die Einstein schon vor fast 70 Jahren so vehement abgelehnt hatte. Die Zuhörer waren von Turners Vorschlag überhaupt nicht angetan. *Alles, nur keine kosmologische Konstante,* riefen einige. Das war Einsteins größter Fehler.

Den Vorsitz über diese Wortgefechte um die Form des Universums hatte Phillip James (Jim) Peebles, der damalige Albert Einstein Professor of Science an der Princeton University. Der große, schlanke Mann mit einem nachdenklichen Gesicht, das aus einem Porträt von Amedeo Modigliani stammen könnte, war der vollendete Gentleman und leitete höflich die Debatte. Während er sorgfältig darauf achtete, dass die Diskussion nicht aus dem Ruder lief, gluckste er gelegentlich mit einer fast schon kindlichen Schadenfreude über die Spötteleien und Zwischenrufe, die sich die Kontrahenten gegenseitig an die Köpfe warfen. Die Konferenz war nicht zuletzt zur Feier von Peebles 60. Geburtstag organisiert worden, ein passender Tribut an den Physiker. In den vergangenen drei Jahrzehnten war Peebles der Hauptarchitekt der Theorie der großräumigen Struktur des Universums gewesen.

Anfang der 1970er Jahre hatte Jim Peebles ein dünnes Bändchen mit dem Titel *Physical Cosmology* veröffentlicht, eine Sammlung von Vorlesungen, die er 1969 in Princeton gehalten hatte. John Wheeler hatte teilgenommen, sich Notizen gemacht und ihn, laut Peebles, gedrängt, die Vorlesungen zu veröffentlichen. In der Einleitung zu *Physical Cosmology* ging Peebles kurz auf die kosmologische Konstante ein, mit dem Hinweis, dass «die kosmologische Konstante Λ [der griechische Buchstabe Lambda, das mathematische Symbol für die Konstante] in diesen Notizen selten erwähnt wird».[2] Für Peebles war die kosmologische Konstante eine überflüssige Komplikation, gewissermaßen «das schmutzige kleine Geheimnis» der Kosmologie.[3] Alle wussten, dass die Mathematik sie in Betracht zog, aber weil sie die Physik allzu bizarr und störend machte, taten alle so, als gäbe es sie gar nicht. Nun, ein Vierteljahrhundert später, und obwohl die Mehrzahl von Peebles' Kollegen ihr nur Abscheu entgegenbrachten, sollte die kosmologische Konstante ein Comeback feiern – sogar ein eindrucksvolles.

Als Jim Peebles im Jahr 1958 frisch von der Ingenieurschule an der University of Manitoba nach Princeton kam, schlugen sich John Wheeler und seine Leute gerade mit Schwarzen Löchern und dem Endzustand herum. Wheeler war nicht der einzige Anhänger der allgemeinen Relativität in Princeton; es gab noch Robert Dicke. Wie Wheeler erkannte Dicke Mitte der 1950er Jahre die elende Lage, in der sich Einsteins Theorie gerade befand, weil kaum oder gar keine Fortschritte bei ihrer Erprobung gemacht wurden. Er baute sich in Princeton eine eigene Gravitationsgruppe auf, in der die allgemeine Relativitätstheorie diskutiert und vor allem gemessen und getestet werden konnte. «Schon früh in meiner Laufbahn geriet ich in den Kreis um Bob und bekam Gelegenheit, Dinge zu tun, die richtig aufregend waren», sagt Peebles.[4] Er schloss sich als Doktorand Dickes Team an und konzentrierte, nach der Promotion, seine Forschung auf die Erprobung der Gravitationsphysik. Er sollte die nächsten 50 Jahre in Princeton bleiben.

In den 1960er Jahren war die Kosmologie, wie Peebles noch gut weiß, «ein begrenztes Forschungsfeld – ein Gebiet mit, wie man es gerne anpries, zwei oder drei kosmologischen Größen». «Und eine Wissenschaft mit zwei oder drei Größen kam mir», wie er sagt, «schon immer ziemlich trostlos vor.»[5] Auf diesem Gebiet waren kaum Leute tätig, und es liefen ganz wenige Forschungsprojekte. Das war Peebles nur recht. So konnte er sich in aller Ruhe den Problemen widmen, die ihn ansprachen. Nach der Promotion über Quantenphysik widmete sich Peebles von da an der Kosmologie. Er begann mit dem, was seine Kollegen in Princeton den «Urfeuerball» nannten, und untersuchte, was in der Frühphase des Universums tatsächlich mit Atomen und Kernen passierte, als es noch heiß und dicht war. Dabei ging er wie ein Handwerker vor. In sein Büro eingeschlossen, füllte er Seite um Seite mit handschriftlichen Gleichungen, ging seine Berechnungen langsam noch einmal durch und verfeinerte seinen Ansatz.

Peebles' Mentor Dicke wählte einen anderen Ansatz. Peebles erinnert sich: «Für ihn war Physik gewiss Theorie, aber sie musste zu einem Experiment führen, das in absehbarer Zukunft durchgeführt werden konnte», also ließ Dicke seine Leute nach der Reststrahlung suchen, die von dem Urfeuerball noch übrig war.[6] Sie entwickelten einen neuartigen Detektor, der den Himmel vom Dach des Physikgebäudes aus absuchen konnte, aber sie entdeckten die Strahlung nicht rechtzeitig. An einem Dienstag gegen Ende des Jahres 1964 saß Dickes Team zur wöchentlichen Besprechung in seinem Büro, als das Telefon klingelte. Dicke nahm den Hörer ab und sprach einige Minuten lang mit jemandem am anderen Ende der Leitung. «Uns ist jemand zuvorgekommen», sagte er, als er auflegte.[7] Arno Penzias hatte ihm soeben mitgeteilt, dass er gemeinsam mit Robert Wilson bei Bell Laboratories womöglich Hinweise auf die Reststrahlung entdeckt habe. Innerhalb weniger Monate bestätigten Dicke und sein Team das Ergebnis, aber es war zu spät: Penzias und Wilson sollten allein den Nobelpreis gewinnen.

In Peebles' Augen stimmte etwas nicht an dem Bild des Kosmos, das in den Physik-Lehrbüchern der 1960er Jahre vermittelt wurde. Damals gab es zwei völlig unterschiedliche Themen. Auf der einen Seite die Geschichte und Entwicklung des Universums, wie Friedmann und Lemaître sie erzählt hatten. Hier wurde erklärt, wie sich Raum, Zeit und Materie im größtmöglichen Maßstab entwickelt hatten. Auf der anderen Seite gab es das Material, das die Astronomen beobachteten: Galaxien und Galaxienhaufen. Diese Galaxien sind zwar Teil des Universums, doch ihre Anwesenheit schien wie losgelöst von der grundlegenden Entwicklung und Struktur des Universums, als handle es sich um bunte, auf die Raumzeit gemalte Lichtwirbel. Gewiss sagten uns die Galaxien auch eine Menge über das Universum, etwa wie schnell es sich ausdehnte und wie viel Materie es wirklich enthielt. Aber wenn Peebles den Nachthimmel betrachtete, hatte er das Gefühl, dass an den Galaxien mehr dran sein musste – er war überzeugt, dass sie eine zentrale Rolle bei der Entwicklung und großräumigen Struktur des Universums spielten, und ihr eigener Ursprung hatte mit Sicherheit auch damit zu tun. Sie konnten unmöglich aus dem Nichts entstanden sein – riesige Haufen aus Licht, Gas und Sternen gleichsam als Nachklapp in die Raumzeit gekippt. Das hieß, dass Galaxien zwangsläufig auch in Einsteins allgemeiner Relativitätstheorie eine Rolle spielten. Die Frage war, inwiefern. Das war genau die richtige Herausforderung für Peebles: ein kniffliges, noch ungelöstes Problem, mit dem sich kaum jemand befassen wollte.[8]

Welche Rolle die Schwerkraft bei der Entstehung einzelner Galaxien spielt, liegt auf der Hand. Eine Ansammlung von Materie kollabiert unter der Anziehungskraft ihrer eigenen Gravitation. Wenn genügend Materie vorhanden ist und sie genügend kinetische Energie hat, um den Kollaps unter einem bestimmten Punkt zu vermeiden, entwickelt sich der daraus entstehende Klumpen zu einer Galaxie, die von ihrer eigenen Gravitation zusammengehalten wird. Nicht ganz so klar war, als sich Peebles dem Thema widmete, hingegen die Frage, wie sich die Expansion des Universums auf die Kontraktion des Gases bei der Entstehung einer Galaxie auswirkt, wie sich die gravitative Wirkung bei der Entstehung einer Galaxie zur Rolle der Gravitation bei der Ausdehnung des Universums insgesamt verhielt. Abbé Lemaître hatte darauf hingewiesen, dass es einen Zusammenhang geben musste, und der russische theoretische Physiker George Gamow hatte Spekulationen darüber angestellt, wie Galaxien in einem sich expandierenden Universum entstanden, aber keiner von beiden hatte eine geeignete Rechnung vorgelegt, um die jeweiligen Spekulationen zu erhärten. Im Jahr 1946 hatte Jewgeni Lifschitz, ein Schüler Lew Landaus, mit Hilfe von Einsteins Feldgleichungen versucht, einen Zusammenhang zwischen allem, was in der Größenordnung des Universums passierte, und der viel kleineren Größenordnung einzelner Galaxien herzustellen. Sein Ergebnis gab einen Hinweis darauf, wie die großräumige Struktur des Universums entstand: Geringfügige Fluktuationen in der Raumzeit würden auftreten und, laut seinen Gleichungen, zunehmen; am Ende würden Galaxien entstehen und sich in Regionen hoher Krümmung ballen, um die großräumigen Strukturen zu bilden, die wir heute beobachten können.

Als Peebles untersuchte, wie sich Atome und Licht am Anfang des Universums vermutlich verhielten, wurde ihm klar, dass die neue Auffassung der heißen Anfangsphase möglicherweise erklärte, wie Galaxien unmittelbar nach dem Urknall entstanden. Als Peebles einige grobe Schätzungen für das Alter des Universums, die Dichte der Atome und die Temperatur der Reststrahlung einsetzte, stellte er fest, dass kollabierte Strukturen theoretisch Massen zwischen einer Milliarde und Hunderttausenden von Milliarden Sonnen bilden *konnten,* vergleichbar mit der Milchstraße. Wie Gamow zuvor bereits vermutet hatte, war das frühe Universum offenbar ein idealer Nährboden für Galaxien.

Mit seiner Erforschung der Entstehung von Galaxien war Peebles nicht allein. Ein junger Doktorand in Harvard namens Joseph Silk argumentierte, dass die kollabierenden Massen, aus denen sich letztlich die Galaxien bildeten, auch eine Art Abdruck auf dem Urfeuerball hinterlassen mussten – ein blasser Flickenteppich aus heißen und kalten Regionen in der Reststrahlung, die unlängst von Penzias und Wilson entdeckt worden war. Silks Ergebnisse wurden von Rainer Sachs und seinem Schüler Arthur Wolfe in Austin aufgegriffen, die herausfanden, dass selbst in den größten Maßstäben die Reststrahlung von dem Gravitationskollaps der gesamten Materie im Universum betroffen wäre. Jakow Seldowitschs Team in der Sowjetunion kam zur gleichen Erkenntnis. Nach ihren Ergebnissen musste es möglich sein, einen Blick auf die ersten Momente unseres Weltalls zu erhalten, indem man die Wellen in der Reststrahlung untersuchte, die aus der Zeit stammte, als das Universum ein paar hunderttausend Jahre alt war. Sporadisch und unkoordiniert trug Gamows und Peebles' physikalische Kosmologie allmählich Früchte.[9]

Peebles wollte die Expansion des Universums (den heißen Beginn, den Urfeuerball, die Atome, den gravitativen Kollaps) mit Hilfe der elementaren Physik aus dem Lehrbuch erklären, indem er die allgemeine Relativität, die Thermodynamik und die Gesetze des Lichts miteinander kombinierte. Gemeinsam mit einem Doktoranden aus Hongkong namens Jer Yu schrieb Peebles einen vollständigen Satz aus Gleichungen auf, der es ihm gestatten würde, die Entwicklung des Universums von den ersten Augenblicken nach dem Urknall bis heute zu erforschen. Peebles' Weltall beginnt mit einem ruhigen, heißen Zustand mit ganz wenigen Abweichungen, welche die Ursuppe aus Gas und Licht störten. Wenn sich diese Störungen ausweiten, stoßen sie auf Widerstand seitens des ungeordneten, zähflüssigen Plasmas aus freien Elektronen und Protonen. Das Universum vibriert wie ein gekräuselter, welliger Teich, bis zu dem Moment, in dem sich Elektronen und Protonen zu Wasserstoff und Helium zusammenfügen. Dann beginnt die nächste Phase: Atome und Moleküle gehen miteinander Verbindungen ein, kollabieren unter der Kraft der Gravitation, bilden kleine, über die ganze Raumzeit verstreute Kerne aus Masse und Licht. Das sind die Galaxien und Galaxienhaufen, die aus dem Urknall hervorgingen.

In Peebles' und Yus Universum führte die Verteilung der Galaxien im All, um großräumige Strukturen des Universums zu bilden, die Erinnerung an den heißen Anfang mit sich. Die auf den Urknall zurückgehende Reststrahlung, die Penzias und Wilson mit einer Temperatur von nur drei Grad Kelvin gemessen hatten, enthielt ein Echo der schwachen Fluktuationen, welche den Keim zur Entstehung der Galaxien legten. Indem Peebles und Yu die Gleichungen des Universums in einem stimmigen, einheitlichen Ganzen auflösten, fanden sie eine neue Methode, Einsteins allgemeine Relativitätstheorie zu erforschen: Man beobachte, wie die Galaxien im Raum verteilt sind und die großräumige Struktur des Universums bilden, und entdecke mit Hilfe dieser Information, wie die Raumzeit begann und sich entwickelte.

Es war eine eindrucksvolle, überzeugende Argumentation, aber Peebles' und Yus Ergebnisse stießen auf eine Mauer des Schweigens. «Niemand schenkte unserem Aufsatz Beachtung», erinnert sich Jim Peebles.[10] Indem sie die verschiedenen Gebiete der Physik vereinten, hatten sich Peebles und Yu auf ein intellektuelles Niemandsland begeben. Ihre Forschung war weder richtige Astronomie noch allgemeine Relativitätsforschung oder Grundlagenphysik. Die ausbleibende Resonanz störte Peebles nicht im Geringsten. Er forschte weiter am Universum, zog hier und da einen Studenten oder Mitarbeiter hinzu, brütete aber die meiste Zeit ungestört allein über seinen Berechnungen.

Jetzt, wo Peebles ein Modell des Universums hatte, musste er einige Daten untersuchen, um zu überprüfen, ob er auf der richtigen Spur war. Anfang der 1950er Jahre hatte der französische Astronom Gérard de Vaucouleurs, der an der University of Texas lehrte, einen bestimmten Katalog mit über tausend Galaxien, den Shapley-Ames-Katalog, beobachtet und einen «Strom von Galaxien» entdeckt, der sich über den ganzen Himmel erstreckte, größer als jeder Haufen, eher ein «Superhaufen» oder eine «Supergalaxie».[11] Seine Arbeit stieß auf eher negative Resonanz. Walter Baade, ein Astronom von Caltech, lehnte das Ergebnis rundweg ab und erklärte: «Wir haben keine Hinweise für die Existenz einer Supergalaxie.»[12] Das galt auch für Fritz Zwicky, der schlicht bekräftigte: «Superhaufen existieren nicht.»[13] Peebles war gegenüber Vaucouleurs' Ergebnissen ebenfalls skeptisch, aber er hielt sich hier, wie ein Student sich erinnert, an die Ansicht seines Mentors Bob Dicke, dass «gute Beobachtungen mehr wert sind als eine neue mittelmäßige Theorie».[14] Also schickte er sich an, zusammen mit seinen Schützlingen selbst die großräumige Struktur zu kartieren, hier und da mit erstaunlichen Ergebnissen. Als Marc Davis und John Huchra, beide junge Forscher in Harvard, entdeckten, dass in den weitaus schärferen Himmelsdurchmusterungen, die sie erstellten, in der Tat gewaltige Strukturen enthalten waren, war Peebles «baff», wie er einräumte: «Ich schrieb ein paar gehässige Aufsätze mit Beispielen aus der Vergangenheit, wie die Astro-

nomen durch eben diese Tendenz in die Irre geführt worden waren ...
nämlich Muster aus dem Lärm herauszulesen. Es lag auf der Hand, dass
man einen musterbildenden Mechanismus brauchte.»[15] Aber im Laufe
der Zeit erkannte er, dass die Galaxien tatsächlich in einem unendlichen
Teppich aus Mauern, Filamenten und Haufen arrangiert waren, in dem
sogenannten kosmischen Netz. Die großräumige Struktur, die Peebles
in seinen Computermodellen vorhergesagt hatte, zeichnete sich allmählich in der realen Welt ab.

Im Jahr 1979 stellte Stephen Hawking gemeinsam mit dem südafrikanischen Relativitätsforscher Werner Israel zur Feier von Einsteins
100. Geburtstag eine Bestandsaufnahme der Forschung zur Relativitätstheorie zusammen. Sie brachten die führenden Forscher in der Kosmologie, Schwarzen Löchern und Quantengravitation zusammen. Bob
Dicke und Jim Peebles steuerten einen Beitrag mit dem Titel «Die Ur-
knall-Kosmologie – Rätsel und Geheimmittel» bei. Es war ein kurzer
Aufsatz. Auf wenigen Seiten legten Dicke und Peebles dar, worin ihrer
Ansicht nach die grundlegenden Probleme einer unglaublich erfolgreichen Theorie bestanden.

Woran fehlte es also? Zum Ersten erscheint das Universum der Relativitätstheorie viel zu glatt. In der Vergangenheit hatte es zwar bereits
etliche Versuche gegeben, diesen Umstand zu erklären, aber Dicke und
Peebles hatte bislang noch keiner davon zufriedengestellt. Und das war
längst nicht alles. Warum wirkt die Geometrie des Raums, im Gegensatz
zur Raumzeit, so einfach? Die Geometrie des Raums weist allem Anschein nach keine Krümmung auf, und es gelten die Regeln der euklidischen Geometrie. Gesetze wie «Parallele Linien schneiden sich niemals»
und «Die Summe der Winkel eines Dreiecks beträgt 180 Grad» gelten
anscheinend bis in alle Ewigkeit. Ein Universum ohne räumliche Krümmung ist in der allgemeinen Relativität denkbar, aber es ist ein Sonder-
fall. Einsteins Gleichungen sagen voraus, dass durch die Ausdehnung des
Universums der Krümmungsgrad höchstwahrscheinlich unglaublich
schnell von null ansteigt. Wenn das Universum heute also anscheinend
so gut wie gar nicht gekrümmt ist, so wies es zwangsläufig in der Vergangenheit eine *noch* geringere Krümmung auf. Das Universum, in dem wir
leben, ist extrem unwahrscheinlich. Und schließlich müssen die Galaxien

und Strukturen aus Galaxien, die sich über den Himmel erstrecken, doch von irgendwoher gekommen sein. Die Bedingungen mussten perfekt aufeinander abgestimmt sein, damit das Universum so aussah wie heute. Beim Urknall musste die Tendenz des Universums zur Expansion gerade so stark sein, dass sie die Schwerkraft überwand und verhinderte, dass die gesamte Raumzeit wieder in sich zusammenfiel, aber sie durfte nicht so stark sein, dass die Raumzeit ins Nichts zerfiele. Im Grunde lief ihr ganzer Artikel auf die einfache Frage hinaus: Was passierte ganz am Anfang?

Auf Dickes und Peebles' Artikel folgte ein weiterer kurzer Aufsatz von Jakow Seldowitsch. Er hielt sich bei seinen Überlegungen zum Ursprung des Universums an die Argumentation, die bereits Abbé Lemaître anfangs vertreten hatte, als er sein Uratom erörterte. Im heißen, ursprünglichen Universum war eine Fülle interessanter Phänomene am Werk, die sich unter Umständen auf dessen Ausdehnung auswirkten und darauf Einfluss nahmen, wie es sich zu seinem heutigen Zustand weiterentwickelte. Seldowitsch spornte die Gemeinde der Teilchenphysiker und Relativisten an, diese Auswirkungen zu erforschen.

Die Aufsätze von Dicke und Peebles sowie von Seldowitsch waren geradezu hellseherisch. Nur ein Jahr später sollte die Kosmologie durch einen simplen Vorschlag, wie sich das Universum am Anfang entwickelt haben könnte, auf den Kopf gestellt werden. Die Idee hatte in unausgegorenem Zustand bereits seit geraumer Zeit kursiert, aber erst Alan Guth, ein Postdoktorand am Stanford Linear Accelerator Center, präsentierte die Essenz der kosmischen Inflation. Guth erkannte, dass nach manchen Grand Unified Theories – die die elektromagnetische, die schwache und die starke Kraft vereinheitlichen wollen – das Universum in einem Zustand stecken bleiben könnte, in dem die Energie eines der Felder unvorstellbar hoch wäre und alles andere dominieren würde. In diesem Zustand würde das Universum dazu gedrängt, sich rasch auszudehnen oder aufzublasen, wie Guth es nannte. Auch wenn sich Guth' ursprüngliche Idee als falsch erwies (wenn das Universum tatsächlich in so einen Zustand geriete, gäbe es daraus keinen Ausweg mehr), schlugen wenig später andere Wissenschaftler neue Varianten vor, das Universum aufzublasen.

Die Idee eines sich aufblasenden Universums, oder der Inflation, eröffnete einen neuen Pfad in der Kosmologie und enthüllte eine neue

Phase der Vergangenheit des Universums, die erforscht werden konnte. Nunmehr lag eine Theorie vor, die genau vorhersagte, wie das Universum ausgesehen haben müsste, als sich erste Strukturen herausbildeten, und sie schien auch die von Dicke und Peebles angesprochenen Probleme zu lösen. So dehnte die Inflation den Raum so rasch aus, dass er praktisch von Anfang an keine Krümmung hatte. Man stelle sich vor, dass man einen runden Ballon hat, den man noch in der Hand halten kann und mit einer riesigen Pumpe so schnell aufpumpt, dass er fast auf einen Schlag so groß wie die Erde ist. Aus der eigenen Sicht würde das Stück Gummi, das vor einem liegt, noch ziemlich platt aussehen. Außerdem würde ein Aufblasen das Universum in einen extrem glatten und makellosen Zustand versetzen. Sämtliche größeren Beulen oder Lücken, die naturgemäß den Reiz der Raumzeit ausmachen, würden schlagartig weit in die Ferne katapultiert, außer Sichtweite. Das Bild der Inflation beinhaltete ferner eine Möglichkeit, die Entstehung von Strukturen in der Anfangsphase des Universums von einem Moment auf den nächsten beginnen zu lassen. In der Phase der intensiven Inflation würden im Gefüge der Raumzeit die mikroskopisch kleinen Quantenfluktuationen zu den größten Skalen gedehnt und ausgeprägt.

Die Inflation stellte, wie Astrophysiker in Chicago es treffend formulierten, die Verbindung zwischen «dem inneren Raum und dem äußeren Raum» her.[16] Der innere Raum war die Welt der Quanten und der elementaren Kräfte, und der äußere Raum umfasste den Kosmos, wo die allgemeine Relativität ihr Recht geltend machte. So erhielt das Forschungsprogramm, das Peebles im Lauf des vorigen Jahrzehnts entwickelt hatte, gemeinsam mit der Forschung Seldowitschs, Silks und anderer ein ganz neues Ziel: Die großräumige Struktur des Universums, die Verteilung der Galaxien und das restliche Licht sollten die Schlüssel enthalten, die inneren und äußeren Raum miteinander verbanden. Die Leute nahmen allmählich Notiz von ihrer Arbeit.

Im Jahr 1982 versuchte Peebles, ein neues Modell des Universums zu konstruieren. Das alte Modell, das er mit Jer Yu aus Atomen und Strahlung entwickelt hatte, funktionierte nicht. Wenn er die Ergebnisse seines Modells mit den Listen von Galaxien, die am Himmel kartographisch erfasst waren, verglich, passten sie einfach nicht zusammen. Die Realität wollte einfach nicht mit seinen hübschen Berechnungen übereinstimmen. Und nicht nur das, im vorigen Jahrzehnt schienen die Galaxien deutlich komplizierter geworden zu sein. Das Bild von dem, was in ihnen vorging, begann seltsame Züge anzunehmen.

Die amerikanische Astronomin Vera Rubin hatte festgestellt, dass sich Galaxien offenbar viel zu schnell drehten, als es gut für sie war, wie manische Feuerräder, die von einer mysteriösen Kraft zusammengehalten wurden. Rubin richtete ihr Teleskop auf die Andromedagalaxie, einen Wirbel aus Sternen und Gas, der sich mit einer Geschwindigkeit von Hunderten Kilometern pro Sekunde drehte. Zumindest sah es so aus, wenn man die Galaxie durch das Teleskop betrachtete. Das meiste Licht kam aus dem Zentrum, wo die meisten Sterne konzentriert sind. Deshalb ging Rubin davon aus, dass der größte Teil der Gravitation, welche die Galaxie zusammenhielt, von ihrem zentralen Kern ausging. Aber als sie Sternenhaufen betrachtete, die zunehmend weiter vom Zentrum entfernt lagen, stellte sie fest, dass sie sich dafür viel zu schnell bewegten. Die Sterne waren so schnell, dass nicht zu begreifen war, wie die Anziehungskraft des Zentrums der Galaxie sie noch festhalten sollte. Es war so, als wenn die Erde plötzlich die Geschwindigkeit, mit der sie die Sonne umkreiste, verdoppelt oder verdreifacht hätte. Wenn die Sonne dabei nicht irgendwie auch ihre Anziehungskraft erhöhte, würde die Erde einfach die Umlaufbahn um die Sonne verlassen und ins All sausen. Etwas anderes, eine große und unsichtbare Kraft, hielt die äußeren Sterne auf ihrer Umlaufbahn.

Fritz Zwicky hatte bereits in den 1930er Jahren ein ähnliches Phänomen beobachtet, aber seine Ergebnisse waren fast 40 Jahre lang ignoriert worden. Zwicky hatte den Galaxienhaufen Coma betrachtet und die Gesamtmasse, die er dort wahrnahm, aufaddiert. Anschließend hatte er die Geschwindigkeit, mit der sich die Galaxien in dem Haufen bewegten, gemessen und festgestellt, dass sie sich viel zu schnell bewegten. In einem Aufsatz, den er 1933 in der Schweiz veröffentlichte, schreibt er: «Um, wie beobachtet, einen mittleren Doppler-Effekt von 1000 km/sek oder mehr zu erhalten, müsste also die mittlere Dichte im Comasystem mindestens 400-mal größer sein als die auf Grund von Beobachtungen an leuchtender Materie abgeleitete. Falls sich dies bewahrheiten sollte, würde sich also das überraschende Resultat ergeben, dass dunkle Materie in sehr viel größerer Dichte vorhanden ist als leuchtende Materie.»[17]

Jim Peebles stieß seinerseits ebenfalls auf Schwierigkeiten mit den Galaxien. Gemeinsam mit Jerry Ostriker, einem jungen Mitarbeiter aus Princeton, machte er sich daran, Computermodelle für die Entstehung der Galaxien auszuarbeiten, in denen sie als ein riesiger Haufen von Teilchen präsentiert wurden, die sich gegenseitig durch die Gravitation anzogen und sich um sich selbst drehten. Aber jedes Mal, wenn er seine Modelle sich drehen ließ, lösten sich die Galaxien sofort auf. Im Zentrum bildete sich ein Klumpen, der sich ausdehnte und die Galaxie auseinanderriss. Ostriker und Peebles versuchten, ihre Modelle zu stabilisieren, indem sie ihre sich drehenden Teilchen in eine unsichtbare Masse hüllten. Diese Sphäre aus Materie – ein Halo, wie sie es nannten – sollte die Gravitation beim Zusammenhalt der Galaxie unterstützen. Das Halo musste dunkel (also unsichtbar) sein, damit es von den Teleskopen nicht wahrgenommen wurde. Paradoxerweise zeigte das Modell, dass von der dunklen Materie viel mehr vorhanden sein musste als von den Atomen, die in den Sternen zu sehen waren. In den späten 1970er Jahren schrieben Sandra Faber, die in Santa Cruz in Kalifornien arbeitete, und Jay Gallagher, der in Illinois saß, einen Überblick, in dem sie die merkwürdigen Erkenntnisse der Astronomen bei der Beobachtung von Galaxien und die Simulationen Peebles' und seiner Mitarbeiter miteinander in Verbindung brachten. Sie kamen zu dem Schluss: «Wir halten es für wahrscheinlich, dass die Entdeckung unsichtbarer Materie als eine der wichtigen Schlussfolgerungen der modernen Astronomie Bestand haben wird.»[18]

Im Jahr 1982 beschloss Peebles, in seinen Entwurf für ein neues Modell des Universums Atome *und* dunkle Materie aufzunehmen. Tatsächlich ging er davon aus, dass fast das *gesamte* Universum aus einer mysteriösen Form von Materie bestand, die sich aus massehaltigen Teilchen zusammensetzte und für uns unsichtbar war, weil sie keine Wechselwirkung mit Licht zeigte. Peebles' Modell der kalten dunklen Materie ermöglichte es ihm vorherzusagen, wie die Verteilung der Galaxien aussah und wie groß die Wellen in der Reststrahlung waren. Dieser Ansatz sollte einen enormen Einfluss auf die Entwicklung der Kosmologie haben, dabei nahm er selbst ihn, wie Peebles sich erinnert, «überhaupt nicht ernst. ... Ich schrieb ihn auf, weil er so einfach war und zu den Beobachtungen passen könnte.»[19]

Peebles verwies zwar nicht ausdrücklich auf die unlängst vorgeschlagene Phase der Inflation, aber sein neues Modell passte ideal zum Zeitgeist. Er berief sich auf ein Masseteilchen, das sich aus der Grundlagenphysik ergeben konnte und den inneren und äußeren Raum miteinander verband. Das Modell der kalten dunklen Masse, oder abgekürzt CDM-Modell, wurde von einer wachsenden Schar Astronomen und Physiker übernommen, die anfingen, die Einzelheiten der Entstehung der Galaxien zu erforschen. Marc Davis in Berkeley verbündete sich mit zwei britischen Astronomen, George Efstathiou und Simon White, und dem mexikanischen Astronomen Carlos Frenk, um Computermodelle zu konstruieren, die in virtuellen Universen die Herausbildung einzelner Galaxien und Galaxienhaufen nachbildeten. In ihren Simulationen verfolgte diese «Viererbande», wie man sie nannte, Hunderttausende von Teilchen, während sie miteinander interagierten und gemeinsam die großräumige Struktur des Universums bildeten.

Das CDM-Modell erfreute sich zwar großer Beliebtheit und wurde begeistert angenommen, aber allzu viele Dinge daran schienen nicht zu stimmen. Nach dem von Peebles entworfenen CDM-Modell konnte das Universum höchstens 7 Milliarden Jahre alt sein, und das war viel zu jung. Astronomen hatten dichte Sternenhaufen, sogenannte Kugelsternhaufen, in etlichen Galaxien gefunden. Diese hellen Konzentrationen von Licht waren voller alter Sterne, die sich früh in der Geschichte des Universums gebildet hatten, als es überwiegend mit Wasserstoff und Helium angefüllt war. Das hieß wiederum, dass die Haufen mindestens zehn Milliarden Jahre alt waren. Und damit nicht genug: Wenn das Universum in erster Linie aus dunkler Materie bestand, dann betrüge das Verhältnis von dunkler Materie zu Atomen grob geschätzt 25 zu 1. Aber sosehr sich die Astronomen auch bemühten, es gelang ihnen nicht herauszufinden, wo sich diese dunkle Materie befand. Aus der Geschwindigkeit, mit der Galaxien rotierten, oder der Temperatur der Galaxienhaufen, die sie beobachteten, ließ sich ableiten, wie stark die Gravitation dort war (je heißer, desto stärker die Anziehungskraft) und wie viel dunkle Materie erforderlich war, um eine derart starke Gravitation zu erzeugen. Danach lag das Verhältnis zwischen dunkler Materie und

Atomen eher bei 6 zu 1. Sicher, die Methoden für das Abwiegen der dunklen Materie waren noch primitiv und unsicher, doch die Abweichung schien zu groß, um mit einem Messfehler erklärt zu werden. Fast unmittelbar nach der Konstruktion des CDM-Modells hielt Peebles es für angebracht, es aufzugeben und nach Alternativmodellen zu suchen. «Es gab so viele Modelle für ein kosmisches Netz in den Achtzigern und Anfang der Neunziger», wie er sagt.[20]

Der Viererbande erging es nicht viel besser. Mit Hilfe ihrer Computermodelle schufen sie virtuelle Universen und verglichen diese mit dem realen Universum. Aber die Modelle und die Realität sahen sich gar nicht ähnlich. So etwa wirkte das echte Universum im großen Maßstab deutlich strukturierter und komplexer als die Scheinuniversen. Im CDM-Universum waren die Galaxien viel stärker gehäuft, glätteten sich aber schneller, sobald man das größere Bild betrachtete, als im realen Universum. Ein Teil der Probleme in den virtuellen Universen konnte durch ein leichtes Nachbessern der Ergebnisse behoben werden, aber es ließ sich nicht leugnen, dass Peebles' einfaches Modell nicht einwandfrei funktionierte.

Ungeachtet der Tatsache, dass es grundlegenden Beobachtungen widersprach, wurde das Modell der kalten dunklen Materie von der Mehrheit der Astronomen und Physiker übernommen. Vom Konzept her war es einfach und passte hübsch zur Inflation und zum Beweis für dunkle Materie in den Galaxien. Die Verfechter des Modells suchten nach Möglichkeiten, es auszubauen und irgendwie festzuklopfen. Eine Möglichkeit bestand darin, Einsteins kosmologische Konstante aus der Versenkung zu holen. Für viele war das tabu.

Die Ablehnung der kosmologischen Konstante hatte sich zunehmend verstärkt, seit Einstein sie im Jahr 1917 erstmals ins Spiel gebracht hatte. Er selbst hatte zwar, als das expandierende Universum entdeckt wurde, die Konstante wieder aus seiner Theorie gestrichen, aber einige seiner Kollegen hielten weiter daran fest. Sowohl Arthur Eddington als auch der Abbé Lemaître entschieden sich dafür, eine Konstante in ihre Modelle des Universums zu integrieren. Lemaître gelangte sogar zu der Schlussfolgerung, dass die kosmologische Konstante nichts anderes als die Energiedichte des Vakuums sei. Im Jahr 1967 zeigte Seldowitsch auf, was für ein ernstes Problem die kosmologische Konstante sein könnte. Er addierte die Energie aller virtuellen Teilchen, die im Universum entstehen und wieder vergehen mochten, und erkannte, dass die daraus resultierende Energiedichte zwar wie eine kosmologische Konstante aussehen würde, aber einen wahrhaft gigantischen Wert haben müsste. Genau genommen wäre die entsprechende kosmologische Konstante unendlich, und zwar aus genau den gleichen Gründen, aus denen alles, was mit Quantengravitation zu tun hatte, unendlich war. Allerdings konnte man sie schon mit einem kleinen Trick endlich machen. Nichtsdestotrotz war es eine enorme Zahl von einer Größenordnung, die höher war als jede bislang im Kosmos gemessene Energie.[21]

Aus Seldowitschs Berechnung ging hervor, dass eine Energie des Vakuums – und damit eine kosmologische Konstante –, wenn sie tatsächlich im Weltall existierte, viel zu groß wäre, um mit den Beobachtungen in Einklang gebracht zu werden. Für das weitere Vorgehen blieb nichts anderes übrig, als anzunehmen, dass hier ein bislang unbekannter physikalischer Mechanismus zutage trat, der die kosmologische Konstante gleich null setzte. In der Praxis beschlossen die Kosmologen, die Konstante zu ignorieren und so zu tun, als würde sie nicht existieren.

Wann immer jemand versuchte, die Probleme mit der dunklen Materie zu lösen, tauchte jedoch die kosmologische Konstante als eine Lösungsmöglichkeit auf. Im Jahr 1984 gelangte Peebles selbst zu dem Schluss, dass ein funktionsfähiges Universum mit dunkler, kalter Materie die Größe Lambda brauchte, die ungefähr 80 Prozent der gesamten Energie des Universums ausmachte. Als die Viererbande (Davis, Efstathiou, Frenk und White) versuchte, eines ihrer Modelle für das Universum mit der Konstante Lambda zu simulieren, stellten sie fest, dass ein großer Teil der Probleme, auf die sie bei dem vorigen CDM-Modell gestoßen waren, auf diese Weise behoben war.

Im Jahr 1990 veröffentlichte George Efstathiou, damals an der University of Oxford, einen Aufsatz in der Zeitschrift *Nature* mit dem Titel «Die Kosmologische Konstante und die kalte dunkle Materie». In dem Aufsatz verglichen Efstathiou und seine Mitarbeiter die großräumige Struktur eines simulierten Universums einschließlich der kosmologischen Konstante mit dem realen Universum; dabei verwendeten sie dieses Mal einen Katalog mit Millionen von Galaxien, den sie im Laufe der Jahre zusammengestellt hatten. In ihren einleitenden Worten erklärten sie: «Wir argumentieren hier, dass die Erfolge der CDM-Theorie gewahrt bleiben und die neuen Beobachtungen in eine räumlich flache Kosmologie eingepasst werden können, in der sage und schreibe 80 Prozent der kritischen Dichte von einer positiven, kosmologischen Konstanten stammen.» Im Folgenden wiesen sie dann nach, dass ein solches Universum allem Anschein nach mit allen bislang vorliegenden Beobachtungen übereinstimmte.[22] Jerry Ostriker und Paul Steinhardt, ein Vater der Inflationstheorie, veröffentlichten im Jahr 1995 in *Nature* einen Artikel, in dem sie argumentieren, dass «ein Universum, das eine kritische Energiedichte und eine hohe kosmologische Konstante hat, offenbar befürwortet wird».[23] Alles schien auf Lambda hinzudeuten.

Es tauchten zwar etliche Hinweise auf Lambda in der großräumigen Struktur auf, aber alle schreckten davor zurück. Wie Jim Peebles im Jahr 1984 schrieb: «Das Problem an der Entscheidung ist ... dass sie nicht plausibel erscheint.»[24] Auch Efstathiou und seine Kollegen erklärten im Fazit ihres Aufsatzes: «Eine kosmologische Konstante, die nicht gleich null ist, hätte tiefgreifende Auswirkungen auf die Grundlagenphysik.»[25] In einem anderen Beitrag argumentierten George Blumenthal, Avishai Dekel und Joel Primack aus Santa Cruz in Kalifornien, dass die Existenz einer kosmologischen Konstante «ein anscheinend unglaubwürdiges Ausmaß an Feinabstimmung der Parameter der Theorie erfordert».[26] Tatsächlich stellten die Beobachtungen die Physiker vor eine unüberwindliche Herausforderung, wie Jerry Ostriker und Paul Steinhardt schrieben: «Wie können wir den Nicht-null-Wert der kosmologischen Konstante aus theoretischer Sicht erklären?»[27] Das Problem konnte nicht länger ein schmutziges kleines Geheimnis bleiben.

Auf der Konferenz in Princeton im Jahr 1996 sah sich Michael Turner von der University of Chicago einem Schwall von Beschimpfungen ausgesetzt, als er gemeinsam mit Richard Gott und David Spergel die kosmologische Konstante propagierte. Die Beobachtungen sprachen für ihn, aber die Kröte einer kosmologischen Konstante wollten seine Kollegen noch nicht schlucken. Aus konzeptioneller Sicht war sie zu abwegig und aus ästhetischer zu unschön. Vermutlich wäre er billiger davongekommen, wenn er eine göttliche Intervention gefordert hätte. Am Ende der Debatte trug das CDM-Standardmodell ohne kosmologische Konstante den Sieg davon. Jim Peebles verfolgte fasziniert das Spektakel.

Im Jahr 1996 hatte sich die Kosmologie stärker gewandelt, als sich Jim Peebles jemals hätte träumen lassen. Er hatte gemeinsam mit Jakow Seldowitsch, Joe Silk und einigen anderen Vorkämpfern die Theorie großräumiger Strukturen entwickelt. Peebles hatte im Grunde die Methoden ausgearbeitet, die nicht nur zur Theoriebildung, sondern auch zur Analyse der Beobachtungen dienten. Nunmehr führte eine neue Generation theoretischer Physiker seine Ideen mit einer fast schon beunruhigenden Vehemenz weiter, während die Astronomen das Universum mit zunehmend größerer Präzision kartographisch erfassten.

In dieser neuen Ära fand sich Peebles in der merkwürdigen Lage wieder, dass er auf einem Forschungsgebiet, das er selbst mitgegründet hatte, ein Querdenker war. Ihm gefiel der Eifer nicht, mit dem seine Kollegen das CDM-Modell akzeptiert hatten. Deshalb präsentierte er unablässig neue Modelle als Alternative. Aber wie sein Mentor Bob Dicke gesagt hatte, gute Daten sind einfach unschlagbar. In Kürze sollten die CDM-Anhänger ebenso wie Peebles selbst zu den Geschlagenen gehören.

Im Jahr 1992 erklärte George Smoot, einer der Hauptforscher im *Cosmic Background Explorer* oder kurz COBE: «Wenn man religiös ist, dann ist das wie Gott erblicken.»[28] Das Projekt COBE war ein Satellitenexperiment eigens zu dem Zweck, die Reststrahlung des Urknalls mit einer bislang ungeahnten Präzision aufzuspüren und aufzuzeichnen, wie ihre Helligkeit sich verändert, wenn man am Himmel in verschiedene Richtungen schaut. Smoot sprach damals über die allererste Messung der kaum fassbaren *Fluktuationen* in der Reststrahlung, jener kleinen Unvollkommenheiten, deren Existenz Peebles, Silk, Nowikow und Sunjajew schon seit 25 Jahren vorhergesagt hatten. Es war eine lange und um ein Haar peinliche Suche gewesen. Als die Zeit verging und von den Fluktuationen immer noch keine Spur entdeckt wurde, hatten die Theoretiker ihre Vorhersagen überarbeitet und ihre Erwartungen zurückgestuft. Im Jahr 1992 fertigte der Satellit COBE mit Hilfe von Detektoren, die auf Bob Dickes Anregungen basierten, eine Karte der Reststrahlung an, und es folgte ein kollektiver Seufzer der Erleichterung. Smoot erhielt in der Folge für seine Forschung mit COBE den Nobelpreis.

Die Entdeckung des Satelliten war erst der Anfang. Das Bild, das er von den Fluktuationen im Restlicht lieferte, war immer noch verschwommen und unklar. Die Fluktuationen mussten in den Vordergrund gerückt werden, weil es, wie Peebles, Nowikow und Seldowitsch gezeigt hatten, in der Reststrahlung einen bunten Teppich aus heißen und kalten Flecken geben sollte, mit dessen Hilfe man die Geometrie des Raums kartieren konnte. Wenn die Geometrie des Raums wirklich euklidisch war, dann müsste die Größe der Flecken einem Winkel von etwa 1 Grad am Himmel entsprechen. Und das Vermessen der Geometrie des Alls war, aufgrund der allgemeinen Relativität, gleichbedeutend mit dem Ausmessen der Energiemenge im gesamten Weltall. Die Experimente mussten verbessert werden. Dutzende von Gruppen auf der ganzen Welt entwickelten Instrumente, welche die Reststrahlung mit einer größeren Präzision und Schärfe messen konnten. Es war, als hätte sich eine Bande unerschrockener Forscher aufgemacht, einen neuen, eben erst entdeckten Kontinent zu erkunden. Als um die Jahrtausendwende endlich alle Ergebnisse eintrafen, gab eine Gruppe Experimentalforscher die Entdeckung bekannt, dass die heißen und kalten Flecken tatsächlich ein Winkelmaß von etwa 1 Grad hatten und dass die Geometrie des Alls deshalb flach sein musste. Genau wie die Theorie der Inflation vorausgesagt und weitere Hinweise aus der großräumigen Struktur des Alls erhärtet hatten, sprach das Ergebnis für das CDM-Modell *und* eine kosmologische Konstante.

Das letzte Puzzleteil, das für die kosmologische Konstante definitiv den Ausschlag gab, stammte nicht aus dem Feld der großräumigen Struktur, das Peebles so liebevoll aufgebaut hatte, sondern aus der Erforschung der Supernovae im fernen All. Der erste Hinweis ging im Januar 1998 auf der Jahreskonferenz der American Astronomical Society ein, als ein Team aus Astronomen und Physikern von der Westküste, das sich das Supernova Cosmology Project nannte, erklärte, dass die Gravitation aus der dunklen Materie oder Atome einfach nicht ausreiche, um die Expansion des Universums zu zügeln und zu bremsen. Genau genommen erkannte das Supernova Cosmology Project, dass sich die Ausdehnung des Universums möglicherweise sogar beschleunigt. Das hieß, dass das Universum entweder deutlich kleiner als bislang angenommen war oder dass es eine kosmologische Konstante hatte, die den Raum auseinandertrieb.

Das Supernova Cosmology Project wiederholte bis zu einem gewissen Grad lediglich, was Hubble und Humason schon in den 1920er Jahren gemacht hatten: die Entfernungen und die Rotverschiebungen ferner Objekte zu messen. Statt Galaxien zu untersuchen, mussten die Beobachter nunmehr nach einzelnen Supernovae suchen, nach Sternen, die mit einem gewaltigen Lichtausbruch explodierten, so hell wie eine ganze Galaxie in einer winzigen Nadel, und die in noch viel größeren Entfernungen zu sehen waren, als Hubble und Humason beobachtet hatten. Vom Prinzip her war die Arbeit des Supernova-Projekts zwar ein Echo der Forschung Hubbles und Humasons, aber inzwischen handelte es sich nicht mehr um eine Aufgabe für zwei Personen, sondern um eine gigantische Operation mit Teams, die, auf drei Kontinente verteilt, zahlreiche bodengestützte Teleskope sowie das Hubble-Space-Teleskop einsetzten, um zu ihren Daten zu gelangen. Die Messmethoden waren schwierig und es hatte über ein Jahrzehnt gedauert, sie zu perfektionieren.

Auf das Supernova Cosmology Project folgte schon bald das High-Z Supernova Search Project, das ganz ähnliche Ergebnisse zutage förderte: vorläufige Hinweise auf eine beschleunigte Expansion des Universums, also auf eine kosmologische Konstante.

Weder das erste noch das zweite Team konnte sich dazu durchringen, das, was sie aus ihren Daten herauslasen, bekannt zu geben. Auf der Konferenz der American Astronomical Society im Januar 1998 in Washington hielten sie vorsichtig formulierte Vorträge, fast schon peinlich zurückhaltend. Die eigentliche Implikation ihrer Ergebnisse wurde in aller Stille auf den Gängen diskutiert und von Reportern aufgeschnappt. Einen Tag nach den Äußerungen der Supernova-Teams hieß es in dem Bericht in der *Washington Post:* «Die Erkenntnisse bringen allem Anschein nach frischen Wind in die Theorie, dass eine sogenannte kosmologische Konstante existiert.»[29] Wenige Wochen danach ging die Zeitschrift *Science* einen Schritt weiter und veröffentlichte den Artikel «Explodierende Sterne weisen auf eine universale, abstoßende Kraft hin». In dem Artikel lehnte der Leiter des Supernova Cosmology Projects Saul Perlmutter es ab, so weit zu gehen, und gab lediglich den Kommentar ab: «Das muss noch näher erforscht werden.»[30]

Nur gut einen Monat später machte das High-Z-Team reinen Tisch und sprach es aus: In ihren Daten war die Größe Lambda enthalten.

Das Weltall war nicht nur viel zu leer von Atomen und dunkler Materie, es war mit etwas anderem angefüllt, das bewirkte, dass die Ausdehnung sich beschleunigte. Mitglieder des High-Z-Teams wurden auf der ganzen Welt zu Fernsehinterviews eingeladen, um ihre seltsamen, unergründlichen Ergebnisse der Allgemeinheit zu erklären. CNN meldete, dass Wissenschaftler darüber «verblüfft» seien, «dass sich das Weltall womöglich beschleunige».[31] Der Leiter von High-Z Brian Schmidt wurde in der *New York Times* mit den Worten zitiert: «Meine eigene Reaktion liegt irgendwo zwischen Erstaunen und Bestürzung. Erstaunen, weil ich dieses Ergebnis einfach nicht erwartet hätte, und Bestürzung in dem Wissen, dass die Mehrheit der Astronomen es vermutlich nicht glauben wird – die, genau wie ich, gegenüber dem Unerwarteten extrem skeptisch sind.»[32] Das SCP-Projekt folgte mit seinen Ergebnissen bald nach. Damit war es offiziell: Lambda existierte im Weltall. Für ihre Entdeckung bekamen die Leiter der beiden Teams Saul Perlmutter, Brian Schmidt und Adam Riess im Jahr 2011 den Nobelpreis.

Jahre- oder gar jahrzehntelang hatte eine gewisse Unsicherheit hinsichtlich der Beschaffenheit, der Geometrie und den elementaren Bausteinen des Universums bestanden. Die unterschiedlichen Vorschläge hatten alle ihr Für und Wider, und die Kosmologie war ebenso sehr zu einer Frage der Ästhetik wie der Wissenschaft geworden, wobei sich die Experten ihre bevorzugten Theorien nach dem persönlichen Geschmack aussuchten. Aber jetzt hatte ausgerechnet jene Theorie, die von den meisten gemieden wurde, gesiegt: die kosmologische Konstante. Wenige Monate später hatte sich ein neues Standardmodell der Kosmologie, das sogenannte Konkordanzmodell oder einfallslos Lambda-CDM-Modell, etabliert. Dieses neue Modell des Weltalls enthielt ein Gemisch aus Atomen, kalter dunkler Materie und einer kosmologischen Konstante. Das war das Universum, auf das großräumige Strukturen schon seit einem Jahrzehnt hindeuteten, das aber niemand akzeptieren wollte. Selbst Peebles, bei allem Sträuben, einfach dem Mainstream zu folgen, war verblüfft, wie sich alles zusammenfügte. Dabei waren es die Daten, die zu dem neuen Modell führten, wie sein Mentor ganz richtig vorhergesagt hatte. Peebles musste zugeben: «Die beste Erklärung für das, was die Daten uns sagen, ist eine kosmologische Konstante. Oder etwas, das wie eine kosmologische Konstante aussieht.»[33]

Als Jim Peebles im Jahr 2000 in den Ruhestand ging, verbrachte er viel Zeit mit ausgedehnten Spaziergängen und dem Fotografieren wilder Tiere. Er genoss die Schönheit und gelegentliche Fremdartigkeit der Vögel, auf die er bei seinen Touren stieß. Dafür hatte er jetzt mehr Zeit. Statt sich auf die Muster zu konzentrieren, die Galaxien am Himmel hinterließen, oder auf die möglichen Varianten, mit denen einzelne Galaxien sich drehten, vergaß er sich selbst nun in der Schönheit der Wälder. Doch es waren genau dieser achtsame Blick und die Aufmerksamkeit für das Detail gewesen, die den Wandel der Kosmologie zu einer präzisen Wissenschaft ausgelöst hatten. Eine weitere Dimension der allgemeinen Relativität hatte sich herauskristallisiert und gewissermaßen ein Eigenleben entwickelt. Peebles' stille und hartnäckige Bemühungen, sein «Gekritzel», wie er es gerne nannte, hatte die Erforschung der großräumigen Struktur des Weltalls ins Zentrum der Physik und Astrophysik gerückt. Der Einzelgänger in ihm hatte zu jenem bizarren Modell des Universums geführt, das sich inzwischen etabliert hatte: ein Universum, in dem 96 Prozent seiner Energie in dunklen Substanzen steckt, eine Kombination aus dunkler Materie und kosmologischer Konstante. Verglichen mit der Ausgangslage, als er vor fast 50 Jahren seine Forscherkarriere antrat, war dies eine geradezu surreale Wende der Ereignisse.

Die kosmologische Konstante war inzwischen allgemein akzeptiert. Das grundlegende Problem blieb jedoch bestehen: ein eklatanter Widerspruch zwischen dem, was Seldowitsch aufgrund der Addition der Energie der virtuellen Teilchen im Universum vorhergesagt hatte, und dem Wert, der tatsächlich beobachtet wurde, ein Missverhältnis von mehr als dem Hundertfachen! Aber während dieser Widerspruch die Kosmologen in der Vergangenheit dazu gebracht hatte, nicht einmal über die Möglichkeit einer kosmologischen Konstante nachzudenken, nahmen sie jetzt deren Existenz bereitwillig an. Sie steckte unweigerlich in den Daten. In ihrem Lehrbuch über relativistische Astrophysik aus dem Jahr 1967 hatten Jakow Seldowitsch und Igor Nowikow geschrieben: «Wenn ein Geist einmal aus der Flasche gelassen wurde … ist es nach der Legende außerordentlich schwierig, ihn wieder hineinzujagen.»[34] In dieser Analogie steckt ein Körnchen Wahrheit. Nunmehr, nach der allgemeinen Wende zum Konkordanzmodell, muss man sich der kosmologischen Konstante direkt stellen.

Oder vielleicht auch nicht. Ein weiterer Versuch, ohne die kosmologische Konstante auszukommen, beschwor etwas völlig Neuartiges herauf, das angeblich das Universum auseinandertreibt. Dieses exotische neue Feld, Teilchen oder Substanz verhielt sich ganz ähnlich wie eine kosmologische Konstante, wurde aber schon bald allgemein als «dunkle Energie» bezeichnet.[35] Man setzte und setzt noch große Hoffnungen in die dunkle Energie und ihr Potenzial, die Erfolge der beobachtenden Kosmologie mit der Kreativität der Teilchenphysik und der Quantenmechanik zu kombinieren. Junge und alte Kosmologen machten sich scharenweise daran, das Thema zu erforschen. In einem Vortrag auf einer Konferenz legte ein Redner eine Folie mit über 100 verschiedenen Modellen für dunkle Energie vor, ein Zeugnis für die Kreativität der neuen Kosmologengeneration. Aber auch die Erfindung der dunklen Energie löste nicht das Problem, das Seldowitsch angesprochen hatte, nämlich dass die Energie des Vakuums im Grunde viel zu groß sei, um mit physikalischen Gesetzen vereinbar zu sein. Einmal mehr neigte man zu dem Ansatz, so zu tun, als existiere die Diskrepanz überhaupt nicht. Eine Revolution in der Quantentheorie der Gravitation war nötig, um zu einem umstrittenen Lösungsversuch zu gelangen.

Der Aufstieg der physikalischen Kosmologie in den vergangenen 40 Jahren veränderte unsere Sichtweise der Raumzeit und des Universums. Indem sie sorgfältig die großräumigen Eigenschaften des Weltalls sondierten, öffneten Jim Peebles und seine Zeitgenossen ein völlig neues Fenster zur Realität. In Verbindung mit den großartigen Erfolgen bei der Kartierung der Verteilung von Galaxien und der Reststrahlung hat ihre Forschungsarbeit zu einem bizarren Modell des Universums geführt, voller exotischer Substanzen, die wir heute kaum schon begreifen. Das ist weit entfernt von der Kosmologie der 1960er Jahre, einer «ziemlich trostlosen» Wissenschaft, wie Peebles sie nannte, mit nur drei Zahlen. Die moderne Kosmologie ist eine großartige Erfolgsgeschichte der allgemeinen Relativitätstheorie Einsteins und der modernen Wissenschaft insgesamt, und sie wirft ebenso viele Fragen zum Weltall auf, wie sie beantwortet.

Kapitel 12

Das Ende der Raumzeit

Stephen Hawking wurde im Jahr 1979 die Lucasische Professur für mathematische Physik in Cambridge angeboten. Den wohl renommiertesten Lehrstuhl der theoretischen Physik auf der ganzen Welt, den einst Isaac Newton und vor nicht allzu langer Zeit Paul Dirac innegehabt hatten, sollte nunmehr ein Relativitätsforscher übernehmen, der noch keine vierzig war. Hawking hatte es verdient. In knapp zwei Jahrzehnten Forschung hatte er wesentliche Beiträge zur Entstehung des Universums und zur Physik Schwarzer Löcher geliefert. Die Krönung seiner Leistung war zweifellos der Beweis gewesen, dass Schwarze Löcher strahlen, eine Entropie und eine Temperatur haben und am Ende verdampfen. Die Hawking-Strahlung, wie sie genannt wurde, hatte die Welt der Physik völlig überrascht. Schwarze Löcher waren nach dem damaligen Stand eben schwarz und sonst nichts. Aufgrund von Jacob Bekensteins Hypothese hatte Hawking nachgewiesen, dass Schwarze Löcher eine starke Entropie enthalten mussten und dass diese Entropie in direkter Relation zur Fläche des Schwarzen Lochs stand und nicht zum Volumen, wie in allen anderen, vertrauten physikalischen Systemen. Dabei drängte sich allen geradezu die Frage auf: Wie ist die Entropie in einem Schwarzen Loch untergebracht? Und alle dachten bei sich, dass die Quantengravitation mit Sicherheit die Antwort darauf geben würde.

Die Suche nach der Quantengravitation schien zum Stillstand gekommen zu sein. Zur Zeit des Oxforder Symposiums im Jahr 1975, als Hawking seine Entdeckung der Strahlung Schwarzer Löcher bekannt gegeben hatte, war bereits deutlich geworden, dass die allgemeine Relativität nicht renormierbar war und dass sich die problematischen unendlichen Größen nicht einfach verstecken ließen. Die allgemeine Relativität unterschied sich radikal von anderen Theorien der Naturkräfte und sträubte sich hartnäckig gegen herkömmliche Methoden, mit deren Hilfe die Standardmodelle der Teilchen und Kräfte entstanden waren. Ein grundlegend anderer Ansatz musste gefunden werden, und Hawking und seine Physikerkollegen standen vor einer verwirrenden Palette von Optionen. Ende der 1970er Jahre überschwemmte eine Flut neuer Ideen und Methoden das Feld der Quantengravitation, die in den folgenden Jahrzehnten tiefe Gräben in die Welt der Physik reißen sollten. Die verfeindeten Lager hielten hartnäckig an ihren jeweiligen Regeln fest, wie die allgemeine Relativität zu quantisieren sei, und lehnten es dogmatisch ab, andere Ansätze zu akzeptieren. Die Gemeinde der Physiker, die an der Quantengravitation forschte, zerbrach in gegnerische Stämme, die regelrechte Kriege gegeneinander führten. Doch trotz dieser Turbulenzen brach sich die gemeinsame Auffassung Bahn, dass man sich von der alten Vorstellung von Raumzeit als einem Kontinuum verabschieden und eine radikal neue Sichtweise übernehmen musste.

Stephen Hawking war schon immer ein Mann für kühne und umstrittene Äußerungen gewesen, häufig mit einer visionären Kraft, aber hier und da auch spitzbübisch. Bei der Übernahme des neuen Lehrstuhls nutzte Hawking seine Antrittsvorlesung mit dem Titel «Ist das Ende der theoretischen Physik in Sicht?», um seine Sichtweise der Zukunft der Physik darzulegen, und kündigte an: «Das Ziel der theoretischen Physik könnte durchaus in nicht allzu ferner Zukunft erreicht werden, sagen wir, bis zum Ende des Jahrhunderts.»[1] In Hawkings Augen standen die Vereinheitlichung der Gesetze der Physik und eine Quantentheorie der Gravitation unmittelbar bevor.

Er hatte allen Grund zu dieser gewagten Behauptung, die sich auf vielversprechende Entwicklungen in einem neuen Konzept namens Supersymmetrie stützte. Nach der Supersymmetrie existiert in der Natur eine tiefe Symmetrie, die unweigerlich alle Teilchen und Kräfte im Universum miteinander verbindet. Jedes Elementarteilchen hat demnach ein Gegenpaar: Für jedes Fermion existiert ein Zwillingsboson und umgekehrt. Eine 1976 erstmals präsentierte Theorie führte das Konzept der Supersymmetrie einen Schritt weiter und spiegelte die Raumzeit selbst, so dass eine Supergravitation entstand. Als Hawking seine Vorlesung hielt, schien die Supergravitation die Lösung, auf die alle gehofft hatten: ein aussichtsreicher Kandidat für die Quantentheorie der Gravitation. Doch die Supergravitation erwies sich als sperrig. Sie dehnte Raumzeit in weitere Dimensionen aus und erforderte weitaus kompliziertere Gleichungen als die ursprünglich von Einstein vorgeschlagenen. Die Berechnung beliebiger Größen dauerte Monate, und die Ergebnisse enthielten lästige unendliche Werte und Teilchen, die einfach nicht passten. Eine kleine Gruppe von Starrköpfen befasste sich noch weiter damit, aber zumindest was die Theorie der Quantengravitation betraf, wurde es schon bald still um das Konzept. Hawking musste das Ende der theoretischen Physik anderswo suchen.

Während Hawking 1979 in seiner Antrittsvorlesung in Cambridge vor Optimismus förmlich gesprüht hatte, grübelte er inzwischen über ein merkwürdiges Problem nach, auf das er gestoßen war, als er herausgefunden hatte, dass Schwarze Löcher strahlen. Dieses Problem schwebte unheimlich und drohend über allen Versuchen, die Gravitation zu quantisieren, und sollte eine der elementarsten Überzeugungen der Physik zunichtemachen. Hawking wählte ein Treffen in der Villa des reichen Unternehmers Werner Erhard, um es einer ausgewählten Gruppe von Kollegen vorzulegen.

Erhard hatte sein Vermögen und seinen Ruhm mit Kursen zur Selbsterfahrung in den Vereinigten Staaten erworben. Er war von einem Sammelsurium aus Gelehrten und Religionen vom Zen-Buddhismus bis hin zu Scientology beeinflusst, hatte aber eine Schwäche für Physik. Jedes Jahr veranstaltete er eine Reihe von Vorträgen über Physik und lud dazu berühmte Persönlichkeiten wie Hawking und Richard Feynman ein. Als Hawking 1981 eingeladen wurde, einen Vortrag zu halten, beschloss er, über ein bizarres Ergebnis zu reden, das er im Jahr 1976 zum ersten Mal veröffentlicht hatte und das ihm seither keine Ruhe ließ. Genau genommen wurde der Vortrag von einem jungen Doktoranden Hawkings gehalten – er selbst war inzwischen außerstande, noch Vorträge zu halten – und hieß «Das Informationsparadox der Schwarzen Löcher».[2]

Die Vorlesung widmete sich der ehrwürdigen Überzeugung in der Physik, dass es, vorausgesetzt, man verfügt über vollständige Informationen über ein physikalisches System, immer möglich sein muss, die Vergangenheit des Systems zu rekonstruieren. Man stelle sich einen Ball vor, der einem am Kopf vorbeifliegt. Wenn man weiß, wie schnell er sich bewegte und in welche Richtung er flog, ist es möglich, exakt zu rekonstruieren, woher er genau kam und was unterdessen passierte. Oder nehmen wir eine mit Gasmolekülen gefüllte Kiste. Wenn man die Positionen und Geschwindigkeiten eines jeden Moleküls in der Kiste messen könnte, könnte man bestimmen, wo sich jedes Teilchen zu jedem beliebigen Augenblick in der Vergangenheit befunden hat. Realitätsnahe Situationen sind häufig viel komplexer. Zum Beispiel der Laptop, mit dem ich gerade diesen Text schreibe. Ich bräuchte eine Fülle von Informationen über die ganze Welt, um genau zu rekonstruieren, wie der Laptop entstanden ist, aber im Prinzip wäre es nach den Gesetzen der Physik möglich. Auf einer noch höheren Ebene der Komplikation sollte es möglich sein, den Zustand eines Quantums in der Vergangenheit zu rekonstruieren, sofern man alle Informationen über den aktuellen Zustand hat. In der Tat ist das ein fester Bestandteil der Gesetze der Quantenphysik: Die Information bleibt immer erhalten. Information ist der Kern der Vorhersagbarkeit, und Physiker klammern sich an die Grundregel, dass Informationen niemals verloren gehen.

Information wird nie zerstört, es sei denn, sie kommt mit einem Schwarzen Loch in Berührung. Wenn man ein Exemplar dieses Buchs in ein Schwarzes Loch werfen würde, dann würde es aus dem Blick verschwinden. Masse und Fläche des Schwarzen Lochs würden sich minimal erhöhen, und das Schwarze Loch würde Licht abstrahlen. Früher oder später wird das Schwarze Loch verdampfen und verschwinden, dann bleibt eine nichtssagende Strahlung zurück. Wirft man eine mit Luft gefüllte Plastiktüte gleicher Masse wie das Buch in das Loch, passiert genau das Gleiche: Die Fläche des Schwarzen Lochs wird größer, es gibt ein wenig Licht ab und verschwindet am Ende; die zurückbleibende Strahlung ist identisch. Das Endprodukt wird in beiden Fällen *exakt* gleich sein, obwohl der Anfang sehr unterschiedlich aussah. In Wirklichkeit brauchen wir nicht einmal abzuwarten, bis das Schwarze Loch verschwindet. Schwarze Löcher senden zwar eine Strahlung aus, aber sie sehen exakt gleich aus, und es ist unmöglich zu rekonstruieren, ob der Anfang des Ereignisses dieses Buch oder eine aufgeblasene Plastiktüte war. Die Information ist verschwunden.

Hawking hatte ein Paradox erkannt: Wenn Schwarze Löcher existierten, strahlten sie und verdampften, aber es bedeutete, dass das Universum unberechenbar war. Die Vorstellung, dass eine direkte Verbindung zwischen Ursache und Wirkung besteht, eine Grundannahme der newtonschen, einsteinschen und Quantenphysik, müsste über Bord geworfen werden. Hawkings Ankündigung schockierte seine Kollegen. Viele weigerten sich einfach, seine Äußerungen zu akzeptieren. Wenn Informationen verloren gingen, dann gab es für die Physik keine Zukunft als Wissenschaft, die Vorhersagen macht. Die einzige Möglichkeit, daran festzuhalten, wäre, dass ein Schwarzes Loch viel komplexer war als bislang angenommen, etwa eine neue Form von Mikrophysik besaß, die es ihm ermöglichte, Information zu speichern sowie dafür zu sorgen, dass die Information am Ende seines Daseins wieder an die Außenwelt abgegeben wurde. Die Antwort darauf konnte nur von der Quantengravitation kommen.

Im Jahr 1967 verfasste Bryce DeWitt zwei entgegengesetzte Manifeste zur Quantisierung der allgemeinen Relativität. Der inzwischen über 40-jährige Physiker hatte fast 20 Jahre damit verbracht, das unlösbare Problem zu lösen, und hielt drei Manuskripte in Händen, die seine Forschungsarbeit zusammenfassten. Sie wurden unter dem Schlagwort «Trilogie» bekannt, und viele sahen darin die heilige Lehre der Quantengravitation.[3] DeWitt achtete gewissenhaft darauf, die gesamte Forschungsarbeit anzuerkennen, die andere vor ihm zur Quantengravitation geleistet hatten. Aber es waren seine Aufsätze, die den Grundstein zur Vereinigung der Quantenphysik und der allgemeinen Relativität auf eine ganz in sich geschlossene Weise legten; im Wesentlichen fassten sie sein eigenes Werk und das aller seiner Vorläufer zusammen.

Der erste Aufsatz der Trilogie beschrieb den, wie er es nannte, kanonischen Ansatz, den schon vor ihm andere, darunter Peter Bergmann, Paul Dirac, Charles Misner und John Wheeler, angeregt hatten. Wie in der allgemeinen Relativität stand hier die Geometrie im Mittelpunkt.

Nach dem kanonischen Ansatz wird die Raumzeit in zwei separate Teile getrennt: Raum und Zeit. Die allgemeine Relativität ist nicht länger eine Theorie über die Raumzeit als ein untrennbares Ganzes, sondern wird zu einer Theorie darüber, wie sich der Raum im Laufe der Zeit entwickelt. DeWitt wies nach, dass es möglich war, die Quantenphysik einzuführen, indem man nach einer Gleichung sucht, mit deren Hilfe sich die *Wahrscheinlichkeiten* berechnen ließen, mit der sich eine bestimmte Geometrie des Raumes zeitlich entwickelt. So wie es Schrödinger für die Quantenphysik gewöhnlicher Systeme vorgemacht hatte, entdeckte DeWitt nunmehr eine Wellenfunktion für die Geometrie des Raums.

Schon bald sollte DeWitt diesen kanonischen Ansatz zwar selbst ablehnen, doch John Wheeler griff ihn begeistert auf. Die beiden trafen sich auf dem Flughafen Raleigh-Durham, und DeWitt zeigte ihm seine Gleichung. Er erinnert sich später an die Begegnung: «Wheeler wurde extrem aufgeregt deswegen und fing bei jeder Gelegenheit an, darüber Vorträge zu halten.»[4] Jahrelang sollte DeWitt von der Wheeler-Gleichung sprechen, während Wheeler sie die DeWitt-Gleichung nannte. Alle anderen nannten sie schlicht die Wheeler-DeWitt-Gleichung.

In den zweiten und dritten Aufsätzen der «Trilogie» steckte DeWitts Herzblut. Sie skizzierten den anderen Weg, den kovarianten Ansatz. Nach diesem Ansatz ließ man die Geometrie kurzerhand unter den Tisch fallen, und die Gravitation war einfach eine Kraft unter vielen, die von ihrem Trägerteilchen, dem Graviton, übertragen wurde. Dieser Ansatz versuchte die Erfolge der Quantenelektrodynamik und des Standardmodells nachzuahmen, hatte aber zu den verheerenden unendlichen Größen geführt, die den Fortschritt der Forschung zur Zeit des Oxforder Symposiums zur Quantengravitation im Jahr 1975 so dramatisch gestoppt hatten.

Der kanonische und der kovariante Ansatz verkörperten zwei sehr unterschiedliche Philosophien und näherten sich dem Problem der Quantisierung der Schwerkraft auf zwei völlig verschiedene Weisen. Im Kern des kanonischen Ansatzes steckte die Geometrie, beim kovarianten Ansatz hingegen ging es um Teilchen, Felder und Vereinheitlichung. Die beiden Ansätze sollten zwei sehr unterschiedliche und gegnerische Lager begründen.

Das Banner des kovarianten Ansatzes sollte letztlich von einer radikal neuartigen Herangehensweise an die Vereinheitlichung namens Stringtheorie weitergetragen werden. Genau genommen nahm die Stringtheorie Ende der 1960er Jahre als ein Seitenzweig der Forschung ihren Anfang, der das Verhalten eines ganzen Sammelsuriums neuer Teilchen zu erklären versuchte, die bei Experimenten mit Teilchenbeschleunigern auftauchten. Die Grundidee besteht darin, dass diese Teilchen, winzige punktähnliche Objekte, besser als mikroskopisch kleine, schwingende Stücke einer Saite oder Strings beschrieben werden. Teilchen mit unterschiedlichen Massen sind danach nichts anderes als unterschiedliche Schwingungen winziger Strings, die im Raum schweben. Der Trick an der Sache ist, dass ein derartiges Objekt, eben ein String, *sämtliche* Teilchen beschreiben kann. Je stärker ein String vibriert, desto mehr Energie hat er und desto schwerer ist das Teilchen, das er beschreibt. In gewisser Weise ist das eine Vereinheitlichung aller Kräfte, aber auf eine völlig andere Weise, als sie jemals zuvor vorgeschlagen worden war.

Die Idee elementarer Strings war faszinierend, wies aber anfangs etliche Mängel auf. Wann immer jemand versuchte, physikalische Vorhersagen zu machen, tauchten prompt unendlich große Zahlen auf, die sich nicht wie in der QED oder im Standardmodell renormieren ließen. Darüber hinaus sagte die Theorie der Strings die Existenz eines Teilchens voraus, das sich genau wie das Graviton verhielt, jenes Teilchen, das dem Vernehmen nach die Gravitation übertragen sollte. Ein derartiges Teilchen mochte zwar in der Quantentheorie der Schwerkraft ganz nützlich sein, aber es hatte nichts damit zu tun, was die Stringtheorie ursprünglich leisten sollte: die exotischen neuen Teilchen erklären, die man in den Beschleunigern entdeckt hatte. Nach einem anfänglich sehr hohen Interesse geriet die Stringtheorie Mitte der 1970er Jahre in Vergessenheit und wurde von der Mehrzahl der Physiker verworfen. Einer der wenigen Verfechter, der Nobelpreisträger Murray Gell-Mann, bezeichnete sich selbst als «eine Art Schutzpatron der Stringtheorie» und «ein Umweltschützer». Er erinnert sich noch gut: «Ich gründete damals am Caltech ein Reservat für gefährdete Superstring-Theoretiker, und von 1972 bis 1984 wurde dort viel Forschungsarbeit an der Stringtheorie bewältigt.»[5]

Im Jahr 1984 schloss sich einer von Gell-Manns gefährdeten Theoretikern am Caltech, John Schwartz, mit einem jungen britischen Physiker aus London namens Michael Green zusammen. Die beiden regten an, dass die Stringtheorie als eine Theorie der Quantengravitation möglicherweise viel nützlicher wäre. Sie zeigten, wie die Stringtheorie in einem Universum mit zehn Dimensionen die Quantengravitation integrieren könnte, sofern sie bestimmte Beschränkungen einhielt und gewisse Symmetrien erfüllte. Ein Jahr später ging ein Kollektiv aus Teilchenphysikern und Relativitätsforschern noch weiter; der Gruppe gehörten Edward Witten aus Princeton, Philip Candelas aus Austin, Texas, und Andrew Strominger und Gary Horowitz aus Santa Barbara an. Sie wiesen nach, dass die Gleichungen der Stringtheorie, sofern jene sechs Extradimensionen des Universums eine ganz bestimmte Geometrie namens Calabi-Yau-Geometrie aufwiesen, Lösungen brachten, die genau wie die supersymmetrische Version des Standardmodells aussahen. Das echte Standardmodell war da nur noch einen Katzensprung entfernt.

Ende der 1980er Jahre war die Stringtheorie zu einer Art Multifunktionswerkzeug geworden. Sie schien jedem etwas zu bieten. Die Mathematik wirkte neuartig und aufregend, ungefähr so, wie die nichteuklidische Geometrie auf Einstein gewirkt haben muss, als er sie anwandte, um die allgemeine Relativität zu verstehen. Die Mathematiker setzten ihre neuesten Werkzeuge ein (nicht nur Geometrie, sondern auch Zahlentheorie und Topologie), um zu prüfen, welche Möglichkeiten die Stringtheorie zu bieten hatte.

Als das 20. Jahrhundert dem Ende zuging, kam die Stringtheorie so richtig in Schwung, wurde immer faszinierender und kohärenter und doch zugleich komplexer und verwirrender. Auf der Jahreskonferenz zur Stringtheorie in Kalifornien 1995 gab Edward Witten bekannt, dass die Modelle zur Stringtheorie, die im Lauf des vergangenen Jahrzehnts präsentiert worden waren, alle miteinander verbunden seien und in Wirklichkeit verschiedene Aspekte einer zugrundeliegenden, weitaus reicheren Theorie seien, die er die M-Theorie nannte. «M steht, je nach Geschmack, für Magie, Mysterium, Membran», wie er erklärte.[6] In der Tat enthielt Wittens M-Theorie nicht nur Strings, sondern auch mehrdimensionale Objekte, sogenannte Membranen oder kurz Branen, die im höherdimensionalen Universum schwebten.

Ungeachtet der Euphorie und Überschätzung konnte die Stringtheorie ein beinahe existentielles Problem nicht vermeiden: Es kursierten allem Anschein nach zu viele Varianten von ihr. Und selbst wenn man bei einer Version blieb, gab es viel zu viele mögliche Lösungen, die der realen Welt entsprechen konnten. Nach einer groben Schätzung kam man auf die mögliche Existenz von 10^{500} Lösungen für *jede* Version der Stringtheorie, ein geradezu abstoßendes Panorama möglicher Universen, das unter dem Schlagwort «Landschaft» bekannt wurde. Die Stringtheorie war weiterhin außerstande, Vorhersagen zu machen.

Eine Reihe prominenter Skeptiker argumentierte, die Stringtheorie habe zu viel versprochen und zu wenig gebracht. «Ich glaube, dieses ganze Superstringzeug ist verrückt und geht in die falsche Richtung», sagte Richard Feynman in einem Interview im Jahr 1987 kurz vor seinem Tod. «Mir gefällt nicht, dass sie überhaupt nichts berechnen. Mir gefällt nicht, dass sie ihre Ideen nicht überprüfen. Mir gefällt nicht, dass sie für alles, das mit einem Experiment nicht übereinstimmt, eine Erklärung zusammenbasteln. … Das scheint nicht richtig.»[7]

Feynmans Ansicht wurde von Sheldon Glashow wiederholt, der gemeinsam mit Steven Weinberg und Abdus Salam das extrem erfolgreiche Standardmodell konstruiert hatte. Er schrieb: «Superstring-Physiker haben noch nicht nachgewiesen, dass ihre Theorie wirklich funktioniert. Sie können nicht zeigen, dass die Standardtheorie ein logisches Ergebnis der Stringtheorie ist. Sie können nicht einmal mit Sicherheit sagen, dass ihr Formalismus eine Beschreibung von Objekten wie Protonen und Elektronen enthält.»[8]

Daniel Friedan, ein prominenter Vertreter der Stringtheorie während der ersten Stringrevolution der 1980er Jahre, räumt gewisse Mängel der Theorie ein: «Die seit langem bestehende Krise der Stringtheorie besteht in ihrem völligen Versäumnis, irgendwelche physikalischen Ereignisse auf atomarer oder molekularer Ebene zu erklären oder vorherzusagen. … Die Stringtheorie kann keine definitiven Erklärungen für das bestehende Wissen über die reale Welt liefern und keine endgültigen Vorhersagen abgeben. Die Zuverlässigkeit der Stringtheorie lässt sich nicht überprüfen, geschweige denn bestätigen. Die Stringtheorie hat keine Glaubwürdigkeit als Kandidat für eine Theorie der Physik.»[9] Diese Skeptiker blieben in der Minderheit und wurden ohne weiteres überstimmt. Wenn man sich in den 1980er oder 1990er Jahren mit dem Feld der Quantengravitation befassen wollte, konnte man es niemandem verdenken, wenn er meinte, der kovariante Ansatz habe sich durchgesetzt und neben der Stringtheorie gebe es nichts anderes.

Eine Sache ärgerte viele Anhänger der allgemeinen Relativität an der Stringtheorie wirklich: In der Stringtheorie wurde, wie bei jedem kovarianten Ansatz zur Quantengravitation, die Geometrie der Raumzeit, das A und O der allgemeinen Relativität, scheinbar unter den Tisch gekehrt. Es ging nur noch um die Beschreibung einer Kraft, vergleichbar den anderen drei Kräften, die im Standardmodell vereinigt worden waren, und darum, sie zu quantisieren. Für eine kleine Gruppe Relativisten führte die weitere Reise indessen über einen anderen Pfad, den Wheeler befürwortet und DeWitt verworfen hatte: über den kanonischen Ansatz. Es musste möglich sein, eine Quantentheorie der Geometrie selbst zu entwickeln. Mitte der 1980er Jahre fand ein indischer Relativitätsforscher namens Abhay Ashtekar einen möglichen Weg.

Ashtekar war ein überzeugter Anhänger der allgemeinen Relativität an der Syracuse University. Er präsentierte einen genialen Ansatz zur Entwirrung der Feldgleichungen Einsteins, indem er sie so umschrieb, dass die meisten feindlichen, nichtlinearen Größen verschwanden und die allgemeine Relativität schon viel einfacher aussah. Durch seinen Trick entschlüsselte Ashtekar Einsteins Gleichungen auf eine unerwartete Weise und löste damit für drei junge Relativisten Eintrittskarten in die Welt der Quanten.

Genau wie Bryce DeWitt verliebte sich Lee Smolin sofort in die Quantengravitation, als er in den 1970er Jahren als Graduierter nach Harvard kam. Auf Geheiß seines Mentors Sidney Coleman machte sich Smolin die Hände bei der Arbeit an der Quantengravitation schmutzig, indem er gemeinsam mit Stanley Deser an der Brandeis University forschte. Als Student scheiterte Smolin kläglich an dem Versuch, die Gravitation zu quantisieren, aber er arbeitete weiter leidenschaftlich an der Lösung des Problems. Erst als er als Hochschulassistent nach Yale wechselte, erkannte er, wie Ashtekars Trick seine Aufgabe erheblich erleichterte. In Yale schloss sich Smolin mit Theodore Jacobson zusammen, einem ehemaligen Schüler Cécile DeWitt-Morettes aus der Relativitätsgruppe in Texas. Smolin und Jacobson wählten einen anderen Ansatz: Bislang hatte man versucht, die zeitliche Entwicklung von Quanteneigenschaften der Geometrie an einzelnen Punkten im Raum zu beschreiben. Sie meinten nun, es sei viel einfacher, mit der Geometrie einer Sammlung von Punkten zu arbeiten und sich im Grunde auf Teile des Raums zu einem bestimmten Zeitpunkt zu konzentrieren. In ihrem Fall waren die natürlichen Bausteine für die Quantentheorie Schleifen, wie Bänder, im Raum, die man einsetzen konnte, um Lösungen für die Wheeler-DeWitt-Gleichung zu erhalten. Alle Teilchen passten anscheinend zusammen, und eine ganz neue Denkweise der Quantengeometrie kristallisierte sich heraus. Die Schleifen konnten sich wie eine Kette oder wie ein kompliziertes Gewebe verbinden und miteinander verflechten. Wie bei einem Stück Stoff verschwanden, aus der Ferne betrachtet, die Webfäden und Verbindungen und die glatte, gekrümmte Raumzeit der Theorie Einsteins trat hervor. Smolin und Jacobsons Ansatz wurde unter dem Namen «Loop Quantum Gravity» oder «Schleifenquantengravitation» bekannt.

Smolin wurde bei seinem Projekt von einem eifrigen, jungen italienischen Physiker namens Carlo Rovelli unterstützt, der sich ebenfalls an der unmöglichen Algebra der Quantengravitation die Zähne ausgebissen hatte. Rovelli genoss geradezu die Rolle eines Rebellen. Er hatte während seiner Studentenzeit in Rom einen alternativen Rundfunksender gegründet, war von den italienischen Behörden wegen seiner politischen Anschauungen verfolgt worden und hatte sogar eine Haftstrafe wegen Kriegsdienstverweigerung in Kauf genommen. Alternative Anschauungen gefielen ihm. Smolin und Rovelli entwickelten das Bild der Schleifen weiter und untersuchten, wie man die Schleifen miteinander verknüpfen und verflechten konnte. Dabei wechselten sie von ihrem Ausgangspunkt, der Geometrie des Raums, zu einer noch stärker zersplitterten Sichtweise der Geometrie. Mitte der 1990er Jahre stießen sie auf eine alte Idee, die Roger Penrose für die Beschreibung eines Quantensystems nach einem einfachen mathematischen Grundgerüst hatte, das Penrose ein Spin-Netzwerk nannte. Einem verrückten Klettergerüst auf einem Spielplatz ähnlich, war das Gerüst ein Netz aus Verbindungen und Scheitelpunkten, die jeweils bestimmte Quanteneigenschaften transportierten. Rovelli und Smolin wiesen nach, dass diese Netze sogar bessere Lösungen für die Wheeler-DeWitt-Gleichung waren, obwohl sie keine Ähnlichkeit mit dem intuitiven Bild von Raum und Zeit besaßen, mit dem jeder Relativist, der etwas auf sich hielt, arbeitete.

Rovellis und Smolins Spin-Netzwerke waren eine völlig neuartige Sichtweise der Quantengravitation. In ihrem Modell existierte der Raum nicht auf Quantenebene – er war atomisiert oder molekularisiert wie Wasser. Die Substanz Wasser, die auf makroskopischer Ebene glatt und einheitlich aussieht, besteht in Wirklichkeit aus Molekülen, kleinen Haufen von Protonen, Elektronen und Neutronen, die im leeren Raum schweben, lose über elektrische Kraft miteinander verbunden. Ganz ähnlich sollte laut Rovelli und Smolin der Raum zwar glatt erscheinen, aber wenn man ihn mit einem extrem leistungsfähigen Mikroskop be- trachten würde, dann würde er gar nicht existieren. Wenn wir imstande wären, Entfernungen von einem Billionstel eines billionstel Zentimeters zu betrachten, gab es nach Rovellis und Smolins Theorie überhaupt keinen Raum, sondern nur das Gerüst oder Netz.

Die Schleifenquantengravitation war mit ihren Versuchen, die Gra- vitation zu quantisieren, der unerschrockene Rivale der Stringtheorie. Der Schleifenansatz und seine Nachfolger boten eine kanonische Alter- native zum kovarianten Ansatz der Stringtheorie. Die Anhänger der Schleifenquantengravitation machten keinen Versuch, alle Kräfte zu vereinheitlichen, vielmehr versuchten sie, indem sie die Geometrie als Ausgangspunkt wählten, die Schönheit der ursprünglichen Idee Ein- steins in der allgemeinen Relativität zumindest zum Teil zu bewahren. Ironischerweise gaben sie dabei ausgerechnet die Vorstellung auf, die Raumzeit sei etwas Grundlegendes.

In einer Vorlesung, die Bryce DeWitt im Jahr 2004, kurz vor seinem Tod, hielt, schwärmte er davon, wie weit die Quantengravitation inzwi- schen gekommen sei: «Wenn man die Stringtheorie betrachtet, ist man verblüfft, wie grundlegend sich das Blatt in 50 Jahren gewendet hat. Die Schwerkraft galt einst als eine Art harmloser Hintergrund, der für die Quantenfeldtheorie bestimmt irrelevant war. Heute spielt die Gravita- tion eine zentrale Rolle. Ihre Existenz rechtfertigt die Stringtheorie! Es gibt ein englisches Sprichwort: ‹You can't make a silk purse out of a sow's ear.› (Aus einem Schweinsohr kann man keine Börse aus Seide machen.)

Anfang der siebziger Jahre war die Stringtheorie das Schweinsohr. Niemand nahm sie als fundamentale Theorie ernst … In den frühen achtziger Jahren wurde dann das Bild auf den Kopf gestellt. Die Stringtheorie brauchte mit einem Mal die Gravitation sowie eine Fülle anderer Dinge, die es gab oder auch nicht. So betrachtet, ist die Stringtheorie eine Börse aus Seide.»[10]

DeWitt hat nie mit der Stringtheorie gearbeitet, aber es ist ganz klar, wo seine Sympathien liegen. Über den kanonischen Ansatz äußert er sich längst nicht so begeistert. Obwohl er selbst die Wheeler-DeWitt-Gleichung aufgestellt hatte, verabscheute er sie. Nach seiner Meinung sollte man sie «auf den Müllhaufen der Geschichte werfen», weil sie unter anderem «gegen den wahren Geist der Relativität verstößt».[11] In Wirklichkeit, so DeWitt, «ist die Wheeler-DeWitt-Gleichung falsch … Es ist falsch, sie als eine Definition der Quantengravitation zu verwenden oder als eine Grundlage für eine verfeinerte und detaillierte Analyse.»[12] Er würdigte Abhay Ashtekars Weiterentwicklung der Gleichung als «elegant», aber «abgesehen von einigen anscheinend wichtigen Ergebnissen zum sogenannten ‹Spin-Schaum› tendiere ich dazu, die Arbeit als deplatziert zu betrachten».[13] DeWitts Abneigung entsprach dem allgemeinen Trend in der Welt der theoretischen Physik: Die Stringtheorie setzte sich durch.

Die Stringtheoretiker sonnen sich in dem, was sie für ihren Triumph halten. Mike Duff, der inzwischen wieder in London sitzt, erklärt: «Wir haben mit der String- und der M-Theorie gewaltige Fortschritte gemacht. … Und es ist der einzige Versuch, die Vereinheitlichung zu verwirklichen.»[14] Viele Stringtheoretiker sind überzeugt, die Supersymmetrie und zusätzliche Dimensionen würden schon bald entdeckt werden und die Stringtheorie sei der einzige annehmbare Ansatz. Stephen Hawking hat selbst gesagt: «Die M-Theorie ist der *einzige* Kandidat für eine vollständige Theorie von Allem.»[15] Auf die Frage nach dem rivalisierenden, kanonischen Ansatz, den viele als den rechtmäßigen Erben von Wheelers Philosophie der quantisierenden Geometrie betrachten, wirft Duff dessen Vertretern vor, sie würden behaupten, «Quantengravitation» sei gleichbedeutend mit «Schleifenquantengravitation».[16] Duff ist nicht der Einzige. «Sie können nicht einmal berechnen, was ein Graviton tut. Wie wollen sie jemals wissen, dass sie recht haben?», argumentiert Philip Candelas, der eindeutig ins Lager der Stringtheorie gehört.[17]

Mitte der 2000er Jahre trat der tief verwurzelte Gegensatz zwischen den verschiedenen Lagern bei der Suche nach der Quantengravitation offen zutage. Über Jahre hinweg tauchten seltsame Kommentare freimütiger Experten in Blogs und populärwissenschaftlichen Zeitschriften auf, welche die Hegemonie der Stringtheorie in der theoretischen Physik infrage stellten. Um 2006 erschienen zwei Bücher, die die These vertraten, die Stringtheorie zerstöre in Wirklichkeit die Zukunft der Physik. Die Autoren Lee Smolin, ein Verfechter der Schleifenquantengravitation, und Peter Woit, ein mathematischer Physiker an der Columbia University, erklärten, vielversprechende Physikertalente würden dazu verleitet, auf einem Gebiet zu forschen, das nach fast 30 Jahren immer noch keine greifbaren Ergebnisse vorzuweisen habe, welche die Kräfte vereinheitlichten und die Quantengravitation erklärten. Laut den Autoren werde die akademische Lehre von Stringtheoretikern dominiert, die wiederum neue Stringtheoretiker anwerben und kluge, junge Forscher ausblenden würden, die sich nicht an die «Parteilinie» hielten. Wie Smolin im Jahr 2006 schrieb: «Viele Menschen sind frustriert, dass diese Gemeinde, die sich als dominant stilisiert – und tatsächlich an vielen Orten in den USA dominiert –, an anderen lohnenden Gebieten kein Interesse hat. Schauen Sie, wenn wir Konferenzen zur Quantengravitation veranstalten, bemühen wir uns, einen Repräsentanten jeder wichtigen, gegnerischen Theorie einzuladen, auch der Stringtheorie. Das liegt nicht daran, dass wir einen besonders hohen moralischen Anspruch hätten; das gehört sich einfach. Aber auf der internationalen Jahreskonferenz zur Stringtheorie[18] machen sie das nie.»[19] Die Blogosphäre wurde von der Debatte aufgeheizt, während sich das Pro-String-Lager, das wegen der heftigen Angriffe nervös wurde, darum bemühte, den negativen Eindruck zu korrigieren. Auf physikalische Websites gepostete Stellungnahmen wurden mit Hunderten von Kommentaren quittiert, eine verworrene Mischung aus technischen Details, Gelehrsamkeit und schlichter Ignoranz. Jeder User hatte eine Meinung.

Die Feindseligkeit gegenüber der Stringtheorie wurde im Jahr 2011 greifbar, als Michael Green, der Stephen Hawking als Lucasischen Professor in Cambridge abgelöst hatte, in Oxford einen öffentlichen Vortrag über Stringtheorie hielt. Green hatte gemeinsam mit John Schwartz anno 1984 den Aufstieg der Stringtheorie eingeleitet, und ich habe selbst erlebt, wie er Anfang der 1990er Jahre unter großem Beifall ein Kolloquium in London leitete. Damals schwammen Stringtheoretiker auf einer Popularitätswelle. Diesmal, in Oxford, hatte sich die Stimmung hingegen deutlich abgekühlt. Der größte Teil der Fragen drehte sich zwar um Einzelheiten seines Vortrags, aber es waren auch einige Nadelstiche darunter. Inzwischen kommt kein öffentlicher Vortrag zur Stringtheorie an der unweigerlichen Frage vorbei: «Lässt sich die Theorie nachprüfen?» Die Frage stellt immer jemand, der sich dem gegnerischen Lager zurechnet.

Es ist zu früh, um zu sagen, wie der Antagonismus zwischen den verschiedenen Lagern zur Quantengravitation ausgehen wird. Eine Zeit lang fiel es allen, die an Nicht-Stringformeln forschten, schwer vorwärtszukommen, aber inzwischen hat es den Anschein, als würden auch die Stringtheoretiker, die an der Quantengravitation arbeiteten, schikaniert.

Ein bemerkenswertes Ergebnis der Debatte ist, dass viel mehr Menschen mittlerweile die Idee der Quantengravitation kennen als je zuvor. Die Fehde zwischen dem kanonischen und dem kovarianten Ansatz hielt sogar im öffentlichen Fernsehen Einzug: In der beliebten Fernsehserie *Big Bang Theory* brachen zwei Personen gar ihre Beziehung ab, weil sie sich nicht einigen konnten, welchen Ansatz sie ihren Kindern beibringen sollen. Leslie Winkle sagt zu Leonard Hostadter, während sie wütend das Zimmer verlässt: «Das ist ein Scheidungsgrund.»[20]

Dreißig Jahre nachdem Stephen Hawking das Ende der Physik vorhergesagt und anschließend der ahnungslosen Allgemeinheit das Informationsparadox der Schwarzen Löcher präsentiert hatte, gibt es immer noch keine von allen akzeptierte Theorie der Quantengravitation, geschweige denn eine vollständig vereinheitlichte Theorie aller Naturkräfte. Aber ungeachtet der Verbitterung bei der Suche nach der Quantengravitation existiert eine gemeinsame Basis. Eine radikal neuartige und beinahe *gemeinsame* Sichtweise des Wesens von Raumzeit kristallisiert sich heraus. Von der Stringtheorie über die Schleifenquantengravitation bis hin zu all den anderen ausgefallenen Versuchen, die allgemeine Relativität zu quantisieren, geben so gut wie alle Ansätze die Vorstellung auf, die Raumzeit sei ein wirklich fundamentaler Baustein der Realität. Diese Erkenntnis lässt sich unmittelbar auf Hawkings Entdeckung der Strahlung Schwarzer Löcher und des Endes der Vorhersagbarkeit in der Physik zurückführen. Ein maßgeblicher Schritt zur Aufhebung des Paradoxons von Hawking ist das Verständnis, wie Schwarze Löcher tatsächlich die Information speichern, die sie schlucken, und wie sie diese Information möglicherweise wiederum nach außen abgeben. Dazu ist ein komplexeres Schwarzes Loch nötig als das naive Bild von einem Horizont und nichts anderem, wie es der allgemeinen Relativitätstheorie entspricht. Erstaunlicherweise beleuchten sowohl das Schleifenmodell als auch die Stringtheorie sowie andere ausgefallenere und an den Rand gedrängte Vorschläge zur Quantengravitation ausgerechnet dieses Problem.

Nach dem Schleifenmodell wird die Raumzeit atomisiert und es existiert eine Mindestgröße, unterhalb derer es unsinnig ist, über die Vorstellung von Fläche und Volumen überhaupt zu reden. Lee Smolin, Carlo Rovelli und Kirill Krasnov von der Nottingham University haben nachgewiesen, wie diese Theorie es ermöglicht, die Fläche des Schwarzen Loches in mikroskopisch kleine Stückchen zu unterteilen, von denen jedes einzelne wie ein Bildschirm digitalisierter Informationen ein Bruchstück der Information enthält. Laut den Verfechtern der Schleifenquantengravitation summieren sich die Stücke zur richtigen Entropie des Schwarzen Lochs.

Die Stringtheoretiker sehen das ein wenig anders. Andrew Strominger und Cumrun Vafa aus Harvard haben gezeigt, dass es mit der M-Theorie, dem derzeitigen Inbegriff der Stringtheorie, ebenfalls möglich ist, eine exakte Relation zwischen der Entropie, der Information und der Fläche eines Schwarzen Loches abzuleiten. Für einen bestimmten Typ von Schwarzem Loch waren sie imstande zu zeigen, wie die Ansammlung bestimmter Branen-Typen es dem Schwarzen Loch ermöglicht, die richtige Menge an Information zu speichern. Die Branen verleihen Schwarzen Löchern genau die richtige Mikrostruktur, um Hawkings Paradox zu lösen. Allgemeiner betrachtet, sind die beiden Physiker davon überzeugt, dass man ein Schwarzes Loch als ein brodelndes Chaos aus Strings und Branen ansehen kann, wie ein verwirrtes Wollknäuel, wobei sich die Enden der Fäden und die Seiten der Branen am Horizont entlangwinden. Mit Hilfe dieser um den Horizont versammelten Branen und Strings lassen sich dem Vernehmen nach sämtliche Informationen rekonstruieren, die in dem Schwarzen Loch enthalten sind. Und auch in diesem Fall summieren sich die Zahlen so auf, dass sich die korrekte Entropie ergibt.

Obwohl sie sich grundlegend voneinander unterscheiden, scheinen sowohl die Schleifenquantengravitation als auch die Stringtheorie auf dem richtigen Weg, um das Informationsparadox zu lösen. Denn wenn die Information am Ereignishorizont noch erhalten ist, dann kann sie die Hawking-Strahlung speisen, die das Schwarze Loch langsam ausstrahlt und so die Information an die Außenwelt abgibt, während das Schwarze Loch ganz schwach leuchtet. Bis zu der Zeit, in der das Schwarze Loch endgültig verdampft, wird es mithin sämtliche Informationen wieder freigegeben haben, die es ursprünglich eingesaugt hat. Mit anderen Worten: Keine Information geht verloren.

Die Stringtheoretiker sind sogar noch kühner und behaupten, dass ihre Erkenntnis bezüglich der Hawking-Strahlung eine noch profundere Eigenschaft physikalischer Theorien sei. Schwarze Löcher wirken deshalb seltsam, weil die Menge an Information, die ein Schwarzes Loch speichern kann, zwar in Relation zu seiner Entropie steht, aber in Wirklichkeit von der Fläche abhängig ist, nicht vom Volumen, wie man arglos vermuten könnte – genau genommen hatten Bekenstein und Hawking schon Mitte der 1970er Jahre so argumentiert. Aber das bedeutet allgemeiner, dass die maximale Informationsmenge, die in *jedem beliebigen* Raumvolumen gespeichert sein kann, stets begrenzt ist. Um herauszufinden, wie groß dieses Maximum ist, wählt man ein hypothetisches Schwarzes Loch, das *exakt* dieses Volumen enthält, und untersucht, wie viel Information auf der Oberfläche gespeichert werden kann. Statt die Physik in einem Teil des Raums zu beschreiben, müsste es folglich ausreichen zu ermitteln, was auf einer Oberfläche, die ihn umgibt, passiert, ungefähr so wie ein zweidimensionales Hologramm sämtliche Informationen eines dreidimensionalen Ereignisses chiffrieren kann. Aber wenn das für einen Teil des Raums gilt, muss es auch überall gelten, im ganzen Weltall. In einem solchen holographischen Universum werden die Einzelheiten, wie sich die Raumzeit an jedem beliebigen Punkt im Universum verhält, irrelevant. Diese Eigenschaft ist so verblüffend, dass Edward Witten und andere Stringtheoretiker argumentierten, Raumzeit sei ein «approximatives, emergentes, klassisches Konzept», das auf Quantenebene keine Bedeutung habe.[21] Es hat den Anschein, dass für die Quantengravitation auf der elementarsten Ebene die Raumzeit nicht existiert.

Als John Wheeler und seine Studenten in den 1950er Jahren begannen, über Raumzeit und Quanten nachzudenken, mutmaßte er, dass wir, wenn wir imstande wären, den Raum mit einem unvorstellbar leistungsfähigen Mikroskop ganz genau zu betrachten, entdecken würden, dass «die Geometrie im Kleinen womöglich als etwas betrachtet werden müsse, das eine schaumähnliche Form habe».[22] Diese Aussage war bemerkenswert vorausschauend, aber nach dem zu urteilen, was wir allmählich anfangen zu verstehen, war womöglich selbst Wheeler noch allzu konservativ. Auch das Bild eines Schaums erfasst nicht annähernd die Komplexität dessen, woher die Raumzeit kommt.

Es sieht so aus, als müsste ein wesentlicher Pfeiler, auf den sich Einsteins großartige Theorie stützt, die Geometrie der Raumzeit selbst, neu angegangen werden. Die Quantenphysik scheint die allgemeine Relativitätstheorie über alles Beschreibbare hinauszutreiben. Vielleicht bedarf es einer völlig neuartigen Denkweise. Aber es gibt auch andere Hinweise darauf, dass wir womöglich an die Grenzen dessen stoßen, was Einsteins Theorie uns über Raum, Zeit und selbst das Universum insgesamt sagen kann. Gerade wenn eine Theorie bis zum Äußersten beansprucht wird, erfahren wir, wie Wheeler aufzeigte, Neues und Überraschendes. In diesen Regionen könnten wir einen kurzen Blick auf etwas Größeres und Besseres erhaschen, das am Ende Einsteins großartige Entdeckung ablösen könnte.

Kapitel 13

Eine sensationelle Extrapolation

Meine Vorlesung war gerade zu Ende, und ich mischte mich im Atrium des Instituts für Astronomie an der University of Cambridge unter die Zuhörer und trank billigen Wein aus Plastikbechern. Wir standen in Grüppchen zusammen und versuchten verzweifelt, eine Konversation in Gang zu bringen. Der Vortrag, zu dem man mich eingeladen hatte, handelte von einer Modifizierung der Gravitation und beschrieb eine ganze Reihe von Theorien, die anregten, die allgemeine Relativität als Erklärung für einige kosmologische Rätsel abzulösen. Der Vortrag selbst war unspektakulär verlaufen. Gleich zu Beginn war ich bei der Widerlegung eines Kommentars zur dunklen Materie ins Stottern geraten, hatte aber zum Glück meinen Fehler wiedergutgemacht. Niemand hatte mir vorgeworfen, etwas Falsches gesagt zu haben, und die Fragen hielten sich auch in Grenzen. Jetzt wartete ich nur darauf, nach Oxford heimzufahren.

Der Direktor des Instituts George Efstathiou kam mit strahlenden Augen auf mich zu und hielt den weißen Becher wie eine Waffe vor sich. «Vielen Dank, dass Sie gekommen sind», sagte er. «Es war ein interessanter Vortrag. Ich würde sogar sagen, es war eine gute Vorlesung über ein wirklich vertracktes Thema.» Ich lächelte höflich, als er mir auf den Rücken klopfte. Diese Reaktion erlebte ich nicht zum ersten Mal und war deswegen nicht überrascht. Efstathiou war maßgeblich an der Erforschung der Art und Weise beteiligt gewesen, wie die dunkle Materie möglicherweise bei der Herausbildung der großräumigen Struktur entstanden war. Er hatte auch als einer der Ersten die These aufgestellt, dass die Verteilung der Galaxien auf die Existenz einer kosmologischen Konstante schließen lasse. Da Efstathiou rasch Karriere gemacht hatte, strotzte er geradezu vor Selbstbewusstsein und erklärte: «Als ich das Institut übernahm, versuchte ich, daraus eine Zone ohne jegliche modifizierte Gravitation zu machen. Und alles in allem denke ich, dass mir das ganz gut gelungen ist.» Er strahlte, während die kleine Gruppe um uns angestrengt auf den Boden blickte. «Warum um alles in der Welt forschen Sie auf dem Gebiet?», fragte er mich, erwartete allerdings nicht unbedingt eine Antwort.

Einige Monate zuvor hatte ich an einem kleinen Workshop am Royal Observatory in Edinburgh teilgenommen, in dem es ausschließlich um die Erörterung alternativer Gravitationstheorien ging. Die Teilnehmer an jenem Tag waren eine merkwürdige Mischung aus Astronomen, Mathematikern und Physikern gewesen. Es war eine ganz andere Sitzung. Jedes Mal, wenn ein Redner seinen Vortrag beendete, erklang wohlwollender Beifall, wie man ihn häufig in Selbsthilfegruppen hört. Es lag außerdem eine Erwartungshaltung in der Luft, als wären sämtliche Vorträge an jenem Tag bahnbrechende Enthüllungen eines göttlichen Gebots der Physik. Jeder war hier ein Prophet. Jeder war Einstein. Die Kameradschaft erinnerte mich an ein kurzes Intermezzo in meiner Jugend bei einer trotzkistischen Organisation, als ich ein erhebendes Gemeinschaftsgefühl empfunden hatte, während meine Mitagitatoren und ich uns stillschweigend über die unverbesserliche Korruption der Welt einig waren.

Bei dem fast religiösen Eifer des Workshops war mir unbehaglich, ich kam mir wie das Mitglied eines esoterischen Kults vor. Nach meinem eigenen Vortrag wurde mir bei dem Applaus beinahe schlecht, und ich musste den Saal verlassen. Ich war unfair: Die Leute in dem Raum arbeiteten seit Jahren an alternativen Gravitationstheorien und kämpften gegen einen Mainstream an, der andächtig an Einstein glaubte. Das waren Wissenschaftler, deren Aufsätze regelmäßig von Fachzeitschriften abgelehnt wurden, nur weil sie sich mit einem völlig ausgefallenen Thema befassten. Sie waren es gewohnt, vor feindselig gesinnten Zuhörern zu sprechen. Auf diesem Treffen fiel ihr Eifer auf gleichgesinnte Ohren, und sie konnten ungehindert über ihr Ziel reden, Einsteins allgemeine Relativität zu stürzen.

Die meisten Kollegen von mir scheuen sich, an Einsteins großartigem Werk etwas zu verändern, nach dem Motto: Was nicht kaputt ist, braucht man auch nicht zu reparieren. Das betrifft vor allem Forscher, die noch die glorreiche Renaissance der 1960er Jahre mitbekommen haben, als die allgemeine Relativität aus der miefigen, stagnierenden Vergangenheit wieder auftauchte und ins Rampenlicht rückte. Damals entwickelte sie sich zu der seltsamen, wunderbaren Theorie, die alles erklären konnte, von dem Tod der Sterne bis zum Schicksal des Universums. Jene Generation der Astrophysiker spürte immer noch die magische Kraft von Einsteins Theorie. Wie tief diese Loyalität ging, wurde mir auf einer weiteren Konferenz bewusst, diesmal im Jahr 2010 an der Royal Astronomical Society. In denselben Räumen, wo Eddington einst die Ergebnisse seiner Expedition vorgetragen hatte und über Chandrasekhar hergefallen war, weil er das Schreckgespenst eines Gravitationskollapses heraufbeschworen hatte, wurde eine Versammlung von Astrophysikern und Astronomen gefragt, wer von ihnen Einsteins Theorie für korrekt hielt. Einige hoben die Hand, und bei genauerem Hinsehen stellte sich heraus, dass es ebenjene Schar Pioniere war, die in den 1960er Jahren die allgemeine Relativität aus ihrer Nische geholt hatten. Nach der Meinung dieser Gruppe war die allgemeine Relativität zu merkwürdig und zu schön, um sie zu verändern.

Kein Mensch wird die kolossalen Erfolge der allgemeinen Relativität im 20. Jahrhundert bestreiten, aber es ist an der Zeit für einen frischen Blick. Die Wissenschaft könnte davon profitieren, wenn sie akzeptiert, dass die allgemeine Relativität nunmehr den gleichen Weg wie Newtons Theorie von der Schwerkraft geht. Newtons Theorie ist immer noch aktuell und gültig; sie ist weiterhin nützlich, wenn es darum geht, die Mechanik der Ballistik auf der Erde, die Bewegungen der Planeten und sogar die Entwicklung der Galaxien zu erklären. Die Theorie scheitert lediglich in noch extremeren Situationen. In Fällen, wo die Gravitation stärker ist, hat sich Einsteins allgemeine Relativitätstheorie als geeigneter und präziser erwiesen. Womöglich ist es an der Zeit, einen Schritt weiterzugehen und nach der Theorie zu suchen, die noch die allgemeine Relativität hinsichtlich ihrer eigenen Extremfälle übertrifft.

Die Schwierigkeiten bei der Anwendung der allgemeinen Relativität in sehr großen oder sehr kleinen Skalen oder in Situationen mit extrem starker oder sogar extrem schwacher Gravitation lassen darauf schließen, dass die Theorie in manchen Fällen versagt. Die problematische Vereinigung der allgemeinen Relativität mit der Quantenphysik könnte ein Zeichen dafür sein, dass sich diese beiden Theorien in Wirklichkeit gerade in den sehr kleinen Maßstäben, wo sie eigentlich übereinstimmen müssten, ein bisschen anders verhalten. Die Vorhersage der allgemeinen Relativität, dass 96 Prozent des Universums dunkel und fremdartig seien, könnte einfach bedeuten, dass unsere Theorie der Gravitation nicht greift. Nunmehr, fast 100 Jahre nach Einsteins Präsentation seiner Theorie, ist vielleicht ein geeigneter Zeitpunkt gekommen, ihre reale Anwendbarkeit erneut zu prüfen.

Die Geschichte kennt zahlreiche Versuche, die allgemeine Relativität abzuändern. Beinahe vom ersten Moment nach der Veröffentlichung seiner Theorie an hatte Einstein das Gefühl, dass die allgemeine Relativität eine unvollendete Angelegenheit sei, ein Teil von etwas Größerem. Immer wieder versuchte er vergeblich, die allgemeine Relativität in seine Theorien zur Vereinheitlichung einzubetten. Arthur Eddington verbrachte ebenfalls die letzten Jahrzehnte seines Lebens mit dem Versuch, seine eigene Fundamentaltheorie vorzulegen, ein magisches Zusammenspiel von Mathematik, Zahlen und Übereinstimmungen, die angeblich alles erklären konnten, vom Elektromagnetismus bis hin zur Raumzeit. Eddingtons Suche nach einer Fundamentaltheorie war ein Unterfangen, das langsam, aber sicher sein Ansehen untergrub.

Der Cambridger Physiker Paul Dirac hielt Einsteins allgemeine Relativitätstheorie für ein Paradebeispiel, wie eine Theorie sein sollte. Wie er später sagte: «Die Schönheit der aus der Natur stammenden Gleichungen … verschafft einem eine starke, emotionale Reaktion»,[1] und Einsteins Feldgleichungen zeichneten sich durch ebendiese Schönheit aus. Aber es gab etwas, das Dirac keine Ruhe ließ: Übereinstimmungen zwischen Zahlen in der Natur, die, wenn die fundamentalen Gleichungen wirklich so schön waren, eigentlich keine *Zufälle* sein konnten. Es gab ein paar sehr große Zahlen, die nicht zufällig existieren konnten. Vergleichen wir etwa die elektrische Kraft zwischen einem Elektron und einem Proton mit der gravitativen Kraft zwischen ihnen. Die elektrische Kraft ist um einen Faktor von eins gefolgt von 39 (!)

Nullen größer als die Gravitation – eine außerordentlich hohe Zahl, die eher zu einer ganz anderen Größe passen würde, wie dem Alter des Universums. Hermann Weyl und Arthur Eddington hatten ebenfalls argumentiert, dass es einen tieferen Grund für die Ähnlichkeit dieser disparaten großen Zahlen geben müsse. Paul Dirac ging noch weiter und vermutete, dass sich die Stärke der Gravitation, die von einer natürlichen Konstante, von Newtons Gravitationskonstante g, bestimmt wird, entgegen den Vorhersagen der allgemeinen Relativität im Laufe der Zeit veränderte.

Dirac legte seine Idee Ende der 1930er Jahre vor, führte sie aber nie fort. In den 1950er und 1960er Jahren hauchten Robert Dicke und Carl Brans, ein Student von ihm, in Princeton sowie Pascual Jordan in Hamburg Diracs Idee neues Leben ein und arbeiteten eine Alternative zu Einsteins Theorie aus. Es war bis zu einem gewissen Grad ein perfektes Gegenkonzept zur allgemeinen Relativität. Carl Brans sagt dazu: «Experimentalphysiker, insbesondere die bei der NASA, waren überglücklich, endlich einen Vorwand zu haben, Einsteins Theorie infrage zu stellen, die seit langem schon als ‹jenseits aller Experimente› galt.» Allerdings sahen das nicht alle so, wie Brans sich erinnert: «Im Lauf der Zeit schienen viele andere Theoretiker regelrecht empört darüber, dass Einsteins Theorie durch ein zusätzliches Forschungsgebiet kontaminiert wurde.»[2]

Als Paul Dirac sich zur Ruhe setzte, wechselte er an die Florida State University, wo er sich intensiv seinen etwas ausgefalleneren Ideen widmete. Hier und da vertraute er seinen Kollegen an, er sei überzeugt davon, dass ein besserer Weg für die Erklärung der Schwerkraft existieren müsse, der eher der Natur entsprach. Aber er hütete sich auch, zu viel über seine Arbeit an der Schwerkraft zu erzählen, weil er meinte, man werde sie für exzentrisch und spekulativ halten.

Inzwischen hatten mehrere Wissenschaftler den Versuch gewagt, die allgemeine Relativität zu modifizieren, in erster Linie wegen der Probleme, die sich bei der Ausarbeitung einer stimmigen, endgültigen Theorie der Quantengravitation ergaben. Sobald die Quantenphysik ins Spiel komme, könnten mit der Gravitation die seltsamsten Dinge passieren, wie der sowjetische Physiker Andrej Sacharow Ende der 1960er Jahre einmal sagte.

Sacharow hatte neben Jakow Seldowitsch und Lew Landau sowie vielen anderen dem Team angehört, das Igor Kurtschatow und Lawrenti Beria zusammengestellt hatten, um die Amerikaner im atomaren Wettrennen einzuholen. Der Sohn eines Physiklehrers schrieb sich 1938 mit siebzehn an der Moskauer Staatsuniversität ein, arbeitete im Krieg als technischer Assistent und schloss Ende 1947 seine Promotion in theoretischer Physik ab. Wie Seldowitsch entpuppte sich auch Sacharow als Goldjunge des sowjetischen Systems. Während sich Landau unmittelbar nach Stalins Tod zurückzog, arbeitete Sacharow in der Folge noch fast 20 Jahre lang an sowjetischen nuklearen und thermonuklearen Waffen, länger als Seldowitsch.

Während Seldowitsch kreativ, mitteilsam und intuitiv war, verfügte Sacharow hingegen über eine größere technische Begabung und interessierte sich stärker für abstrakte Probleme. Die beiden sprachen voller Bewunderung übereinander. Sacharow hielt Seldowitsch für «einen Mann mit universalen Interessen»,[3] Seldowitsch hingegen beglückwünschte seinen Kollegen für seine unnachahmliche und eigenwillige Art, Probleme zu lösen, und musste zugeben: «Ich begreife nicht, wie Sacharow denkt.»[4]

Von 1965 an konzentrierte sich Sacharow auf Kosmologie und Gravitation, arbeitete allerdings mit seinem eigenen Tempo. Seldowitsch produzierte eine wahre Flut von Aufsätzen, die vor neuen Ideen nur so sprudelten, aber Sacharow hielt sich bei seinen Veröffentlichungen zurück. Seine gesammelten wissenschaftlichen Aufsätze umfassen ein dünnes Bändchen. Darunter finden sich allerdings wahre Perlen zur Entstehung des Raumgefüges, zum Ursprung der Materie und zum Wesen der Raumzeit. In einem kurzen, prägnanten Beitrag argumentiert Sacharow, die Gesetze der Raumzeit seien nichts als eine Illusion und würden sich aus dem komplexen Quantencharakter der Realität ergeben. Die Betrachtung der Raumzeit, so Sacharow, und ihres Verhaltens gleiche sehr stark dem Betrachten von Wasser, Kristallen oder anderen komplexen Systemen. Was man zu sehen glaubt, ist lediglich ein grobes Abbild einer tieferen Realität. Die Quanteneigenschaften der Wassermoleküle und die Art, wie sie sich lose miteinander verbinden, lässt Wasser wie Wasser aussehen, wie eine klare Flüssigkeit, die herumspritzt und sich genauso verhält wie Wasser. Einzelne Details weichen zwar ab, aber Sacharows allgemeine Sichtweise erwies sich als vorausschauend, wenn man betrachtet, wie die Raumzeit heute, mehr als 50 Jahre danach, infolge der Fortschritte bei der Quantengravitation wahrgenommen wird.

Sacharow sah sich Einsteins Theorie an und vermutete, dass die Geometrie der Raumzeit eigentlich nicht fundamental sei, ganz ähnlich wie die Viskosität von Wasser oder die Elastizität eines Kristalls. Es handle sich hier um Eigenschaften, die aus einer elementareren Beschreibung der Realität hervorgehen. Ganz ähnlich ergebe sich die Gravitation aus dem quantenähnlichen Wesen der Materie. Das erstaunliche Ergebnis an Sacharows einfachem, dreiseitigem Aufsatz ist, dass sich Einsteins Feldgleichungen naturgemäß auf eine solche Annahme zurückführen lassen. Anders gesagt, die Quantenwelt induzierte naturgemäß die Geometrie der Raumzeit. Sacharows abgeleitete Theorie der Gravitation sah der allgemeinen Relativität ganz ähnlich, führte aber in Wirklichkeit zu einem noch komplizierteren Satz an Gleichungen. Einsteins Feldgleichungen waren schon eine Qual; Sacharows induzierte Gravitation war viel schlimmer. Die Unterschiede zu Einsteins Theorie wurden eigentlich erst deutlich, wenn die Raumzeit sehr stark gekrümmt wurde, etwa in der Nähe von Schwarzen Löchern oder in der ersten Anfangsphase des Universums, als alles heiß und dicht war, oder nicht zuletzt auf mikroskopischer Ebene, wo Wheelers Quantenschaum wieder ins Spiel kam. Wenn physikalische Gesetze an ihre Grenzen geführt werden, dann versagen sie und neue Gesetze gehen daraus hervor, welche die alten einschließen.

Andrej Sacharow veröffentlichte seinen Aufsatz im Jahr 1967, als ihm ganz andere Dinge durch den Kopf gingen. In seinen Jahren beim Bombenprojekt hatte er sich viele Auszeichnungen des Sowjetregimes verdient. Wie Seldowitsch wurde ihm für seine zentrale Rolle bei der Forschung dreimal der Orden Held der Sozialistischen Arbeit verliehen. Aber sein Leben in unmittelbarer Nähe der Bombe hatte ihm die katastrophalen Folgen des atomaren Wettrüstens, das die Sowjets gegen die Vereinigten Staaten veranstalteten, vor Augen geführt. Als sich Sacharow zunehmend gegen Atomwaffen aussprach, musste er feststellen, dass er seinen Status einbüßte und vom Regime zusehends kaltgestellt wurde. Im Jahr 1968 scherte er aus den Reihen aus und veröffentlichte einen Aufsatz mit dem Titel «Gedanken über Fortschritt, friedliche Koexistenz und geistige Freiheit», in dem er unmissverständlich seine Einwände gegen eines der wichtigsten sowjetischen Verteidigungsprogramme darlegte: gegen den Ausbau der antiballistischen Raketenabwehr. Es war das Ende von Andrej Sacharows Zeit als sowjetischer Musterbürger. Der hochrangige Dissident verlor seine Privilegien und Auszeichnungen, wurde von der Arbeit an geheimen Projekten ausgeschlossen und 1979 gar nach Gorki verbannt. Seldowitsch runzelte seine Stirn über das, was Sacharow seine «soziale Tätigkeit» nannte: «Menschen wie Hawking widmen sich ganz der Wissenschaft», sagte er: «Nichts kann sie davon ablenken.»[5] Doch Sacharow fühlte sich, wie er in seinen Memoiren schreibt, gerade aufgrund seiner starken Gefühle gegenüber der Lage in der Sowjetunion «gezwungen, sich zu Wort zu melden, zu handeln, alles andere beiseitezuschieben, bis zu einem gewissen Grad sogar die Wissenschaft».[6]

Sacharow mochte in seiner wissenschaftlichen Karriere einen Rückschlag erlitten haben, aber seine Idee, wie sich die Quantenphysik auf die allgemeine Relativität auswirken könnte, sollte in den folgenden Jahrzehnten immer wieder auftauchen. Sein Aufsatz nahm ein regelrechtes Sperrfeuer neuer quantenphysicher Ideen vorweg, welche die 1970er Jahren hindurch der allgemeinen Relativität zusetzen sollten. Manche Relativisten meinten, eine Korrektur der Theorie in der von Sacharow angeregten Weise werde sie besser mit der Quantenphysik in Einklang bringen und die Probleme mit den unendlichen Größen beheben, unter denen die Theorie litt. Doch am Ende des Jahrzehnts wiesen Steven Weinberg und Edward Witten nach, dass die unendlichen Größen in einer derartigen Theorie auf keinen Fall wegfallen würden. Die Theorie zu optimieren reichte nicht aus, um sie zu reparieren – hier war eine grundlegendere Maßnahme gefragt.

Die «Supertheorien» (Supergravitation und Superstring) waren eindeutig gehaltvoller und schienen mit ihren Revisionen der Theorie Einsteins vielversprechend. Die Grundidee der allgemeinen Relativität blieb dabei erhalten: Die Geometrie der Raumzeit stand immer noch im Mittelpunkt für das Verständnis der Gravitation. Es war nur nicht mehr die vierdimensionale Raumzeit, die Einstein ursprünglich angedacht hatte. In den zehn- oder elfdimensionalen Raumzeiten der Supertheorien sahen die Gleichungen ganz ähnlich aus, aber in der Praxis ermöglichten die Extradimensionen ein ganz neues Reich zusätzlicher Elementarteilchen und Kraftfelder, welche die vierdimensionale Welt, die wir um uns sehen, beeinflussen.

Ein paar einsame Rufer in der Wüste wehrten sich gegen diesen Angriff auf die allgemeine Relativität, doch generell herrschte die Stimmung, dass die allgemeine Relativität, sobald sie mit der Quantenphysik konfrontiert werde und in Regionen hoher Dichte oder Krümmung in der Nähe von Singularitäten oder des Urknalls gerate, der Korrektur bedürfe.

Einsteins Theorie war weiterhin ein überwältigender Erfolg, wenn man das Minenfeld der Quantengravitation mied und sich nicht um den Zustand des Alls an seinem Beginn kümmern musste, als es noch extrem heiß, dicht und chaotisch war. In großen Skalen lieferte die allgemeine Relativitätstheorie in Astrophysik und Kosmologie weiterhin gute Ergebnisse.

Wenn die Astronomie ein Wirtschaftszweig wäre, dann wäre die jährliche Konferenz der International Astronomical Union die alljährliche Messe vieler Unternehmen, auf der jeder versucht, etwas zu verkaufen. Bei der Konferenz von 2000 im englischen Manchester kamen über tausend Menschen zusammen, um ihre jüngsten Entdeckungen anzupreisen und die neuen Projekte zu präsentieren, die in Kürze anlaufen sollten. Die Kosmologen waren auf jener Konferenz geradezu siegestrunken, mich selbst eingeschlossen. Das Ergebnis der Supernova-Forschung, das die beschleunigte Ausdehnung des Universums bewies, war ein paar Jahre zuvor bekannt gegeben worden. Die Vermessungen der Geometrie des Alls hatte man im selben Jahr veröffentlicht. Die Beobachtungen wiesen auf ein einfaches und doch exotisches Universum hin, das über dunkle Materie und eine kosmologische Konstante verfügte. Es gab keinen Grund mehr für Uneinigkeit und Streit – persönliche Präferenzen spielten keine Rolle mehr. Das war gute, solide Wissenschaft, die Daten waren eindeutig und einheitlich, und allem Anschein nach führte kein Weg an ihnen vorbei.

Jim Peebles hielt eine Rede vor dem Plenum. Die Konferenz war in gewisser Weise eine Würdigung der Ideen Peebles' und der Fortschritte, die wir nicht zuletzt ihm zu verdanken hatten. Sämtliche Entdeckungen der vergangenen Jahre stammten auf die eine oder andere Weise aus einem Forschungsgebiet, das er gemeinsam mit wenigen anderen gegründet hatte. Doch Peebles mied standhaft sämtliche Trittbrettfahrer, auch wenn er selbst den Zug angestoßen hatte. In seiner Rede zügelte er die Hysterie, indem er danach fragte, weshalb wir denn präzise Messungen des Universums machen wollten. Er gab auch selbst die Antwort: um unsere Vermutungen zu überprüfen. Er lotete jeden Aspekt des Urknallmodells aus: Warum war es am Anfang überhaupt so heiß? Woher kam die großräumige Struktur? Wie bildeten sich Galaxien? Mitten in seinem Vortrag wies Peebles auf etwas Naheliegendes hin, wie er später in den Protokollen schrieb: «Die elegante Logik der allgemeinen Relativitätstheorie und die Tests ihrer Präzision empfehlen die allgemeine Relativität als das bevorzugte Arbeitsmodell für die Kosmologie.» Allerdings sollten die Kosmologen womöglich keine voreiligen Schlüsse ziehen, warnte er. Es habe sich zwar gezeigt, dass die allgemeine Relativität in der Größenordnung des Sonnensystems mit äußerster Präzision funktioniere (die Präzession des Merkur war dafür ein ausgezeichnetes Beispiel), aber wir hätten noch keine Vorstellung davon, ob wir sie mit der gleichen Präzision auf der Ebene des Universums anwenden könnten. Das sei, so Peebles, «eine sensationelle Extrapolation».[7] Peebles hatte recht, auch wenn die Konferenzteilnehmer insgesamt nicht die Bedeutung seiner Aussage erkannten.

Der französische Astronom Le Verrier hatte einst leidenschaftlich dafür plädiert, dass ein neuer, bislang unentdeckter Planet, der Vulcan, existieren müsse, der sich im Zentrum unseres Sonnensystems befinde, um die Abweichung in der Umlaufbahn des Merkur zu erklären. Da er fest an die Gesetze der newtonschen Schwerkraft geglaubt hatte, hatte er die Existenz von etwas völlig Neuem, Exotischem vorhergesagt. Le Verrier war natürlich widerlegt worden. Man brauchte keinen neuen Planeten, sondern eine neue Gravitationstheorie, um das Modell zu korrigieren.

Zu Beginn des 21. Jahrhunderts befinden wir uns nunmehr in einer ähnlichen Situation, mit einer wunderbaren Gravitationstheorie, die, um die kosmologischen Erkenntnisse zu erklären, verlangt, dass mehr als 96 Prozent des Universums aus etwas bestehen, das wir weder sehen noch aufspüren können. War dies ein weiterer Riss in dem Gebäude, das Einstein vor fast 100 Jahren errichtet hatte? Dass die allgemeine Relativitätstheorie wegen der Quantenphysik korrigiert werden musste, hatte man ohne allzu viel Aufheben akzeptiert. Aber die Anwendbarkeit der allgemeinen Relativität bei großen Skalen infrage zu stellen war etwas ganz anderes. Entfernte man die dunkle Materie und die dunkle Energie des Weltalls aus dem Bild, dann müsste man Einsteins schöne Theorie modifizieren. Diese Aussicht gefiel vielen Astrophysikern ungefähr genauso wenig wie das Bearbeiten eines Oldtimers mit dem Vorschlaghammer, nur damit er in die Garage passe.

Der israelische Relativitätsforscher Jacob Bekenstein begann Anfang der 1970er Jahre als Examenskandidat John Wheelers in Princeton, über Modifizierungen der Theorie Einsteins nachzudenken. Als Bekenstein sich dann mit Entropien und Schwarzen Löchern befasste, war er von der allgemeinen Relativität verwirrt und fasziniert von der alternativen Theorie, die Dirac vorgeschlagen hatte. «An einem bestimmten Punkt», so Bekenstein, «hatte ich das Gefühl, ich würde nicht verstehen, warum man Dinge in der allgemeinen Relativität auf eine bestimmte Weise erledigte, warum manche Fragen wichtig waren, sogar warum man dem allgemeinen Weg zur allgemeinen Relativität folgte. Ich hatte das Bedürfnis, einen anderen Ansatz zum Vergleich heranzuziehen.»[8]

Der «andere Ansatz», mit dem Bekenstein arbeiten wollte, war von seinem Landsmann, dem israelischen Astrophysiker Mordehai Milgrom, in den 1980er Jahren vorgeschlagen worden. Milgrom wollte das Verhalten der Gravitation in Galaxien auf eine radikal neue Weise betrachten. Er machte darauf aufmerksam, dass die Hinweise auf eine dunkle Materie bei der Rotation der Galaxien augenscheinlich an den Rändern zu beobachten waren, wo die Anziehungskraft extrem schwach war. Wurde die newtonsche Gravitation in jenem Bereich extrem schwacher Kräfte angewandt, dann war es in der Tat vernünftig, die Existenz einer unsichtbaren Materie zu postulieren, welche die Anziehungskraft stärken konnte. Aber war es nicht schon ein Fehler, die newtonsche Gravitation in jenen Regionen überhaupt anzuwenden? Milgrom stellte folglich die kühne These auf, dass Sterne, die sich in abgelegenen Regionen der Galaxien befanden, womöglich *schwerer* schienen, so dass die von den

Sternen im Mittelpunkt ausgehende Anziehungskraft auf diese äußeren Sterne weit wirkungsvoller sei als ursprünglich angenommen. Und weil die Anziehungskraft stärker war, konnten sich die äußeren Sterne auch schneller bewegen. Dieser Effekt würde erklären, was Vera Rubin und andere entdeckt hatten, dass sich nämlich die äußeren Teile der Galaxien viel schneller um ihre Mittelpunkte drehten als angenommen. Milgrom nannte seinen neuen Ansatz «Modified Newtonian Dynamics», auf Deutsch «Modifizierte Newtonsche Dynamik» oder kurz MOND.

Vielen Astrophysikern ging Milgroms Vorschlag zur Modifizierung der Gravitation zu weit. Ihm fehlte ein Leitgedanke, und die Grenze zulässiger Spekulation wurde bereits überschritten, der Vorschlag gehörte ihrer Meinung nach ins Reich der Fantasie. Als Bekenstein die Idee 1982 auf einer Konferenz der International Astronomical Union vorstellte, erging es ihm wie folgt: «Einige schauten mich an, als hätte ich ihnen erzählt, dass ich ein UFO gesehen habe … Fast alle hielten die sich abzeichnende Vorstellung einer dunklen Materie für wichtig, und fast alle waren sehr stark für die dunkle Materie.»[9] In den folgenden zwei Jahrzehnten ignorierte die überwältigende Mehrheit der Astrophysiker und Relativisten Milgroms Idee oder versuchte, sie totzuschweigen. Hier und da tauchte ein Beitrag auf, der Milgroms Gesetz in einer anderen astrophysikalischen Situation anwandte und nachwies, dass der Vorschlag schlichtweg nicht funktionierte. Häufig waren diese Aufsätze schnell zusammengestückelt und lückenhaft, aber solange MOND ausgeschlossen wurde, galt der Beitrag als solide Wissenschaft und wurde ohne weiteres veröffentlicht. Wenn er hingegen MOND verteidigte, wurde er als schlechte Wissenschaft gebrandmarkt und die Veröffentlichung wurde zu einem beinahe undurchführbaren Unterfangen. MOND war ein, wie ein Astronom sagte, «Unwort».[10]

Peebles hielt sich aus dem Streit heraus, aber im Jahr 2002 sprach er sich mit klaren Worten für Milgrom und seine Gesinnungsgenossen aus: «Wir haben MOND keineswegs ausgeschlossen, und Menschen, die MOND weiterführen, sollten etwas mehr angespornt werden als momentan.»[11] Jacob Bekenstein äußerte sich deutlich schärfer bei seiner Kritik an dem Umgang mit dem Konzept MOND: «Man muss berücksichtigen, dass die Angelegenheit MOND gegen dunkle Materie keineswegs eine rein akademische Auseinandersetzung ist. Es wird sehr viel

Geld in die Suche nach dunkler Materie investiert. ... Ganze Berufskarrieren hängen an der dunklen Materie. Wenn eine Idee wie MOND salonfähig werden sollte, dann werden die Budgets für die Suche nach dunkler Materie ganz offensichtlich gekürzt werden, und die Zahl der Stellen wird sinken.»[12]

Seit der Vorstellung von MOND hatte Bekenstein versucht herauszufinden, wie man den Ansatz verbessern konnte. Da es ihm um die tiefen Wurzeln der physikalischen Theorie ging, war er überhaupt nicht glücklich darüber, MOND einfach im jetzigen Stadium zu belassen. Er wollte etwas, das mit der allgemeinen Relativität vergleichbar war und für alle Skalen von der Erde bis zum Universum gelten sollte. «Ich beschloss», so Bekenstein, «dass es an der Zeit sei, sich dem Streit direkt zu stellen, indem ich ein Beispiel für eine relativistische Theorie ausarbeitete.»[13] Im Jahr 2004 veröffentlichte Bekenstein einen Aufsatz, in dem er eine neue Theorie konstruierte, die mit der Einsteins konkurrieren sollte. Er nannte sie TeVeS, eine Abkürzung für Tensor-Vektor-Skalar-Gravitationstheorie. Sie war nicht sonderlich elegant. Der Name spielte auf ein Wirrwarr aus Feldern an, die miteinander kombiniert zu einem völlig neuen Satz an Feldgleichungen führten, und zwar weit kniffligere und verworrenere Gleichungen als Einsteins allgemeine Relativitätstheorie. Es war ein Chaos, aber Bekensteins Theorie funktionierte. Sie verhielt sich nicht nur wie MOND, sobald sie auf Galaxien angewandt wurde, sondern mit ihrer Hilfe ließ sich erforschen, wie sich das Universum entwickelte und wie großräumige Strukturen entstanden.

Die Mehrheit der Kosmologen und Relativitätsforscher hatte für TeVeS nichts als Verachtung übrig. Sie verwarfen es als Pfusch, als plumpe Notlösung, die nicht zum Kern des Problems vordrang. Allerdings handelte es sich um außerordentlich funktionstüchtigen Pfusch, den ein Relativitätsforscher mit makellosen Referenzen erfunden hatte. Bekensteins Entropie der Schwarzen Löcher zählte zu den profundesten Erkenntnissen der modernen allgemeinen Relativität ebenso wie der Quantenphysik.[14] Freilich neigen berühmte Physiker im Alter häufig dazu, an skurrilen Ideen zu arbeiten, weil sie von ihrem eigenen Erfolg beflügelt sind. Doch Bekenstein gehörte nicht zu diesem Schlag.

Er war mit seinem Vorstoß nicht allein. Während sich sein Vorschlag dem Problem der dunklen Materie widmete, versuchten andere, ohne die kosmologische Konstante und dunkle Energie auszukommen. Die Palette rivalisierender Theorien zur allgemeinen Relativität wurde chaotischer, aber auch reicher, und die Auseinandersetzung um die richtige Gravitationstheorie verschärfte sich. Die verblüffenden Beobachtungen, die mit den neuen, im Zuge der explosionsartigen Ausweitung der physikalischen Kosmologie entwickelten Teleskopen und Instrumenten gemacht wurden, lieferten zusätzliche Munition. Ein bestimmter Ablauf zeichnete sich ab, sobald die Analyse neuer kosmologischer Daten zur Bestätigung der allgemeinen Relativität präsentiert wurde: Das neue Ergebnis war unweigerlich mit einer Pressemitteilung und anschließender Berichterstattung verbunden und darauf folgte, ebenso unweigerlich, eine Flut von Beiträgen, die darauf hinwiesen, dass der scheinbar unumstößliche Beweis für die allgemeine Relativität doch nicht ganz so solide war.

Im Januar 2008 kündigte ein Aufsatz in *Nature* einen weiteren stillen Wandel an. Darin analysierte ein italienisches Beobachtungsteam die Daten aus einem Überblick der Galaxien. Genau das Gleiche machten Jim Peebles und seine Anhänger schon seit fast 40 Jahren. Indem das italienische Team untersuchte, wie sich die Galaxien in Haufen zusammengefunden hatten, gelang es ihm, die Geschwindigkeit zu messen, mit der sie sich aufeinander zubewegten, angezogen von dem Gravitationsfeld, in das sie einbegriffen waren. Das war nichts Neues. Bemerkenswert war jedoch die Art, wie sie ihre Ergebnisse präsentierten: Über die Grafik, mit der sie ihre Daten anzeigten, legten die Italiener das Ergebnis, das man aufgrund der allgemeinen Relativität, aber auch anderer Gravitationsmodelle erwarten würde. Ein Teil der theoretischen Vorhersagen passte haargenau zu den Daten, andere lagen völlig daneben. Eigentlich lag diese Vorgehensweise nahe: Vergleiche Theorie und Beobachtung.

Der Aufsatz in *Nature* kündigte einen Wandel der Mentalität und der Schwerpunktsetzung bei den Beobachtern innerhalb der Kosmologie an. Der Schwerpunkt hatte seit den späten 1990er Jahren ausschließlich auf dem Messen, Charakterisieren und Aufspüren der dunklen Energie gelegen, doch dieser Aufsatz nutzte stattdessen kosmologische Beobachtungen, um die allgemeine Relativität zu überprüfen. Es war eine Rückkehr zur Überprüfung grundlegender Annahmen der physikalischen Kosmologie.

In den folgenden Jahren stand eine Überprüfung der allgemeinen Relativität im Zentrum der beobachtenden Kosmologie. Wir wollen immer noch wissen, ob es dunkle Energie gibt, woraus sie besteht und wie sich die Galaxien zu den Bausteinen des Weltalls entwickeln. Aber immer häufiger steht bei Anträgen auf Geldmittel, bei Seminaren und Vorlesungen mittlerweile die Prüfung der allgemeinen Relativität im Zentrum.

Wenn von einer Modifizierung der Gravitation die Rede ist, runzeln immer noch viele, wenn nicht alle Relativisten die Stirn. Manipulationen an der allgemeinen Relativität, sobald sie mit der Quantenphysik in Berührung kommt, werden zwar stillschweigend akzeptiert, aber die Raumzeit so festzulegen, dass sie mit den Beobachtungen übereinstimmt, ist etwas ganz anderes. Es gibt noch so vieles in Einsteins Theorie zu verstehen und zu entdecken, und für Relativisten ist eine Veränderung daran eine unnötige und unschöne Komplikation. Doch die Natur ist hier womöglich anderer Meinung, und wenn sich Astronomen jetzt wiederum für Einstein interessieren, so bietet sich die Gelegenheit, die grundlegenden Gesetze der Raumzeit auszuloten und weiter und tiefer in den Kosmos zu blicken.

Die Ideen von Dirac, Sacharow und Bekenstein, in Verbindung mit neuen Ergebnissen der beobachtenden Kosmologie, bieten eine neuartige Denkweise, die viel zu aufregend ist, um sie zu ignorieren. Außerdem geben sie dem schwerfälligen Moloch der Kosmologie eine neue Zielrichtung. Ein paar Kollegen in Oxford und Nottingham und ich beschlossen unlängst, einen Überblick über das Feld der modifizierten Gravitation zu verfassen. Wir kamen uns vor wie Dschungelforscher bei der Entdeckung exotischer Spezies. Wir fanden Dutzende von Theorien, eine ausgefallener als die andere, die geradezu skurrile Abänderungen an der allgemeinen Relativitätstheorie vorschlugen, häufig mit verblüffenden und realitätsnahen Ergebnissen. Unser Überblick präsentiert einen bunten Zoo an Gravitationstheorien, von denen viele der allgemeinen Relativität ernsthaft Konkurrenz machen könnten. So viele Menschen denken mittlerweile über Alternativen zu Einsteins Theorie nach, dass parallel zu den heutigen, großen Zusammenkünften zur allgemeinen Relativität – die Nachfolger von DeWitts Chapel-Hill-Konferenz und des Texas-Symposiums von Alfred Schild – Sitzungen angeboten werden, in denen Redner aus allen Generationen und Kontinenten zu Wort kommen, die versuchen, die allgemeine Relativität zu zerpflücken. Noch ist es eine Randerscheinung, wenn auch eine mit zahlreichen Teilnehmern.

Als ich an jenem Nachmittag in Cambridge meinen Vortrag hielt, hatte sich Efstathiou recht abschätzig geäußert. Aber selbst er, ein brillanter Kopf und ein Vorreiter des derzeitigen Standardmodells, in dem allgemeine Relativität, dunkle Materie und dunkle Energie allesamt ihren Platz haben, wäre begeistert, wenn die neuen astronomischen Daten auf eine neue Physik hinweisen würden. Eine neue Gravitationstheorie würde, so weit hergeholt das sein mag, definitiv als neue Physik gelten. Nunmehr müssen uns die neuen astronomischen Erkenntnisse sagen, ob da draußen wirklich etwas Neues zu entdecken ist.

Kapitel 14

Es wird etwas geschehen

Unlängst war ich eine Zeit lang als Berater der European Space Agency tätig. Die ESA ist zuständig für den Start von Forschungssatelliten ins All, häufig in Kooperation mit der NASA. Zu den berühmtesten Experimenten zählt das Hubble-Space-Teleskop, mit dessen Hilfe die wohl schärfsten und klarsten Bilder des tiefen Weltraums gemacht wurden.

Satelliten sind die neuen Vorposten der Wissenschaft, raffinierte Laboratorien, in denen unglaubliche Versuche durchgeführt werden können, während sie im All an den Grenzen unserer Reichweite schweben. Außerdem sind sie teuer und kosten zwischen einer halben und mehreren Milliarden Dollar das Stück. Diese Teile schleudert man nicht einfach so in den Himmel. Es braucht Jahre – manchmal sogar Jahrzehnte – der Planung und Gestaltung, bevor eine endgültige Entscheidung getroffen wird, ob es sich lohnt, sie zu starten.

An der ESA sprachen wir darüber, ob sich künftige Weltraummissionen an den verschiedenen Vorschlägen orientieren sollten, die große internationale Forscherteams machten. Während der langen, ermüdenden Sitzungen, in denen wir mit PowerPoint-Präsentationen, Balkendiagrammen und Kosten bombardiert wurden, die mir Tränen in die Augen trieben, wäre ich oft am liebsten tot umgefallen. Diese Wissenschaft schien so anders als die unbekümmerte Erkundung, ungehemmte Kreativität und die wunderbare Mathematik, die mich als Examenskandidaten fasziniert hatten. Es schockierte mich auch, dass wir über so weitreichende, atemberaubende Missionen sprachen, als ginge es um die Errichtung von Fabriken in einem fernen Land.

Allerdings wunderte ich mich angesichts der Plackerei und des ganzen Fachchinesisch darüber, welche zentrale Rolle die allgemeine Relativität bei so vielen der vorgeschlagenen Satellitenmissionen spielte. Sie schwebte gewissermaßen majestätisch über den technischen Details und Einzelheiten, mit denen wir uns herumschlugen. Wir wurden aufgefordert, auf der Stelle Milliarden Dollar schwere Missionen zu finanzieren, die Einsteins Theorie auf den Prüfstand stellten oder sie dazu nutzten, die äußeren Ränder des Weltalls sowie die innere Funktionsweise dichter, massereicher Objekte zu erforschen. Das war die Zukunft der Weltraumforschung im 21. Jahrhundert. Nicht alle Vorschläge konnten finanziert werden, nicht alle Satelliten würden fliegen, und die Entscheidung fiel unglaublich schwer.

Ein Projekt schlug vor, sich die Kräuselungen des Raums und der Zeit vorzunehmen, jene Gravitationswellen, die bei Kollisionen von Schwarzen Löchern ausgestrahlt werden. Das wäre die Ausgeburt von LIGO und GEO600, ein gigantisches Interferometer aus sage und schreibe drei Satelliten auf einer Umlaufbahn um die Sonne. Sie wären mit ultrapräzisen Laserstrahlen ausgerüstet, die zwischen Spiegeln in einem Abstand von Millionen von Kilometern hin und her sausen. Die sogenannte Laser Interferometer Space Antenna, kurz LISA, sollte nach den bodengestützten Experimenten, die in Kürze online verfügbar sein werden, die schwachen Signale empfangen, die weder LIGO noch GEO wahrnehmen.

Ein anderes Projekt wollte die Ausdehnung des Weltraums bis zu einem Moment zurückzuverfolgen, als das Universum ein Hundertstel seines jetzigen Alters auf dem Buckel hatte. Indem man die Ansammlung der Galaxien in dem riesigen kosmischen Netz betrachtete und sorgfältig untersuchte, wie die Haufen und Filamente aus Licht um Lücken durch einen Gravitationskollaps zusammenfanden, sollte es anschließend möglich sein, die Wirkungen der dunklen Materie und dunklen Energie zu entdecken. Es sei denn, es stellte sich tatsächlich heraus, wie manche inzwischen glauben, dass Einsteins Theorie bei großräumigen Strukturen versagt.

Ein anderer Satellit war dazu ausersehen, das Innere der Schwarzen Löcher zu erkunden und nach der starken Röntgenstrahlung zu fahnden, die in den späten 1960er und 1970er Jahren einen faszinierenden

Einblick ins Universum eröffnet hatte. Diesmal wäre es möglich, noch weiter zu gehen und zu untersuchen, wie die extrem gekrümmte Raumzeit in der Nähe ihres Zentrums Materie und Licht voneinander schied, genau wie Seldowitsch, Nowikow, Rees und Lynden-Bell es gefordert hatten. Zum ersten Mal wäre es möglich, physikalische Prozesse zu messen, die sich in der Nähe des berüchtigten Ereignishorizonts, der Schwarzschild-Oberfläche, abspielten, die viele Forscher so lange irritiert hatte.

Auf solchen Sitzungen wurde mir klar, dass die allgemeine Relativität im Herzen der Physik und Astronomie des 21. Jahrhundert schlägt.

Das wird gewiss nicht einfach. Angesicht der derzeitigen Budgetkürzungen, einer Welt der Armut und der schwachen Konjunktur versteht es sich keineswegs von selbst, Milliarden Euro oder Dollar für eine Satellitenmission auf den Tisch zu blättern. Es kam zwar nicht überraschend, dass die US-Regierung beschloss, sich aus der Finanzierung von LISA zurückzuziehen, aber der Schritt hatte dennoch verheerende Folgen. Das Projekt sollte der letzte Schritt bei der Entdeckung der Gravitationswellen sein. LISA würde nicht nur diese kaum wahrnehmbaren Kräuselungen entdecken, es wäre ein gigantisches, ideales Observatorium, um mit dessen Hilfe kollidierende Schwarze Löcher und einander umkreisende Neutronensterne zu untersuchen. LISA würde uns die Möglichkeit geben, so viel über all die exotischen Objekte zu erfahren, die Einsteins Theorie der Relativität voraussagt. Die erste Phase von LIGO war ein großer Erfolg; sie brachte zwar keine Messresultate, jedoch den Beweis, dass die Technologie, eine verrückte Mischung aus Lasertechnik, Quantenmechanik und Präzisionsgeräten, tatsächlich funktioniert und aufgerüstet werden kann, so dass sie noch besser arbeitet. Die nächste Phase von LIGO, das sogenannte Advanced LIGO, könnte erste Ergebnisse bringen und damit den Weg für LISA frei machen. Aber nachdem die Amerikaner sich zurückgezogen haben, steht LISA kurz vor dem Aus. Dort ist man nicht länger bereit und in der Lage, ein gigantisches Monstrum mit einem derart abgehobenen Ziel zu finanzieren.

Die Suche nach den Gravitationswellen ist aber viel zu wichtig, um sie aufzugeben. Deshalb werden die Europäer, über die ESA, weiter-

machen. Der neue Interferometer wird kleiner, aber immer noch spektakulär sein. Er wird immer noch Milliarden kosten, aber nicht ganz so
viele. Die beunruhigten Relativitätsforscher in Amerika haben sich neu
formiert und wollen nicht aufgeben. In aller Stille haben sich mehrere,
über das ganze Land verstreute Gruppen an die Arbeit gemacht und
versuchen, einen eigenen Vorschlag für ein billigeres, überschaubareres
und nicht ganz so ambitioniertes Projekt auszuarbeiten, das nichtsdestotrotz imstande wäre, bis in ferne Regionen der Raumzeit zu blicken.
Falls die Europäer ihre Meinung ändern sollten oder noch stärker der
Finanzkrise Tribut zollen müssen, wird es also einen Plan B geben.

Allerdings brauchen wir nicht zu warten, bis Satelliten in den Himmel
steigen. Es geschehen bereits faszinierende Dinge. Wir haben die wechsel-
hafte Geschichte der Singularität kennen gelernt und erfahren, wie absto-
ßend sie auf viele große Denker wirkte – von Albert Einstein über Arthur
Eddington bis zu John Wheeler (bis ihn die Erkenntnis traf). Mit der
Entdeckung der Quasare, Neutronensterne und Röntgenstrahlen sowie
dem phänomenalen Kreativitätsschub von Größen wie Wheeler, Kip
Thorne, Jakow Seldowitsch, Igor Nowikow, Martin Rees, Donald Lynden-Bell und Roger Penrose wurden Schwarze Löcher fest in unserem
Bewusstsein verankert. Am Ende der Phase in den 1960er und 1970er
Jahren, die Kip Thorne das Goldene Zeitalter der allgemeinen Relativität
nannte, waren Schwarze Löcher reale Objekte geworden, ein fester Be-
standteil der Astrophysik und Physik genau wie Sterne und Planeten.
  In meinem Bücherregal stehen zwei Lehrbücher über allgemeine
Relativität, die aus dem Goldenen Zeitalter stammen.[1] Sie sind sehr verschieden. Das eine mit dem Titel *Gravitation* wurde geschrieben von
John Wheeler und zwei seiner brillanten ehemaligen Studenten, Charles
Misner und Kip Thorne. Es ist über tausend Seiten dick, großformatig,
hat einen schwarzen Einband wie ein Schauerroman, ist ausgezeichnet
illustriert und beantwortet so gut wie alle Fragen darüber, was man
schon immer über die Raumzeit wissen wollte. Der Wälzer MTW, wie
er unter Studenten genannt wird, enthält all die Kuriositäten, die ganzen Aphorismen, die Wheeler unablässig in seine Vorträge und auf
Konferenzen einstreute. Das andere Standardwerk ist von Steven Weinberg, einem der Väter des Standardmodells der Teilchenphysik. Weinberg

hatte sich zwar als führender Kopf der Quantenphysik einen Namen gemacht, beschäftigte sich aber auch mit der allgemeinen Relativität. Sein Buch *Gravitation and Cosmology* ist eine behutsame, gut durchdachte Einführung in Einsteins Theorie. Es enthält viel von dem, was auch MTW bietet, allerdings ohne die entsprechende Verrücktheit. Allerdings erfährt man bei Weinberg nicht allzu viel über Schwarze Löcher – immerhin die aufregende Entdeckung des Jahrzehnts vor Erscheinen des Buches. Es entsteht der Eindruck, als seien Schwarze Löcher etwas, vor dem man sich in Acht nehmen müsse, als seien sie darauf zurückzuführen, dass man die allgemeine Relativität ein bisschen zu weit getrieben habe.

Man lernt daraus, warum einige immer noch Zurückhaltung übten. Gewiss, alles schien auf extrem dichte, massereiche Objekte, in der Nähe ebenso wie in der Ferne, hinzudeuten. Aber eigentlich hatte noch niemand ein Schwarzes Loch wirklich *gesehen*. Ein Schwarzes Loch anschauen ist ein Stück weit ein Widerspruch. Es ist dort einfach nichts zu sehen – Schwarze Löcher sind hinter der Schwarzschild-Oberfläche unsichtbar. Nur weil man sie nicht sehen kann, heißt das aber noch lange nicht, dass es sich nicht lohnen würde, einen Blick auf sie zu werfen. In Wirklichkeit befindet sich ein gigantisches Schwarzes Loch mitten in unserer Galaxie, der Milchstraße. Es wiegt etwa 100 Millionen Mal so viel wie die Sonne und hat einen Radius von rund 10 Millionen Kilometer. Es ist groß. Allerdings liegt es auch Zehntausende von Lichtjahren entfernt, was bedeutet, dass es am Himmel nur ein Hundertmillionstel eines Grads ausmacht. Von unserem Standpunkt aus ist es damit winziger als eine Nadelspitze, viel kleiner als das Auflösungsvermögen derzeitiger Teleskope. Nur der Erfindungsgabe und Ausdauer der Astronomen haben wir es zu verdanken, dass wir mit Sicherheit von der Existenz eines Schwarzen Loches wissen.

Zwei Forschungsgruppen, eine in München und eine andere in Kalifornien, haben geduldig die Bewegung einiger Sterne beobachtet, die sich in der Nähe des Zentrums der Milchstraße befinden. Nach mehr als einem Jahrzehnt sind die Forscher imstande gewesen, die Bewegung der Sternengruppe zu verfolgen, wie sie sich beständig um das galaktische Zentrum herumschwingen. Sie haben festgestellt, dass sich die Sterne auf unglaublich stark gekrümmten Bahnen bewegen und ganz eindeutig von einer gigantischen Gravitationskraft angezogen werden. Über sorgfältige Messungen der Orbits dieser Sterne sind sie imstande, nicht nur herauszufinden, wie stark die Gravitation in dieser Region ist, sondern auch woher die Anziehungskraft kommt. Durch die Kombination dieser Beobachtungen sind die beiden Gruppen imstande, die Masse des Schwarzen Loches mit hoher Präzision zu messen und genau zu bestimmen, wo sich die Singularität in der Raumzeit befinden müsste.

Und das ist noch nicht alles. Astronomen und Relativitätsforscher setzen alle Hebel in Bewegung für den Bau eines Teleskops, das tatsächlich das Schwarze Loch *sehen* wird. Das sogenannte Event Horizon Telescope wird eine Auflösung von einem milliardstel Winkelgrad haben,[2] ein Bruchteil der Größe, die das Schwarze Loch am Himmel einnimmt, so dass man damit wirklich imstande sein wird, die Schwarzschild-Hülle zu sehen, jene Oberfläche des Schwarzen Loches, an der, wie Oppenheimer und Snyder nachwiesen, die Zeit eingefroren ist. Es wird ein dunkler Schatten sein, umgeben von dem wirbelnden Chaos, das nach Seldowitschs und Nowikows Vermutung ein Schwarzes Loch umgeben muss: die Akkretionsscheibe aus Sternen, Gas und Staub, die durch die Anziehungskraft der Singularität vernichtet werden.

Die inzwischen angesammelten Beweise sind sehr überzeugend. Weinbergs Zurückhaltung war zu seiner Zeit noch verständlich, aber inzwischen dürfte es schwerfallen, jemanden zu finden, der die Existenz eines Schwarzen Lochs im Mittelpunkt der Milchstraße bestreitet. Und genau wie die Milchstraße dürften auch alle anderen Galaxien ein Schwarzes Loch in ihrem Zentrum besitzen, massereichen Turbinen vergleichbar, umgeben von enormen Spiralen aus Sternen.

Die Medien halten alles, was mit der allgemeinen Relativität und Einsteins großartigen Ideen zu tun hat, für ebenso verführerisch wie aktuell. Bilder vom Mittelpunkt unserer Galaxie hatten laut Meldungen auf BBC «Schwarzes Loch in der Milchstraße bestätigt»[3] oder wie es in den Schlagzeilen der *New York Times* hieß: «Daten weisen auf Schwarzes Loch im Zentrum der Milchstraße hin».[4] An dem Tag, als ich dies geschrieben habe, brachte die Nachrichten-Website von BBC einen Kommentar eines Oxforder Kollegen zur aktuellen Beobachtung eines

Quasars, der sich mittlerweile als ein massereiches Schwarzes Loch mit einer Masse von einer Milliarde Sonnen entpuppt hat.[5] Es erstaunt mich, dass Schwarze Löcher fast 50 Jahre nach den Messungen von Maarten Schmidt und dem ersten Texas-Symposium immer noch einen derart großen Medienrummel auslösen.

Kaum ein Monat vergeht, ohne dass Meldungen über Kosmologie oder Schwarze Löcher, über den Beginn des Universums, Echos anderer Universen oder Hinweise auf das mysteriöse Multiversum in den Nachrichten auftauchen. Begriffe wie «Schwarzes Loch», «Urknall», «dunkle Energie», «dunkle Materie», «Multiversum», «Singularität» und «Wurmlöcher» sind bis in den letzten Winkel der Alltagskultur vorgedrungen, von Theaterstücken und Songs am Broadway bis hin zu Comedy-Serien und Spielfilmen. Und natürlich hielt die allgemeine Relativität auf vielfältige Weise Einzug in die Sciencefiction, von Romanen bis hin zu Fernsehserien. Diese Visionen übertreffen selbst die kühnsten Träume Wheelers im Hinblick auf Vorstellungskraft und Kreativität. Jeder hält sich für einen Experten der allgemeinen Relativität.

Diese Faszination ist zwar anregend, treibt hier und da aber geradezu lächerliche Blüten. Als mein Sohn mich verantwortungslos nannte, weil ich, indirekt, angeblich gebilligt hatte, dass der Teilchenbeschleuniger Large Hadron Collider (LHC) überhaupt gebaut werde, stand er nicht allein. Die Medien hatten wiederholt verbreitet, die Stringtheorie habe vorhergesagt, dass Schwarze Löcher entstünden, sobald der LHC in Betrieb gehe. Wenn die Protonenstrahlen tatsächlich kollidierten, sollten angeblich, neben der Fülle an Materie, die in die Detektoren ausgespuckt werde, auch mikroskopisch kleine Schwarze Löcher entstehen, Miniportale in andere Dimensionen. Mein Sohn wusste auch, dass Schwarze Löcher alles um sie herum in sich hineinsaugen. Jeder weiß das. Warum in aller Welt sollte ich, oder irgendein vernünftiger Mensch, also diese unglaublich gefährlichen Apparate bauen wollen? Es war doch ganz offensichtlich Dummheit, das zu tun.

Ausgerechnet ein Physiker versuchte tatsächlich, die Inbetriebnahme des LHC zu verhindern, indem er vor Gericht ging. Bei einem Interview in der Jon-Stewart-Show wurde er gefragt, wie hoch die Wahrscheinlichkeit sei, dass tatsächlich eine Katastrophe eintrete. Und im Überschwang der Livesendung sagte er: «Fünfzig Prozent.» Er behielt nicht recht, der Teilchenbeschleuniger ging in Betrieb, und wir sind alle noch hier. Leider hat sich nicht einmal ein Miniaturexemplar eines Schwarzen Lochs gebildet.[6]

Jedes Mal, wenn ich einen öffentlichen Vortrag über meine Tätigkeit halte, werde ich das Gleiche gefragt: «Was war vor dem Urknall?» Ich habe verschiedene Antworten darauf parat. Etwa die schlichte Antwort: «Es gab kein Vorher, keine Zeit vor dem Urknall.» Oder eher eine Zen-ähnliche Antwort nach dem Muster meiner Kollegin Jocelyn Bell Burnell: «Das ist wie die Frage, was ist nördlich des Nordpols.»[7] Es wäre viel einfacher, wenn ich mich der Mathematik bedienen könnte, aber das geht nicht, weil das die Fähigkeiten des größten Teils meiner Zuhörer übersteigt. Jahrzehntelang haben wir, aufgrund der Singularitätstheoreme von Hawking und Penrose, in der Tat geglaubt, dass wirklich nichts vor dem Urknall war. Das ist eine jener Wahrheiten, jener *mathematischen* Wahrheiten, um die wir nicht herumkommen und die aus dem Goldenen Zeitalter der allgemeinen Relativität stammen.

Vor nicht allzu langer Zeit fiel mir auf, dass meine Antworten auf die Frage nach dem Urknall immer vielfältiger werden und längst nicht mehr so bestimmt sind. Im Lauf der letzten Jahre ist die Frage nach dem Anfang in der Quantengravitation und Kosmologie erneut aufgeworfen worden. Wenn man die Uhr zurückdreht und das Universum immer dichter, heißer und chaotischer werden lässt, genau in diesem Moment regieren Quantenschaum, Strings, Branen oder auch Schleifen. Genau an diesem Punkt bricht, so glauben manche, die Raumzeit zusammen, und es macht auch keinen Sinn mehr, über die ursprüngliche Singularität zu sprechen.

Was passierte also wirklich vor dem Urknall? Eine Möglichkeit ist, dass unser Universum explosionsartig aus einem Vakuum entstand, eine Blase der Raumzeit, die wuchs und wuchs, bis zu ihrem jetzigen Zustand. Und genau wie unser Universum gibt es viele andere, die einfach so plötzlich aus dem Vakuum auftauchten. Eine andere Vermutung geht auf Ideen in der String- und M-Theorie zurück, die postulieren, dass das Weltall weit mehr als vier Dimensionen hat und dass wir auf einer dreidimensionalen «Brane» in dieser Raumzeit leben und uns darin bewegen. Unsere Heimat, unsere Brane, kommt uns nur wie ein dreidimensionales Universum vor, das immer wieder mit einer anderen Brane genau wie unserer zusammenstößt. Wenn sie aufeinanderprallen, erhitzen sie sich, und als Folge fühlt sich unser Universum so an, als hätte es einen heißen Urknall durchlaufen. Es gibt keine Singularität, nur eine endlose Folge heißer Urknälle, ein zyklisches Universum, auf das sowjetische, orthodoxe Philosophen und womöglich sogar Fred Hoyle und seine Mitstreiter stolz gewesen wären. Die Schöpfer des Modells haben jeden neuen Urknall *Ekpyrosis* genannt, ein altes griechisches Wort für den Weltenbrand, für die periodische Zerstörung des Universums, auf die unweigerlich eine Wiedergeburt folgt.

Natürlich deutet vieles an der Quantengravitation auf eine Fragmentierung der Raumzeit hin, würde man sie unter einem allsehenden Mikroskop betrachten. Wenn wir die Uhr zurückdrehen, so dass die Raumzeit an einem einzigen Punkt konzentriert ist, müssen wir mit Sicherheit gegen die Bruchstücke und Teile anrennen, die das Gefüge des Raums bilden. Bevor eine ursprüngliche Singularität erreicht wird, versagt die bekannte Physik. Die Anhänger der Schleifenquantengravitation sagen, dass es ein Vorher gab, eine Zeit, als das Universum kollabierte, bis es die Quantengrenze erreichte und auf magische Weise wieder anfing, sich auszudehnen. Das Universum durchlief ein Stadium, das unter dem prosaischen Namen «Bounce» oder auf Deutsch «Rückprall» bekannt wurde.

Möglicherweise ist es nicht einmal notwendig, auf jene seltsame, finstere Ära zurückzugreifen, in der die Quantengravitation ins Spiel kommt und wo so viele verschiedene Meinungen zu so vielen verschiedenen Vermutungen führen. Es gibt noch eine umfassendere Möglichkeit: Die Raumzeit ist viel weiter, als wir bislang angenommen haben, und unser Universum ist nur eines von unzähligen Universen, die gemeinsam das Multiversum bilden. Im gesamten Multiversum entstehen explosionsartig Universen, wachsen zu kosmischen Ausmaßen an, jedes mit der eigenen Geschwindigkeit und in seiner besonderen Gestalt. Wenn wir die Existenz unseres eigenen Universums zurückverfolgen, stellen wir fest, dass es wie ein Bläschen in eine viel größere Raumzeit eingebettet ist, die schon seit Ewigkeiten existiert. Das Multiversum ist ein wildes, unendliches Reich dessen, was letztlich Stillstand ist: ein gleichförmiger Zustand der Entstehung und Zerstörung.

Das Multiversum hat sich, neben dem sogenannten anthropischen Prinzip, als die bevorzugte Lösung für das Problem der kosmologischen Konstanten entpuppt. Angesichts der großen Erfolgen der beobachtenden Kosmologie glauben viele, dass die kosmologische Konstante tatsächlich im realen Universum existiert, auch wenn die Quantentheorie einen geradezu unverschämt hohen Wert für sie vorhersagt, weit höher, als die Beobachtungen ergeben. Stringtheoretiker wiederum machen sich die fehlende Vorhersagbarkeit in der Stringtheorie zunutze, um eine Landschaft aus verschiedenen möglichen Universen zu postulieren, jedes einzelne mit eigenen Symmetrien, Energiemengen, Arten von Teilchen und Feldern und vor allem mit einer eigenen kosmologischen Konstante. Jedes beliebige Universum ist möglich, sogar solche mit einer sehr kleinen Konstante. Das anthropische Prinzip, das Robert Dicke erstmals vorschlug und Brandon Carter weiterentwickelte, argumentiert, dass das Universum so sein muss, wie es ist, weil es unsere Spezies gibt, denn wenn es anders wäre, würde es uns als seine Betrachter überhaupt nicht geben. Wir existieren und sind fühlende Wesen, weil das Universum exakt die richtige Konstellation an Konstanten, Teilchen und Energie – einschließlich der kosmologischen Konstanten – aufweist, die unsere Existenz ermöglicht. Es gibt unzählige mögliche Universen, aber nur jene mit den geeigneten Werten für physikalische Konstanten ermöglichen die Existenz unserer Welt. In Anbetracht der Tatsache, dass ein solches Universum möglich ist, ist es nur natürlich, dass es von allen Universen im Multiversum auch dasjenige ist, das wir beobachten.

Manche argumentieren, die Kosmologie sei so reich und komplex geworden, dass wir uns an der Grenze dessen bewegen, was man noch Wissenschaft nennen kann. George Ellis zählt zu den Skeptikern, die glauben, dieser Ansatz gehe zu weit. Der Relativitätsforscher Ellis, der Ende der 1960er Jahre zusammen mit Hawking und Penrose die Existenz von Singularitäten im Kosmos untersuchte, befindet sich an der vordersten Front derjenigen, die das gesamte Universum als ein gigantisches Laboratorium und Testgelände für Einsteins Theorie nutzen. «Ich glaube nicht, dass die Existenz anderer Universen bewiesen ist – oder jemals bewiesen werden kann», sagt er.[8] Und an anderer Stelle: «Die These eines Multiversums ist ein gut begründeter philosophischer

Vorschlag, aber sie gehört, weil sie nicht überprüft werden kann, eigentlich nicht in die Wissenschaft.»⁹ In einer Landschaft von Möglichkeiten lässt sich alles irgendwie vorhersagen. Selbst unter den Stringtheoretikern herrscht der Eindruck, dass man zu weit gegangen sei. Der neue Ansatz gibt das letztliche Ziel der modernen Physik auf, eine eindeutige und einfache vereinheitlichte Erklärung für alle Naturkräfte zu finden, einschließlich der Gravitation. Das Akzeptieren eines Multiversums kommt einer Kapitulation gleich. Selbst Edward Witten, der Papst der modernen Stringtheorie, ist unglücklich über die aktuelle Entwicklung und sagt: «Ich hoffe, die derzeitige Diskussion der Stringtheorie ist nicht auf der richtigen Fährte.»¹⁰

Doch die Anhängerschaft des Multiversums wächst. Das Konzept löst einige der noch ungelösten großen Probleme, etwa warum es eine kosmologische Konstante gibt und warum die in der Natur existierenden Konstanten genau auf den Wert eingestellt sind, den wir messen. In regelmäßigen Abständen gibt es Pressemitteilungen und Medienberichte über Paralleluniversen und Hinweise auf die Unermesslichkeit und Pluralität der Raumzeit. Das ist natürlich ein idealer Hintergrund für Spekulation, ein gigantisches weißes Blatt für Geschichtenerzähler. Aber in den Augen von Ellis hat das nichts mit Wissenschaft zu tun.

Im Jahr 2009 stattete ich Príncipe einen Besuch ab, einer kleinen Insel mit einer reichen Vegetation im Golf von Guinea. Von hier aus hatte Arthur Eddington vor 90 Jahren an Frank Dyson, den damaligen Vorsitzenden der Royal Astronomical Society, eine Nachricht telegrafiert mit dem knappen Wortlaut: «Durch Wolke. Hoffnungsvoll.» Eddingtons Messungen des Sternenlichts während einer Sonnenfinsternis hatten Einsteins allgemeine Relativitätstheorie als *die* Theorie der Moderne etabliert. Mit der Expedition zu der Sonnenfinsternis wurden Eddington und Einstein zu internationalen Stars der Wissenschaft.

Ich fuhr mit einem bunt zusammengewürfelten Team aus Briten, Portugiesen, Brasilianern und Deutschen in den Inselstaat São Tomé und Príncipe, um eine Gedenktafel an der Stelle anzubringen, wo Eddington und Cottingham ihre Messungen vorgenommen hatten. Die Royal Astronomical Society und die International Astronomical Union hatten gemeinsam die Tafel gestiftet.

São Tomé und Príncipe war nach jahrhundertelanger Kolonial-
herrschaft eine Zeit lang ein afrikanischer, sozialistischer Staat geworden. Inzwischen öffnet sich das Land der Welt der freien Märkte, und
die Sammlung schicker, neuer Häuser für wohlhabende angolanische
Feriengäste bildet einen krassen Gegensatz zu den mächtigen, baufäl-
ligen Farmhäusern aus der Kolonialzeit.

Das Hauptgebäude bei Roça Sundy, wo Eddington seine Messungen
machte, war in einem besseren Zustand als die meisten verlassenen Kolo-
nialhäuser, die über die grüne Landschaft verstreut sind. Der Regional-
präsident von Príncipe, einer winzigen Insel mit kaum 5000 Einwohnern,
hatte sich das Gebäude als Ferienhaus ausgesucht. Allerdings erwies sich
das Vorhaben als reines Wunschdenken – das Haus war immer noch ma-
rode und schlicht unbewohnbar.

Mich berührte dieser kleine, paradiesische Winkel der Welt zutiefst.
Meine Großmutter war Anfang des 20. Jahrhunderts auf São Tomé und
Príncipe zur Welt gekommen, und ich hatte von ihr viel über diesen Ort
gehört. Aber noch wichtiger, ich hatte das Gefühl, ich würde einen
Wendepunkt der Geschichte hautnah miterleben. An dieser Stelle
wurde die Richtigkeit von Einsteins Theorie bewiesen, sofern eine wis-
senschaftliche Theorie überhaupt bewiesen werden kann. An dieser
Stelle wurde die allgemeine Relativität zu einer Tatsache.

Einige Überreste der längst vergangenen Ära, als Eddington hier
vorbeigekommen war, waren noch vorhanden. Es gab einen Tennis-
court, die Risse im Beton zeugten von dem verlorenen Kampf mit der
unverwüstlichen Vegetation, die aus dem Boden spross. Wo ich auch
hinblickte, überall war üppiges, leuchtendes Grün. Das hier war weit
entfernt von der trostlosen Moorlandschaft, in der Eddington beinahe
sein ganzes Leben verbracht hatte. Seit unserem Besuch markiert nun
eine hübsche Tafel den Ort von Eddingtons großer Leistung und erklärt
jedem, der sich hierhin verirrt, so hoffen wir zumindest, was für ein
großartiges Ereignis das gewesen ist.

Wenn man ins Jahr 1919 zurückblickt, ist es faszinierend, was inzwischen aus Einsteins und Eddingtons Ideen geworden ist. Der simple
Gedanke, dass das Licht von der gekrümmten Raumzeit abgelenkt
wird, der Schlüssel zum Beweis von Einsteins Theorie, zählt mittlerweile, nach über 90 Jahren, zu den wichtigsten Werkzeugen in der As-

tronomie. In den letzten 20 Jahren ist es Standard geworden, zu untersuchen, inwiefern Licht durch die Krümmung der Raumzeit abgelenkt wird, um etwas über das Universum zu erfahren. Indem wir Sterne in benachbarten Galaxien betrachten und prüfen, ob ihr Licht plötzlich gebündelt wird, weil es ein dunkles, massereiches Objekt passiert, ist es inzwischen möglich, nach dunkler Materie in unserer Galaxis zu suchen. Die Haufen dunkler Materie werden, wenn sie existieren, die Rolle der Sonne in Eddingtons Experiment spielen, indem sie das Sternenlicht bündeln und wie eine Linse fokussieren. Dadurch ist dieser Effekt bekannt geworden. Auf größerer Skala nutzen wir den Gravitationslinseneffekt, um Cluster zu beobachten, Schwärme aus Dutzenden oder Hunderten von Galaxien. Diese Ungeheuer sinken in die Raumzeit, schaffen gigantische Krümmungen, die das Licht von fernen Galaxien streuen und neu ausrichten. Astronomen verwenden mittlerweile die Störungen und Veränderungen im Licht dieser fernen Galaxien, um die Cluster zu vermessen.

Warum sollen wir hier stehen bleiben? Mit der für sie charakteristischen Hybris haben Astronomen, Kosmologen und Relativitätsforscher sich inzwischen darangemacht, die Störungen der Raumzeit über ihren ganzen Weg zu verfolgen, soweit man überhaupt etwas beobachten kann. Indem wir Teile des Universums beobachten und sehen, wie das Licht jener Galaxien von der Raumzeit beeinflusst wird, sollte es möglich sein, eine detaillierte Beschreibung davon zu erstellen, wie die Raumzeit rings um uns wirklich aussieht. Indem wir Einsteins und Eddingtons Ideen weiterführen, zähmen wir das Universum und lernen, woraus es besteht und ob die derzeit gültigen Gesetze für das Verhalten der Raumzeit korrekt sind.

Den ganzen Tag über, als die Feierlichkeiten in Príncipe weitergingen, waren Einsteins und Eddingtons Namen in aller Munde. In diesem verlassenen Winkel einer winzigen Insel war es unangebracht zu fragen, ob irgendjemand wirklich wusste, wovon wir überhaupt redeten. Bedächtiges Nicken seitens der lokalen und auswärtigen Würdenträger mochte nicht viel heißen, und eine Schar Kinder und Teenager rannte während der Zeremonie umher. Gewiss, sie hatten keine Ahnung, worum es ging, aber sie hatten natürlich von Einstein gehört. Und einige wussten sogar etwas über den berühmten Engländer Eddington, der vor vielen Jahren auf die Insel gekommen war. Sie waren sich alle einig, dass es eine gute Sache war – der Anspruch der kleinen Insel auf Ruhm.

Während ich beobachtete, wie sich die Menge an dieser seltsamen, esoterischen Feier beteiligte, sah ich darin ein weiteres, merkwürdiges Zeichen dafür, wie universal und demokratisch Einsteins Theorie geworden ist. Die Geschichte der allgemeinen Relativität erstreckt sich über viele Kontinente, mit einer langen, wahrhaft internationalen Liste an auftretenden Personen. Britische Astronomen, ein russischer Meteorologe, ein belgischer Priester, ein neuseeländischer Mathematiker, ein deutscher Soldat, ein indisches Wunderkind, ein amerikanischer Experte für Atombomben, ein südafrikanischer Quäker und unzählige andere haben gemeinsam die Eleganz und die Leistungsfähigkeit der Theorie Einsteins zum Vorschein gebracht.

An jenem Abend verteilten wir an die Zuschauer Teleskope und schauten zu den Sternen hinauf. Der Himmel war atemberaubend schön, wie dafür geschaffen, uns ein tieferes Eintauchen in Einsteins Theorie zu ermöglichen. Ich dachte daran, wie Einsteins Theorie selbst jetzt uns dazu trieb, den Kosmos in größeren Skalen zu betrachten. Das neue Príncipe könnte im Süden Afrikas oder in der australischen Wüste liegen, und das neue Teleskop würde die neueste, leistungsfähigste Technologie des 21. Jahrhunderts nutzen.

Während Eddington ein optisches Teleskop verwendet hatte, ein Gerät mit einer Linse, einem Okular und einer fotografischen Platte, stützen wir uns auf Radioantennen und Schüsseln. Die Radiowellen haben bereits einen großen Beitrag zur allgemeinen Relativität geleistet, aber inzwischen gibt es ein Vorhaben, das unsere kühnsten Träume sprengt. Es besteht darin, Zehntausende von Rundfunkantennen verstreut über Hunderte und Tausende von Kilometern zu errichten. Das sogenannte Square Kilometer Array, oder kurz: SKA, weil die Gesamtempfangsfläche aller Antennen einen Quadratkilometer ergeben wird, bedarf der Unterstützung zweier Kontinente. Ein Teil der Teleskope wird in der Weite des australischen Westens liegen, andere sollen im Süden Afrikas aufgestellt werden. Der Mittelpunkt dieses Ungeheuers wird in der Karoo-Wüste in Südafrika errichtet werden, aber etliche Schüsseln werden über den ganzen Kontinent verstreut sein, etwa in Namibia, Mosambik, Ghana, Kenia und Madagaskar stehen. Dieses über zwei Kontinente und viele Länder verteilte Radioteleskop ist dazu ausersehen, Einsteins Theorie im kosmologischen Maßstab mit einer bislang ungekannten Präzision zu prüfen. Das Monstrum SKA wird erkennen, ob es tatsächlich Schwachstellen in Einsteins großartiger Theorie gibt. Möglicherweise ist es imstande, die kaum wahrnehmbaren Gravitationswellen aufzuspüren, die irgendwo da draußen immer noch auf ihre Entdeckung warten. Es könnte das Wesen der berüchtigten dunklen Energie enthüllen, die aus dem gegenwärtigen Modell des Universums anscheinend nicht mehr wegzudenken ist.

Als wir an jenem Abend Eddingtons und Einsteins kolossale Errungenschaften feierten, musste ich unwillkürlich daran denken, dass wir erst am Anfang dessen stehen, was die Theorie der Raumzeit uns über das Universum mitteilen wird. Das 21. Jahrhundert wird mit Sicherheit das Jahrhundert der allgemeinen Relativitätstheorie, und ich bin glücklich darüber, dass ich zu einer Zeit lebe, wo so viele neue Dinge ihrer Entdeckung harren. Fast hundert Jahre nachdem Einstein sich dazu entschlossen hatte, seine Theorie öffentlich bekannt zu geben, steht uns etwas Fantastisches bevor.

Dank

Zwei Menschen trugen maßgeblich zum Entstehen dieses Buches bei. Patrick Walsh überredete mich und verschaffte mir die Gelegenheit, über diese Leidenschaft von mir zu schreiben. Courtney Young schnappte sich mein Manuskript und machte daraus, mit einer bemerkenswerten Eleganz und Ausdauer, etwas, das ich selbst gerne lesen würde.

Ich habe die Aussagen, Ratschläge und kritischen Anmerkungen einer langen Liste von Kollegen, Freunden, Angehörigen, Lesern und Autoren im Laufe von vielen Jahren berücksichtigt. Die folgende (möglicherweise unvollständige) Liste zählt sie in alphabetischer Reihenfolge auf: Andy Albrecht, Arlen Anderson, Tessa Baker, Max Bañados, Julian Barbour, John Barrow, Adrian Beecroft, Jacob Bekenstein, Jocelyn Bell Burnell, Orfeu Bertolami, Steve Biller, Michael Brooks, Harvey Brown, Phil Bull, Alex Butterworth, Philip Candelas, Rebecca Carter, Chris Clarkson, Tim Clifton, Frank Close, Peter Coles, Amanda Cook, Marc Davis, Xenia de la Ossa, Cécile DeWitt-Morette, Mike Duff, Jo Dunkley, Ruth Durrer, George Efstathiou, George Ellis, Graeme Farmelo, Hugo und Karin Gil Ferreira, Andrew Hodges, Chris Isham, Andrew Jaffe, David Kaiser, Janna Levin, Roy Maartens, Ed Macaulay, João Magueijo, David Marsh, Lance Miller, John Miller, José Mourão, Samaya Nissanke, Tim Palmer, John Peacock, Jim Peebles, Roger Penrose, João Pimentel, Andrew Pontzen, Frans Pretorius, Dimitrios Psaltis, Martin Rees, Bernard Schutz, Joe Silk, Constantinos Skordis, Lee Smolin, George Smoot, Andrei Starinets, Kelly Stelle, Kip Thorne, Neil

Turok, Tony Tyson, Gisa Weszkalnys, John Wheater, Adam Wishart, Andrea Wulf und Tom Zlosnik. Ihre Beiträge waren zwar von unschätzbarem Wert, aber für sämtliche Fehler oder Missverständnisse in der Endfassung trage ich selbst die volle Verantwortung.

Das Team bei der Agentur Conville and Walsh war mir bei der Arbeit an diesem Buch bis zum Schluss eine große Hilfe, und meine Kollegen an der University of Oxford waren begeistert und stets hilfsbereit. Es ist ein echtes Privileg, mit ihnen zu arbeiten.

Anmerkungen

Vorwort

1 A. Eddingtons Zusammentreffen mit L. Silberstein wird aus erster Hand beschrieben in Chandrasekhar (1983). Wenn Sie Merkwürdiges und bisweilen Wunderbares sehen wollen, das in der Welt der Relativitätstheorie immer wieder unerwartet auftaucht, dann besuchen Sie den Bereich «gr-qc» auf ArXiv.org.

Wenn sich eine Person im freien Fall befindet

Es ist so viel über Einstein geschrieben worden, dass mich die große Auswahl doch ziemlich verwöhnt hat. Ich habe mich von einer Handvoll ausgezeichneter Biographien durch sein Leben führen lassen. Fölsing (1993) ist sehr detailliert, fein differenziert und hervorragend dokumentiert. Isaacson (2008) fängt das Wesen des Menschen ein und zeichnet sein Leben und seine Zeit in leuchtenden Farben. Pais (1986) ist ein Klassiker, der sich auf seine Arbeit konzentriert und viele mathematische und physikalische Schritte auf dem Weg zu seinen großen Entdeckungen aufzeigt.

Einen Überblick über die Physik am Beginn des 20. Jahrhunderts bietet Bodanis (2001) in wunderbarem Erzählton, mit einem Schwerpunkt auf der Vorgeschichte und den Auswirkungen von Einsteins berühmter Formel $E = mc^2$. Bodanis (2005) gibt einen tiefen Einblick, wie Maxwell und seine Zeitgenossen mit ihrer Arbeit über Elektrizität und Magnetismus die Welt veränderten. Baum und Sheehan (1997) führen uns durch den Anfang vom Ende der newtonschen Schwerkraft und Le Verriers unglückselige Suche nach dem Planeten Vulcan.

Es gibt eine ganze Welt von Einstein-Gelehrten. John Norton, John Stachel und Michael Janssen, um nur einige zu nennen, haben alle ernsthaft versucht, in sein Denken vorzudringen, indem sie seine Triumphe und Misserfolge ausbuchstabieren. Dies ist alles gehaltvolle Literatur, die einen nicht mehr loslässt. Wer den direkten Einblick

in Einsteins Entdeckungen insbesondere im Wunderjahr 1905 sucht, findet bei Stachel
(2001) eine Zusammenstellung seiner Arbeiten. Einsteins erster Schritt auf der Suche
nach der allgemeinen Relativität, der Artikel fürs *Jahrbuch*, ist ohne Frage einen Blick
wert, aber Einsteins (2009) verständliche Beschreibung ist möglicherweise leichter
zu lesen.

1   M. Flückinger (1974), S. 58.
2   H. Weber zu Einstein, in: Jukka Maalampi (2008), S. 38.
3   Einstein zu W. Dällenbach, 1918, in Fölsing (1993), S. 221.
4   Einstein in Stachel (1998) und Pais (1982), S. 140.
5   Siehe Proust (2000).
6   Siehe Dickens (2011).
7   Le Verrier, 1859, in Baum und Sheehan (1997), S. 139.
8   Vorlesung von Einstein in Kyoto, 1922, in Einstein (1982).
9   Einstein an M. Solovine, 1906, in Fölsing (1993), S. 226 f.
10   J. Laub an Einstein, 1908, in Fölsing (1993), S. 271.

Der wertvollste Fund

Fölsing (1993) beschreibt das Umfeld der Entdeckung der allgemeinen Relativitätstheorie und Einsteins mühsamen Weg zu ihrer endgültigen Form mit großer Sorgfalt.
Pais (1986) liefert dagegen mehr Details – sehr mathematisch, aber auch sehr loh-
nend. Bei Eddington habe ich mich auf drei Bücher verlassen: Chandrasekhar (1983)
ist ein knapper und respektvoller Abriss seines Werks und seiner Denkweise. Stanley
(2007) behandelt seine mystischen und politischen Neigungen sowie seine Haltung
im Ersten Weltkrieg. Eine genaue Beschreibung der Sonnenfinsternis-Expedition
findet sich in Coles (2001).

1   Fölsing (1993), S. 353.
2   H. Minkowski zu seinen Studenten, in Fölsing (1993), S. 353.
3   Fölsing (1993), S. 353.
4   Ebenda, S. 283.
5   Ebenda, S. 356.
6   Einstein an P. Ehrenfest, in Pais (1986), S. 224.
7   Einstein an H. Zangger, 1915, in Fölsing (1993), S. 394.
8   http://www.nernst.de/kulturwelt.htm.
9   http://www.philoscience.unibe.ch/documents/kursarchiv/WS99/Aufruf_
     Europaer.pdf.
10   Mota, Crawford und Simôoes (2008).
11   H. Turner, 1916, in Stanley (2007), S. 88.
12   Eddington (1916).

13 Einstein an Hilbert, 1915, in Ripota (2011), S. 128.
14 Einstein an A. Sommerfeld, 1915, in Fölsing (1993), S. 419.
15 H. Turner, 1918, in Stanley (2007), S. 97.
16 D. Dyson, 1918, in Stanley (2007), S. 149.
17 Pais (1986), S. 307.
18 Ebenda.
19 J. J. Thompson, 1919, in Chandrasekhar (1983), S. 29.
20 *The Times,* 7. November 1919.
21 *New York Times,* 10. November 1919.
22 Einstein über seine Theorie, *The Times,* 28. November 1919.

Korrekte Mathematik, schreckliche Physik

Über das expandierende Universum gibt es einen reichen Schatz an Informationen. Die wichtigsten Arbeiten finden sich in den Literaturlisten kosmologischer Klassiker wie Bernstein und Feinberg (1986). Nicht eingegangen bin ich auf die Diskussionen über das machsche Prinzip, das Einstein zur Formulierung seines statischen Modells des Universums anregte, aber einen Abriss der Debatte zwischen Einstein und de Sitter findet sich in Janssen (2006). Kragh (1996) und neuerdings Nussbaumer und Bieri (2009) bieten eine eingehende und gut dokumentierte Schilderung der Geschichte des expandierenden Universums. Genauere Beschreibungen der Hauptakteure dieses Kapitels liefern Tropp, Frenkel und Chernin (1993) über Friedmann und Lambert (1999) sowie der Text von A. Deprit in Berger (1984) über Lemaître. Eine unterhaltsame Charakterisierung von Hubble und Humason bieten Gribbin und Gribbin (2004); Mumasons Interview für das American Institute of Physics in Shapiro (1965) ist hochinteressant. Zur Auseinandersetzung über die Entdeckung des expandierenden Universums (und die nicht ausreichend gewürdigte Rolle, die Vesto Slipher dabei spielte) empfehle ich Nussbaumer und Bieri (2011) sowie Prof. John Peacocks Hommage an Slipher unter http://www.roe.ac.uk/~jap/slipher.

 1 Einstein (2009).
 2 Einstein an P. Ehrenfest, 1917, in Hasinger (2009), S. 16.
 3 Einstein an P. Ehrenfest, 1917, in Isaacson (2008), S. 252.
 4 Friedmann (1922).
 5 Einstein (1922).
 6 Friedmanns Brief an Einstein (1922).
 7 Douglas (1967).
 8 Weyl (1923), Eddington (1925).
 9 Vesto Slipher: Die entscheidenden Arbeiten Slipher (1913), Slipher (1914) und Slipher (1915) sind nachzulesen unter http://www.roe.ac.uk/~jap/slipher.
10 Lundmark (1924).

11 Lemaître (1927).
12 Einstein zu Lemaître bei der Solvay-Konferenz von 1927, in Berger (1984).
13 Hubble (1926) und Hubble (1929a)
14 De Sitter (1913).
15 Eine faszinierende Schilderung der Arbeit mit E. Hubble auf dem Mt. Palomar findet sich in M. Humasons Interview für das American Institute of Physics, in Shapiro (1965).
16 Humason (1929) und Hubble (1929b).
17 Brief von G. Lemaître an A. Eddington, 1930, wiedergegeben in Nussbaumer und Bieri (2009), S. 123.
18 Lemaître (1931).
19 Eddington (1931).
20 A. Einstein über G. Lemaître in Kragh (1996), S. 55.
21 *New York Times*, 19. Februar 1933.

Kollabierende Sterne

Es gibt eine Reihe von Büchern zur Geschichte der Quantenphysik. Für eine aktuelle Darstellung der Beteiligten wie der Konzepte würde ich Kumar (2009) empfehlen. Die Auseinandersetzung zwischen Eddington und Chandra wird hervorragend beschrieben in Miller (2006) und – vom persönlichen Standpunkt – Chandrasekhar (1983). Thorne (1994) vermittelt den größeren Rahmen des Streits. Da ich die fast gleichzeitige Entdeckung von Chandras Massegrenze durch E. Stoner und L. Landau nicht erwähnt habe, lohnt sich ein Blick auf Stoner (1929) und Landau (1932).

Oppenheimer ist eine wahrhaft fesselnde Persönlichkeit und es gibt eine Reihe von Biographien über ihn. Zu meinen Favoriten zählt die kurze, fast persönliche Beschreibung seiner Person durch Bernstein (2004), aber ich habe auch das maßgebliche Werk von Bird und Sherwin (2009) verwendet. Monk (2012) erschien kurz vor Fertigstellung dieses Buchs und ist ebenfalls eine lohnende Quelle.

1 Oppenheimer und Snyder (1939).
2 K. Schwarzschilds Brief an A. Einstein in Bührke und Wengenmayr (2009), S. 122.
3 A. Eddington über K. Schwarzschild in Eddington und Schwarzschild (1917).
4 A. Einstein in einem Brief an K. Schwarzschild in Einstein (2012).
5 Eddington (1959), S. 103.
6 Ebenda, S. 172.
7 Ebenda, S. 6.
8 Ebenda, S. 103.
9 Lenard (1906).
10 S. Chandrasekhar in Weart (1977).

11 Sommerfeld (1923).
12 Chandrasekhar (1935a).
13 Eddington (1935b).
14 S. Chandrasekhar über A. Eddington in Chandrasekhar (1983).
15 P. Bridgeman über J. R. Oppenheimer in Bernstein (2004).
16 W. Pauli über J. R. Oppenheimers Arbeitsgruppe in Regis (1987).
17 Gorelik (1997).
18 Oppenheimer und Volkoff (1939).
19 Eddington (1959), S. 6.
20 Bohr und Wheeler (1939).
21 Eddington (1935b).
22 S. Chandrasekhar über A. Eddington in Chandrasekhar (1983).
23 Einstein (1939).

Komplett durchgeknallt

Die Gründung des Institute for Advanced Study in Princeton und das Institutsleben ist recht eingehend in Regis (1987) beschrieben. Die Beziehung zwischen Einstein und Oppenheimer im Zeitgeschehen findet sich in Schweber (2008). Yourgrau (2005) liefert eine fesselnde und wortgewandte Schilderung von Gödels Beitrag zur allgemeinen Relativitätstheorie und sein Zusammenwirken mit Einstein. Von Levin (2010) stammt ein gekonnt erzählter Roman über Gödel und Turing. Ein wunderschöner Bilderroman über die Geschichte der Logik im 20. Jahrhundert ist Doxiades und Papadimitriou (2008). Wenn Sie etwas mehr über die heutige Sicht auf Einsteins vergebliche Suche nach der Weltformel erfahren wollen, dann sollten Sie Weinberg (2009) lesen.

Für das deutsche Umfeld von Einstein und seiner Relativitätstheorie habe ich mich auf Fölsing (1993), Wazek (2010) und Cornwell (2004) verlassen. Deutlich schwieriger ist es mit den Entwicklungen in Russland, wo mir Graham (1993) und Vuchinich (2001) den Einstieg ermöglichten. Inzwischen fließen mehr Informationen aus den sowjetischen Archiven und stellen so manche westliche Ansichten über die damalige Zeit auf die Probe. Ich konnte mich dabei auf meinen Kollegen Dr. Andrei Starinets und seine Übersetzung des Archivmaterials verlassen, warte aber schon ungeduldig auf die Übersetzung von Gorobets (2008) über Landaus Zeit. Der Stillstand der allgemeinen Relativität in den USA lässt sich nachzeichnen aus Thorne (1994), DeWitt-Morette (2011) sowie Wheeler und Ford (1998).

1 Marx (1867).
2 ЦХСД. ф. 4. Оп. 9. Д. 1487. Л. 5–7. Копия. CDMD (Zentrallager für moderne Dokumente der Archive der Russischen Föderation) und ЦХСД. ф. 4. Оп. 9. Д. 1487. Л. 11–11. об. Копия. (Zentrallager für moderne Dokumente der Archive der Russischen Föderation).

3   *New York Times,* 4. November 1928.

4   Ebenda, 4. Februar 1929.

5   Ebenda, 27. Dezember 1949.

6   Ebenda, 30. März 1953.

7   A. Einstein in einem Brief an die Königin von Belgien, 1933, Albert-Einstein-Archiv der Hebräischen Universität Jerusalem.

8   O. Morgenstern über A. Einstein, Brief an Bruno Kreisky, 1965.

9   Gödel (1949).

10   A. Einstein über Gödels Lösung in Schilpp (1949).

11   J. R. Oppenheimer an seinen Bruder in Schweber (2008), S. 265.

12   W. Pauli und A. Einstein über Oppenheimer in Schweber (2008), S. 271.

13   *Time,* 8. November 1948.

14   F. Dyson in einem Brief von 1948, in Schweber (2008), S. 272.

15   S. Goudsmit in DeWitt-Morette (2011).

16   *Fortune,* Mai 1953, in Schweber (2009), S. 181.

17   Bernstein (2004).

18   *The New York Post,* 13. Februar 1950.

19   A. Einstein in *New York Times,* 12. Juni 1953.

20   Vorlesung von J. R. Oppenheimer, 1965, in Schweber (2008), S. 277.

21   *Time,* 8. November 1948.

22   J. R. Oppenheimer in *L'Express,* 20. Dezember 1965.

Radio Days

Die Geschichte der Radioastronomie, und wie sie am Ende der allgemeinen Relativität neuen Schwung verlieh, wird gut erzählt in Munns (2012) und Thorne (1994). Hoyle ist eine herausragende Persönlichkeit, und es lohnt sich absolut, seine Autobiographie, Hoyle (1994), zu lesen, aber auch die beiden wichtigen Biographien Gregory (2005) und Minton (2011). Das AIP-Interview mit Gold, Weart (1978), ist sehr aufschlussreich, und die Studie von Kragh (1996) zeichnet den Konflikt mit Ryle detailliert nach. Ich empfehle die Lektüre von Jansky (1933) und Reber (1940), weil man hier erfährt, wie ein neues Forschungsgebiet entdeckt wird.

1   F. Hoyle in einer BBC-Rundfunksendung, 1949.

2   R. Williamson über F. Hoyle in der Canadian Broadcasting Corporation, 1951, zitiert in Kragh (1996), S. 194.

3   A. Eddingtons fundamentale Theorie wird bis ins Kleinste dargelegt in Eddington (1953).

4   E. A. Milne über Eddingtons fundamentale Theorie in Kilmister (1994), S. 3.

5   W. Pauli über A. Eddington in Miller (2006), S. 119.

6 Lightman und Brawer (1990), S. 53.
7 H. Bondi in Kragh (1996), S. 166.
8 T. Gold in Kragh (1996), S. 186.
9 W. de Sitter in Kragh (1996), S. 74.
10 Hoyle (1950).
11 Ebenda.
12 *Dead of Night* ist ein britischer Film des Regisseurs Alberto Cavalcanti (1945).
13 Hoyle (1955), S. 290.
14 Die beiden ersten Aufsätze zur Steady-State-Theorie sind Bondi und Gold (1948) und Hoyle (1948).
15 E. A. Milne in Kragh (1996), S. 190.
16 Born (1949).
17 Michelmore (1962), S. 253.
18 F. Hoyle in Kragh (1996), S. 192.
19 Ebenda.
20 Ebenda, S. 270.
21 Zur Geburtsstunde der Radioastronomie siehe Jansky (1933), Reber (1940) und Reber (1944).
22 M. Ryle vor der RAS, 1955, in Lang und Gingrich (1979).
23 Ryle (1955).
24 T. Gold in Weart (1978).
25 Mills und Slee (1956).
26 Hanbury-Brown (1959).
27 Ryle und Clarke (1961).
28 *Evening News and Star*, 10. Februar 1961.
29 H. Bondi in *The New York Times*, 11. Februar 1961.

Wheelers Glanzzeit

John Archibald Wheeler war eine großartige Persönlichkeit und die treibende Kraft hinter der modernen allgemeinen Relativitätsforschung. Seine Biographie Wheeler und Ford (1998) zeichnet ganz unverblümt seine beiden Seiten nach: den «Radikalen» und den «Konservativen». Aber ebenso wichtig die damalige Atmosphäre und die bizarre Allianz zwischen Industrie und Relativisten; sie wird gut beschrieben in DeWitt und Rickles (2011) und DeWitt-Morette (2011) sowie in Mooallem (2007) und Kaiser (2000). Es lohnt sich, einmal zur Website der Gravity Research Foundation, http://www.gravityresearchfoundation.org, zu surfen, wo etwa der preisgekrönte Essay DeWitts zu finden ist.

Die Erkenntnis, dass Quasare kosmologischer Natur sind, wird gut beschrieben in Thorne (1994) und in Schmidts Interview für AIP, Wright (1975). Die Atmosphäre in

Schilds Gruppe in Austin wird sehr eindrücklich in Melia (2009) geschildert; ein großartiger Bericht aus erster Hand von den Ereignissen auf dem ersten Texas-Symposium
ist enthalten in Schucking (1989) und Chiu (1964).

1   Wheeler (1998), S. 228.
2   A. Komar in Misner (2010).
3   Wheeler (1998), S. 87.
4   Eine faszinierende Beschreibung der Wissenschaft Richard Feynmans findet
    sich in Krauss (2012).
5   Wheeler (1998), S. 232.
6   Ebenda, S. 294.
7   B. DeWitts Aufsatz «Why Physics?» in DeWitt-Morette (2011).
8   Nachruf S. Weinbergs auf B. DeWitt in DeWitt-Morette (2011).
9   R. Babson auf der Website der GRF.
10 Ebenda.
11 «Space Ship Marvel Seen If Gravity Is Outwitted», in: *New York Herald
    Tribune*, 21. November 1955.
12 «New Air-Dream Planes Flying Outside Gravity», in: *New York Herald
    Tribune*, 22. November 1955.
13 «Future Planes May Defy Gravity and Air Lift in Space Travel», in: *Miami
    Herald*, 2. Dezember 1955.
14 «Conquest of Gravity Aim of Top Scientists in the U. S.», in: *New York Herald
    Tribune*, 20. November 1955.
15 Ebenda.
16 B. DeWitt in seinem preisgekrönten Aufsatz von 1953, auf der Website der
    GRF.
17 Ebenda.
18 B. DeWitt in DeWitt-Morette (2011).
19 A. Bahnson in DeWitt und Rickles (2011).
20 Feynman (1985).
21 R. Feynman in DeWitt und Rickles (2011).
22 Ebenda.
23 R. Dicke in DeWitt und Rickles (2011).
24 M. Schmidt in Wright (1975).
25 *Time*, 3. November 1966.
26 Schucking (1989).
27 Ebenda.
28 Robinson, Schild und Schucking (1965).
29 *Life*, 24. Januar 1964.
30 Chiu (1964).
31 J. Wheeler in Harrison, Thorne, Wakano und Wheeler (1965).
32 Schucking (1989).

33   *Life*, 24. Januar 1964.
34   Robinson, Schild und Schucking (1965).
35   Ebenda.

Singularitäten

Das weitaus beste Buch über das Goldene Zeitalter der allgemeinen Relativität ist Thorne (1994); es ist umfangreich, detailliert und enthält eine Fülle persönlicher Anekdoten. Es schildert die drei wichtigsten Schulen (Cambridge, Moskau und Princeton), welche die Wiedergeburt des Gebiets vorantrieben. Die Studie von Melia (2009) vermittelt eine ergänzende Sichtweise und schildert, wie sich die Astrophysik zu den Schwarzen Löchern bis heute entwickelt hat. Zur sowjetischen Seite der Geschichte liegt in Sunyaev (2005) eine eigentümliche, englischsprachige Sammlung von Anekdoten und Erinnerungen zu Seldowitsch und seinen Schülern vor, zum Teil werden sie in Novikov (2001) weiter ausgeführt. Die Entdeckung der Pulsare wird in Bell Burnell (2004) anschaulich erzählt.

1   R. Penrose, private Unterredung, 2011.
2   Thorne (1994).
3   Ebenda.
4   Ebenda.
5   Ebenda.
6   Eine anschauliche Beschreibung von R. Kerr und R. Penrose auf dem ersten Texas-Symposium ist enthalten in Schucking (1989).
7   R. Penrose, private Unterredung, 2011.
8   Eine genaue Beschreibung ist enthalten in Ioffe (2002).
9   L. Landau über J. Seldowitsch in Gorelik (1997).
10   L. Landau in Gorelik (1997).
11   R. Penrose, private Unterredung, 2011.
12   Penrose (1965).
13   R. Penrose, private Unterredung, 2011.
14   M. Rees, private Unterredung, 2011.
15   Bell Burnell (2004).
16   Ebenda.
17   Ebenda.
18   Hewish u. a. (1968).
19   Bell Burnell (1977).
20   Bell Burnell (2004).
21   *The Sun*, 6. März 1968.
22   *The Daily Telegraph*, 5. März 1968.
23   J. Bell Burnell, private Unterredung, 2011.

24 Eine kommentierte Sammlung der wichtigsten Aufsätze von Seldowitsch ist zu finden in Ostriker (1993).

25 Sunyayev (2005).

26 Ostriker (1993).

27 Salpeter (1964).

28 R. Penrose in John (1973).

29 Wheeler (1998), S. 296.

30 J. Wheeler in *The New York Times*, 20. Oktober 1992.

31 Lynden-Bell (1969).

32 DeWitt und DeWitt (1973).

33 M. Rees, private Unterredung, 2011.

34 Novikov (2001).

35 R. Penrose, private Unterredung, 2011.

Die Suche nach der einheitlichen Theorie

Der Aufstieg der Quantenelektrodynamik und des Standardmodells ist in den vergangenen Jahrzehnten detailliert beschrieben worden. Ein mächtiger Schinken über die Entwicklung der QED ist Schweber (1994), eine deutlich leichter verdauliche Darstellung Close (2011). DeWitt-Morette (2011) ist eine eigenwillige Biographie von Bryce DeWitt mit einer interessanten und vielfältigen Sammlung seiner Schriften. Eine meisterhafte und absolut überzeugende Biographie Diracs ist Farmelo (2010), und es lohnt sich, einige seiner Aufsätze zu lesen, um einen Eindruck von der Ökonomie seiner Sprache zu bekommen.

Die Sitzungen auf dem Oxford-Symposium zur Quantengravitation in Isham, Penrose und Sciama (1975) sind ein faszinierendes, zeitgenössisches Sinnbild für das, was damals in den Köpfen vorging, jüngere Darstellungen finden sich aber in Duff (1993), Smolin (2000) und Rovelli (2010). Eine erste Beschreibung der Entdeckung der Strahlung Schwarzer Löcher ist zu finden in Hawking (1988) und Thorne (1994). Ferguson (2012) ist eine relativ vollständige Biographie Hawkings, die den Hintergrund seiner wichtigsten Entdeckung herausarbeitet.

1 B. DeWitt in DeWitt-Morette (2011).

2 W. Pauli zu B. DeWitt in DeWitt-Morette (2011).

3 G. Ellis, private Unterredung, 2012.

4 M. Duff, private Unterredung, 2011, und Duff (1993).

5 P. Candelas, private Unterredung, 2011.

6 Isham, Penrose und Sciama (1975).

7 M. Duff in Isham, Penrose und Sciama (1975).

8 Die Kritik des Oxford-Symposiums wurde anonym in der Zeitschrift veröffentlicht, siehe *Nature*, 248, 282 (1974).

9   Bekenstein (1973).
10   Hawking (1974).
11   Ebenda.
12   P. Candelas, private Unterredung, 2011.
13   Hawking (1988).
14   *Nature*, 248, 282 (1974).
15   D. Sciama in Boslough (1989).
16   J. Wheeler wie dokumentiert von B. Carr in *The Observer*, 1. Januar 2012.

Die Schwerkraft sehen

Die tragische Geschichte Joseph Webers ist unter Fachleuten wohlbekannt, aber es wird selten darüber geschrieben. Collins (2004) bietet eine gründliche Studie der Entwicklung der Gravitationswellenphysik aus der Sicht eines Soziologen. Er begann die Befragung der Teilnehmer, als Weber noch auf der Höhe war, und sein Buch steckt voller Interviews und Zitate. Das Buch ist ein Muss, wenn man die ganze Geschichte der Gründung dieses Forschungsgebiets kennen möchte sowie die Kämpfe, die Fürsprecher des Projektes LIGO für die Durchsetzung des Baus austragen mussten. Thorne (1994) gibt einen Insiderblick auf die Geschichte von einem alten Hasen der Gravitationswellenphysik. Kennefick (2007) erörtert ausgezeichnet die Wurzeln des Forschungsgebiets und ergänzt den Hintergrund, und Bartusiak (1989) und die aktuellere Studie Gibbs (2002) fassen die Fortschritte in bestimmten Phasen zusammen. Die Geschichte der numerischen Relativität wird hübsch zusammengefasst in Appell (2011).

Es lohnt sich, einen Blick auf die Originalquellen zu werfen. Zum Beispiel ist die Diskussion um die Realität der Gravitationswellen auf der Konferenz von Chapel Hill in DeWitt und Rickles (2011) überaus faszinierend. Webers aufeinanderfolgende Aufsätze – (Weber (1969), Weber (1970a), Weber (1970b) und Weber (1972) – zeigen eine Entwicklung zu immer größerer Sicherheit auf. Dann wird er auf brutale Weise in Garwin (1974) widerlegt.

1   J. Weber in *The Baltimore Sun*, 7. April 1991.
2   A. Eddington in Kennefick (2007).
3   Eine Erörterung der Frage, ob Gravitationswellen wirklich existierten, ist zu finden in DeWitt und Rickles (2011).
4   Weber (1970b).
5   Berichte über Webers Ergebnisse bieten etwa die Zeitschrift *Time* und die *New York Times* aus dem Jahr 1970.
6   Eine Übersicht der damaligen, hypothetischen Quellen für Gravitationsstrahlung ist enthalten in Tyson und Giffard (1978).
7   Sciama, Field und Rees (1969).

8   B. Schutz, private Unterredung, 2012.

9   Garwin (1974).

10 Taylors Diagramm wurde auf dem neunten Texas-Symposium in München, 1978, präsentiert, und die Protokolle wurden veröffentlicht als Ehlers, Perry und Walker (1980).

11 C. Misner in DeWitt und Rickles (2011).

12 Die ersten Lösungsversuche mit Computern werden beschrieben von L. Smarr in Christensen (1984).

13 F. Pretorius, private Unterredung, 2011.

14 Ebenda.

15 A. Tyson in *The New York Times*, 30. April 1991.

16 J. Ostriker in *The New York Times*, 30. April 1991.

17 F. Pretorius, private Unterredung, 2011.

18 Ebenda.

19 Ebenda.

20 F. Dyson in Collins (2004).

21 B. Schutz, private Unterredung, 2012.

Das dunkle Universum

Die phänomenale Erfolgsgeschichte der modernen Kosmologie ist gut dokumentiert. Peebles, Page und Partridge (2009) enthält eine Reihe von Augenzeugenberichten und Aufsätzen mit einer Beschreibung des Aufstiegs des Forschungsgebiets. Es lohnt sich, einige Bücher zu lesen, die einem dabei immer wieder begegnen werden, etwa Overbye (1991) oder die Zusammenstellung von Interviews in Lightman und Brawer (1990). Eine persönliche Erinnerung an die COBE-Entdeckung ist Smoot und Davidson (1995), etwas journalistischer geschrieben in Lemonick (1995). Panek (2011) bietet eine ausgezeichnete Beschreibung des Weges zur kosmologischen Konstante in den späten 1990er Jahren mit einem großen Teil der Details zur Frage, wer machte was genau bei der Suche nach Supernovae. Die AIP-Interviews mit Peebles – Harwitt (1984), Lightman (1988b) und Smeenk (2002) – sind eine ausgezeichnete Quelle für seine Sichtweise des Weltalls. Zu genaueren Erklärungen unserer derzeitigen Theorie des Universums empfehlen sich Silk (1989) und Ferreira (2007). Es lohnt sich, einige frühe Aufsätze der modernen Kosmologie zu lesen in Bernstein und Feinberg (1986) und einen Blick in die Protokolle anlässlich des Einstein Centenary, Hawking und Israel (1979), zu werfen sowie in die Protokolle des Critical Dialogues, Turok (1997).

1   M. Rees in Turok (1997).

2   Peebles (1971).

3   J. Peebles, private Unterredung, 2011.

4   J. Peebles in Smeenk (2002).

5 J. Peebles in Lightman (1988b).

6 J. Peebles in Smeenk (2002).

7 R. Dicke, nach der Schilderung von J. Peebles in Smeenk (2002).

8 Peebles und seine Zeitgenossen begründeten zwar in der Tat das Forschungs-gebiet der physikalischen Kosmologie, doch die Idee, dass eine elementare Verbindung zwischen dem sich ausdehnenden Urknallmodell und der Entste-hung der Galaxien existieren musste, taucht erstmals bei Lemaître (1934) und dann bei Gamow (1948) auf.

9 Die Ideen, die zur Bildung von großen Strukturen führten, sind enthalten in Silk (1968), Sachs und Wolfe (1967), Peebles und Yu (1970) und Seldowitsch (1972).

10 J. Peebles, private Unterredung, 2011.

11 G. de Vaucouleurs in Lightman (1988a).

12 Ebenda.

13 Ebenda.

14 M. Davis über Peebles in Lightman und Brawer (1990).

15 J. Peebles in Lightman (1988b).

16 Eine historische Konferenz zur Verbindung zwischen «innerem Raum» und «äußerem Raum» fand 1984 im Fermilab statt und wurde schriftlich doku-mentiert in Kolb et al. (1986).

17 F. Zwicky in Stöckli und Müller (2008), S. 60; siehe auch Panek (2011), S. 48.

18 Faber und Gallagher (1979).

19 J. Peebles, private Unterredung, 2011.

20 J. Peebles in Smeenk (2002).

21 Seldowitsch (1968).

22 Efstathiou, Sutherland und Maddox (1990).

23 Ostriker und Steinhardt (1995).

24 Peebles (1984).

25 Efstathiou, Sutherland und Maddox (1990).

26 Blumenthal, Dekel und Primack (1988).

27 Ostriker und Steinhardt (1995).

28 G. Smoot auf einer Pressekonferenz im Lawrence Berkeley Laboratory, 1992.

29 *The Washington Post,* 9. Januar 1998/2008.

30 Glanz (1998).

31 CNN, 27. Februar 1998.

32 B. Schmidt in *The New York Times,* 3. März 1998.

33 J. Peebles, private Unterredung, 2011.

34 Seldowitsch und Nowikow (1971), S. 29.

35 Der Begriff «dunkle Energie» oder auf Englisch «dark energy» wurde erstmals in Huterer und Turner (1998) vorgeschlagen.

Das Ende der Raumzeit

Die moderne Geschichte der Quantengravitation ist nervenaufreibend und faszinierend zugleich. Um dem Leser einen Überblick zu verschaffen, enthält Rovelli einen Anhang mit den verschiedenen wichtigen Phasen, Entdeckungen und Veränderungen. DeWitt-Morette (2011) beschreibt die Entstehung der «Trilogie» und wie DeWitt die Entwicklung des Forschungsgebiets betrachtete. Wer eine sehr erfolgreiche und lesenswerte Zusammenfassung der Stringtheorie sucht, sollte sich Greene (2000) anschauen. Yau und Nadis (2010) vermittelt die Sichtweise eines Mathematikers der Stringtheorie. Die alternativen Wege zur Quantengravitation, wie die Schleifenquantengravitation, sind gut in Smolin (2000) beschrieben. Die beiden Bücher, die zu einem heftigen Rückschlag für die Stringtheorie führten, sind Smolin (2009) und Woit (2007). Es lohnt sich, einen Blick auf einige Blogs zu werfen und die Diskussionen zu verfolgen, damit man sieht, wie aufgeheizt sie mit der Zeit wurden. Ich würde folgende Blogs empfehlen und bis zu dem Zeitpunkt zurückgehen, als die Bücher auf den Markt kamen:

http://blogs.discovermagazine.com/cosmicvariance/
http://asymptotia.com/
http://www.math.columbia.edu/~woit/wordpress/

Das Informationsparadox der Schwarzen Löcher ist noch nicht zu Ende, und auch wenn ich die «Komplementarität der Schwarzen Löcher» hier nicht erwähnt habe, würde ich stark Susskind (2010) empfehlen, weil es eine persönliche und leidenschaftliche Darstellung liefert, wie sich das Paradox im Lauf der Jahre entwickelt hat. Es tauchen immer noch neue Lösungen auf: Als ich dieses Buch gerade abschloss, wurde ein weiterer Vorschlag, die sogenannte Firewall, die einen wichtigen Grundsatz der allgemeinen Relativität modifiziert, heftig diskutiert. Näheres dazu unter http://blogs.scientificamerican.com/critical-opalescence/2012/12/14/when-you-fall-into-a-black-hole-how-long-have-you-got/.

1   S. Hawkings Vorlesung ist in voller Länge abgedruckt in Boslough (1989).
2   Eine anschauliche Beschreibung der Vorlesung Hawkings ist enthalten in Susskind (2010).
3   DeWitt-Morette (2011).
4   Ebenda.
5   Interview mit M. Gell-Mann in *Science News*, 15. September 2009.
6   E. Witten in einem Interview mit dem schwedischen öffentlichen Rundfunk, 6. Juni 2008.
7   R. Feynman in Davies und Brown (1988), S. 194.
8   S. Glashow in Davies und Brown (1988).
9   Friedan (2002).
10   DeWitt-Morette (2011).

11 Ebenda.
12 Ebenda.
13 Ebenda.
14 M. Duff, private Unterredung, 2011.
15 Hawking und Mlodinow (2010), S. 181.
16 M. Duff, private Unterredung, 2011.
17 P. Candelas, private Unterredung, 2011.
18 Im Jahr 2008, auf dem alljährlichen Fest für die Stringtheorie (Strings 2008 am CERN), wurde Rovelli schließlich eingeladen, einen Vortrag über die Schleifenquantengravitation zu halten.
19 L. Smolin in *Wired*, 14. September 2006.
20 Folge 2, Staffel Nr. 2, der Serie *Big Bang Theory*, Chuck Lorre Productions/ CBS.
21 Witten (1996a).
22 Wheeler (1955).

Eine sensationelle Extrapolation

Über modifizierte Theorien der Gravitation wurde nicht viel geschrieben, das man guten Gewissens empfehlen kann. Barrow und Tipler (1988) und Barrow (2004) erörtern ausgezeichnet das Problem der großen Zahlen, das Dirac keine Ruhe ließ und auch in Farmelo (2010) thematisiert wird. Sacharows wissenschaftliches Interesse wird beiläufig in Lourie (2003) und in seiner eigenen Autobiographie Sacharow (1991) erwähnt. Ich würde raten, einen Blick in seine gesammelten wissenschaftlichen Aufsätze in Sakharov (1982) zu werfen, um einen Eindruck von seiner prägnanten Ausdrucksweise zu bekommen. Zur Geschichte der Theorie Milgroms und Bekensteins ist es wohl am besten, eine Studie von Bekenstein zu lesen; Bekenstein (2007) ist zwar recht spezifisch, vermittelt dem Leser aber einen Eindruck, um was es dabei geht. Peebles (2004) ist eine diplomatische Studie zu der Frage, warum ein Blick über die allgemeine Relativität hinaus möglicherweise sinnvoll wäre; eine für Laien etwas angenehmere Darstellung bietet Ferreira (2010).

1 P. Dirac, im Interview im kanadischen Rundfunk, 1979.
2 Brans (2008).
3 A. Sacharow über J. Seldowitsch in Sakharov (1988).
4 J. Seldowitsch über A. Sacharow, unter: http://www.joshuarubenstein.com/ KGB/KGB.html.
5 J. Seldowitsch über A. Sacharow in Sunyaev (2005).
6 Sacharow (1991).
7 Peebles (2000).
8 J. Bekenstein, private Unterredung, 2011.

9 Ebenda.
10 N. Turok, private Unterredung, 2005.
11 J. Peebles in Smeenk (2002).
12 J. Bekenstein, private Unterredung, 2011.
13 Ebenda.
14 Nähere Einzelheiten zu seiner Theorie in Bekenstein (2004).

Es wird etwas geschehen

Wer sich für das Multiversum interessiert, dem seien seine beiden vehementesten Fürsprecher, nämlich Susskind (2006) und Greene (2012), empfohlen, zur Mäßigung dient dann Ellis (2011b), der entgegengesetzter Meinung ist. Wenn Sie die Ergebnisse der großen Experimente verfolgen wollen, schauen Sie sich doch die zugehörigen Websites an:

http://www.skatelescope.org/
http://www.eventhorizontelescope.org/
http://www.ligo.caltech.edu/

Dort finden sich eine Fülle interessanter Fakten über das, was sich derzeit tatsächlich an der vordersten Front der beobachtenden Forschung zur allgemeinen Relativität abspielt.

1 Die beiden Standardwerke, die ich im Folgenden beschreibe, sind: Misner, Thorne und Wheeler (1973) und Weinberg (1972).
2 Eine Beschreibung des Teleskops ist zu finden unter http://www.eventhorizontelescope. org/.
3 «Black Hole Confirmed in Milky Way», unter: http://news.bbc.co.uk/2/hi/science/ nature/7774287.stm.
4 «Evidence Points to Black Hole», in: *The New York Times*, 6. September 2001.
5 M. Capellari wird nach dem größten bislang entdeckten Schwarzen Loch gefragt unter http://www.bbc.co.uk/news/science-environment-16034045.
6 Ein unterhaltsames Beispiel für eine Antwort gegen Schwarze Löcher im LHC ist zu finden unter http://www.lhcdefense.org/press.php.
7 Jocelyn Bell Burnell, private Unterredung, 2011.
8 Ellis (2011b).
9 Ellis (2011a).
10 E. Witten in Battersby (2005).

Bibliographie

Bücher

Barrow, J., *Das 1×1 des Universums. Neue Erkenntnisse über die Naturkonstanten* (2004).

Barrow, J., P. Davies und C. Harper Jr., *Science and Ultimate Reality: Quantum Theory, Cosmology and Complexity* (2004).

Barrow, J., und F. Tipler, *The Anthropic Cosmological Principle* (1988).

Baum, R., und W. Sheehan, *In Search of the Planet Vulcan: The Ghost in Newton's Clockwork Universe* (1997).

Berendzen, R., R. Hart und D. Seeley, *Man Discovers the Galaxies* (1976).

Berger, A., *The Big Bang and Georges Lemaitre* (1984).

Bernstein, J., *Oppenheimer: Portrait of an Enigma* (2004).

Bernstein, J., und G. Feinberg, *Cosmological Constants: Papers in Modern Cosmology* (1986).

Bird, K., und M. J. Sherwin, *J. Robert Oppenheimer. Die Biographie* (2009).

Bodanis, D., *Bis Einstein kam. Die abenteuerliche Suche nach dem Geheimnis der Welt* (2001).

Bodanis, D., *Das Universum des Lichts. Von Edisons Traum bis zur Quantenstrahlung* (2005).

Bondi, H., *Cosmology* (1960).

Boslough, J., *Jenseits des Ereignishorizonts. Stephen Hawkings Universum* (1985).

Bührke, T., *Sternstunden der Menschheit* (2001).

Bührke, T., und R. Vengenmayr (Hg.), *Geheimnisvoller Kosmos: Astrophysik und Kosmologie im 21. Jahrhundert* (2009).

Burbidge, G., und M. Burbidge, *Quasi-Stellar Objects* (1967).

Chandrasekhar, S., *Eddington: The Most Distinguished Astrophysicist of His Time* (1983).

Christensen, S. (Hg.), *Quantum Theory of Gravity: Essays in Honor of the 60th Birthday of Bryce S. DeWitt* (1984).

Close, F., *The Infinity Puzzle* (2011).

Collins, H., *Gravity's Shadow: The Search for Gravitational Waves* (2004).

Cook, N., *The Hunt for Zero Point* (2001).

Cornwell, J., *Forschen für den Führer. Deutsche Naturwissenschaftler und der Zweite Weltkrieg* (2004).

Danielson, D., *The Book of the Cosmos: Imagining the Universe From Heraclitus to Hawking* (2000).

Davies, P., und J. Brown (Hg.), *Superstrings* (1988).

DeWitt, C., und B. DeWitt (Hg.), *Relativity Groups and Topology* (1964).

DeWitt, C., und B. DeWitt (Hg.), *Black Holes* (1973).

DeWitt, C., und D. Rickles, *The Role of Gravitation in Physics: Report from the 1957 Chapel Hill Conference* (2011).

DeWitt-Morette, C., *Gravitational Radiation and Gravitational Collapse* (1974).

DeWitt-Morette, C., *The Pursuit of Quantum Gravity: Memoirs of Bryce DeWitt From 1946 to 2004* (2011).

Dickens, C., *A Detective Police Party* (2011).

Doxiadis, A., und Ch. Papadimitriou, *Logicomix. Eine epische Suche nach Wahrheit* (2008).

Durham, F., und R. Purrington, *Frame of the Universe: A History of Physical Cosmology* (1983).

Eddington, A., *Relativitätstheorie in mathematischer Behandlung* (1925).

Eddington, A., *Das Weltbild der Physik und ein Versuch seiner philosophischen Deutung* (1939).

Eddington, A., *Fundamental Theory* (1953).

Eddington, A., *The Internal Constitution of the Stars* (1959).

Ehlers, J., J. Perry und M. Walker, *9th Texas Symposium on Relativistic Astrophysics* (1980).

Einstein, A., *Über die spezielle und die allgemeine Relativitätstheorie* (2009).

Einstein, A., *The Collected Papers of Albert Einstein*, Vol. 1–13 (2012).

Eisenstaedt, J., *The Curious History of Relativity: How Einstein's Theory of Gravity Was Lost and Found Again* (2006).

Eisenstaedt, J., und A. Kox (Hg.), *Studies in the History of General Relativity*, Vol. 3 (1992).

Ellis, G., A. Lanza und J. Miller, *The Renaissance of General Relativity and Cosmology* (1993).

Farmelo, G., *The Strangest Man: The Life of Paul Dirac* (2010).

Ferguson, K., *Stephen Hawking: His Life and Work* (2012).

Ferreira, P., *The State of the Universe: A Primer in Modern Cosmology* (2007).

Feynman, R., F. Morinigo und W. Wagner, *Lectures on Gravitation* (1999).

Feynman, R., *Sie belieben wohl zu scherzen, Mr. Feynman! Abenteuer eines neugierigen Physikers* (2008).

Flückinger, M., Einstein in Bern. Das Ringen um ein neues Weltbild (1974).

Fölsing, A., *Albert Einstein. Eine Biographie* (1993).

Gamow, G., *My World Line: An Informal Autobiography* (1970).

Gorobets, B., *The Landau Circle: The Life of a Genius* (2008).

Graham, L., *Science in Russia and in the Soviet Union: A Short History* (1993).

Greene, B., *Das elegante Universum. Superstrings, verborgene Dimensionen und die Suche nach der Weltformel* (2000).

Greene, B., *Die verborgene Wirklichkeit. Paralleluniversen und die Gesetze des Kosmos* (2012).

Gregory, J., *Fred Hoyle's Universe* (2005).

Gribbin, J., und M. Gribbin, *How Far Is Up: The Men Who Measured the Universe* (2003).

Harrison, B., K. Thorne, M. Wakano und J. Wheeler, *Gravitation Theory and Gravitational Collapse* (1965).

Harvey, A., *On Einstein's Path: Essays in Honor of Engelbert Schucking* (1992).

Hasinger, G., *Das Schicksal des Universums: eine Reise vom Anfang zum Ende* (2009).

Hawking, S., *Eine kurze Geschichte der Zeit. Die Suche nach der Urkraft des Universums* (1988).

Hawking, S., und W. Israel (Hg.), *General Relativity: An Einstein Centenary Survey* (1979).

Hawking, S., und W. Israel (Hg.), *Three Hundred Years of Gravitation* (1989).

Hawking, S., und L. Mlodinow, *Der große Entwurf. Eine neue Erklärung des Universums* (2010).

Hoyle, F., *The Nature of the Universe* (1950).

Hoyle, F., *Frontiers of Astronomy* (1955).

Hoyle, F., *Home Is Where the Wind Blows: Chapters From a Cosmologist's Life* (1994).

Hoyle, F., G. Burbidge und J. Narlikar, *A Different Approach to Cosmology: From a Static Universe Through the Big Bang Towards Reality* (2000).

Isaacson, W., *Einstein: His Life and Universe* (2008).

Isham, C., R. Penrose und D. Sciama (Hg.), *Quantum Gravity: An Oxford Symposium* (1975).

Jassen, M., John D. Norton u. a., *The Genesis of General Relativity* (2007).

John, L., *Cosmology Now*, BBC (1973).

Kaiser, D., «Making Theory: Producing Physics and Physicists in Postwar America», unveröffentlichte PhD Thesis (2000).

Kennefick, D., *Traveling at the Speed of Thought: Einstein and the Quest for Gravitational Waves* (2007).

Kilmister, C., *Eddington's Search for a Fundamental Theory: A Key to the Universe* (1994).

Kolb, E., M. Turner, K. Olive und D. Seckel, *Inner Space/Outer Space* (1986).

Kragh, H., *Dirac: A Scientific Biography* (1990).

Kragh, H., *Cosmology and Controversy: The Historical Development of Two Theories of the Universe* (1996).

Krauss, L., *Quantum Man: Richard Feynman's Life in Science* (2012).

Kumar, M., *«Quanten». Einstein, Bohr und die große Debatte über das Wesen der Wirklichkeit* (2009).

Lambert, D., *Un atome d'univers: La vie et l'œuvre de Georges Lemaître* (1999).

Lang, K., und O. Gingrich, *A Source Book in Astronomy and Astrophysics, 1900–1975* (1979).

Lemonick, M., *The Light at the Edge of the Universe* (1995).

Lenin, W. I., *Materialismus und Empiriokritizismus: kritische Bemerkungen über eine reaktionäre Philosophie* (1947).

Levin, J., *A Madman Dreams of Turing Machines* (2010).

Lichnerowicz, A., A. Mercier und M. Kervaire, *Cinquantenaire de la théorie de la relativité* (1956).

Lightman, A., und R. Brawer, *Origins: The Lives and Worlds of Modern Cosmologists* (1990).

Lourie, R., *Sacharow. Eine Biographie* (2003).

Maalampi, J., *Die Weltlinie. Albert Einstein und die moderne Welt* (2008).

Marx, Karl, *Das Kapital* (1867).

Melia, F., *Cracking the Einstein Code: Relativity and the Birth of Black Hole Physics* (2009).

Michelmore, P., *Einstein. Genie des Jahrhunderts* (1968).

Miller, A. L., *Der Krieg der Astronomen. Wie die Schwarzen Löcher das Licht der Welt erblickten* (2006).

Miller, A. L., *137. C. G. Jung, Wolfgang Pauli und die Suche nach der kosmischen Zahl* (2011).

Minton, S., *Fred Hoyle: A Life in Science* (2011).

Misner, C., K. Thorne und J. Wheeler, *Gravitation* (1973).

Monk, R., *Inside the Centre: The Life of J. Robert Oppenheimer* (2012).

Munns, D., *A Single Sky: How an International Community Forged the Science of Radio Astronomy* (2012).

North, J., *The Measure of the Universe: A History of Modern Cosmology* (1965).

Novikov, I., *River of Time* (2001).

Nussbaumer, H., und L. Bieri, *Discovering the Expanding Universe* (2009).

Ostriker, J., *Selected Works of Yakov Borisovich Zeldovich* (1993).

Overbye, D., *Lonely Hearts of the Cosmos* (1991).

Pais, A., *«Raffiniert ist der Herrgott …» Albert Einstein, eine wissenschaftliche Biographie* (1986).

Pais, A., und R. Crease, *J. Oppenheimer: A Life* (2006).

Panek, R., *Das 4 %-Universum. Dunkle Energie, dunkle Materie und die Geburt einer neuen Physik* (2011).

Peat, F. D., *Superstrings, kosmische Fäden. Die Suche nach der Theorie, die alles erklärt* (1989).

Peebles, P., *Physical Cosmology* (1971).

Peebles, P., L. Page und B. Partridge, *Finding the Big Bang* (2009).

Proust, M., *Auf der Suche nach der verlorenen Zeit. Band 5: Die Gefangene* (2000).

Regis, E., *Einstein, Gödel & Co. Genialität und Exzentrik. Die Princeton Geschichte* (1989). Reid, C., *Hilbert* (1970).

Ripota, P., *Mythen der Wissenschaft 1: Die Relativitätstheorien: Einsteins einmalige Einsichten* (2011).

Robinson, I., A. Schild und E. Schucking, *Quasi-stellar Sources and Gravitational Collapse* (1965).

Rovelli, C., *Quantum Gravity* (2010).

Sakharov, A., *Collected Scientific Works* (1982).

Sacharow, A., *Mein Leben* (1991).

Sacharow, A. D., *Leben und Werk eines Physikers in einer Retrospektive seiner Kollegen und Freunde in der Akademie der Wissenschaften* (1991).

Schilpp, P. A., *Albert Einstein als Philosoph und Naturforscher* (1947).

Schrödinger, E., *Die Struktur der Raum-Zeit* (1960).

Schweber, S., *QED and the Men Who Made It* (1994).

Schweber, S., *Einstein and Oppenheimer: The Meaning of Genius* (2008).

Seelig, C., *Helle Zeit – Dunkle Zeit* (1956).

Silk, Joseph, *Der Urknall. Die Geburt des Universums* (1990).

Smolin, L., *Three Roads to Quantum Gravity* (2000).

Smolin, L., *Die Zukunft der Physik. Probleme der Stringtheorie und wie es weitergeht* (2009).

Smoot, G., und K. Davidson, *Das Echo der Zeit. Auf den Spuren der Entstehung des Universums* (1995).

Sommerfeld, A., *Atombau und Spektrallinien* (1919).

Stachel, J. (Hg.), *Einsteins Annus mirabilis. Fünf Schriften, die die Welt der Physik revolutionierten* (2001).

Stalin, J., *Probleme des Leninismus* (1929).

Stanley, M., *Practical Mystic* (2007).

Stöckli, A., und R. Müller, *Fritz Zwicky, Astrophysiker. Genie mit Ecken und Kanten* (2008).

Sunyaev, R. (Hg.), *Zeldovich: Reminiscences* (2005).

Susskind, L., *The Cosmic Landscape: String Theory and the Illusion of Intelligent Design* (2006).

Susskind, L., *Der Krieg um das Schwarze Loch. Wie ich mit Stephen Hawking um die Rettung der Quantenmechanik rang* (2010).

Thorne, Kip, *Gekrümmter Raum und verbogene Zeit. Einsteins Vermächtnis* (1994).

Tropp, E., V. Frenkel und A. Chernin, *Alexander A. Friedmann: The Man Who Made the Universe Expand* (1993).

Turok, N. (Hg.), *Critical Dialogues in Cosmology* (1997).

Vucinich, A., *Einstein and Soviet Ideology* (2001).

Wazek, M., *Einsteins Gegner* (2010).

Weinberg, S., *Gravitation and Cosmology* (1972).

Weinberg, S., *Lake Views: This World and the Universe* (2009).

Wheeler, J., *Geometrodynamics* (1962).

Wheeler, J., *At Home in the Universe* (1994).

Wheeler, J., und K. Ford, *Geons, Black Holes, and Quantum Foam: A Life in Physics* (1998).

Woit, P., *Not Even Wrong: The Failure of String Theory and the Continuing Challenge to Unify the Laws of Physics* (2007).

Yau, S.-T., und S. Nadis, *The Shape of Inner Space: String Theory and the Geometry of the Universe's Hidden Dimensions* (2010).

Yourgrau, P., *Gödel, Einstein und die Folgen. Vermächtnis einer ungewöhnlichen Freundschaft* (2005).

Zel'dovich, Y., und I. Novikov, *Relativistic Astrophysics: Stars and Relativity* (1971).

Aufsätze

Ashtekar, A., und R. Geroch, *Rep. Prog. Phys.*, 37, 122 (1974).

Bahcall, N., et al., *Science*, 284, 1481 (1999).
Barbour, J., *Nature*, 249, 328 (1974).
Barreira, M., M. Carfora und C. Rovelli, http://arxiv.org/abs/gr-qc/9603064 (1996).
Bartusiak, M., *Discovery*, August, 62 (1989).
Battersby, S., *New Scientist*, April, 30 (2005).
Bekenstein, J., *Phys. Rev. D*, 7, 2333 (1973).
–, *Phys. Rev. D*, 11, 2072 (1975).
–, *Sci. Am.*, August, 58 (2003).
–, http://arxiv.org/abs/astro-ph/0403694 (2004).
–, http://arxiv.org/abs/astro-ph/0701848 (2007).
Bekenstein, J., und A. Meisels, *Phys. Rev. D*, 18, 4378 (1978).
–, *Phys. Rev. D*, 22, 1313 (1980).
Bekenstein, J., und M. Milgrom, *Astroph. Jour.*, 286, 7 (1984).
Belinsky, V., I. Khalatnikov und E. Lifshitz, *Advances in Physics*, 19, 525 (1970).
Bell Burnell, J., *Ann. New York Ac. Sci.*, 302, 665 (1977).
–, *Astron. & Geoph.*, 47, 1.7 (2004).
Blandford, R., und M. Rees, *Mon. Not. Roy. Ast. Soc.*, 169, 395 (1974).
Blumenthal, G., A. Dekel und J. Primack, *Astroph. Jour.*, 326, 539 (1988).
Bohr, N., und J. Wheeler, *Phys. Rev.*, 56, 426 (1939).
Bondi, H., und T. Gold, *Mon. Not. Roy. Ast. Soc.*, 108, 252 (1948).
Born, M., *Nature*, 164, 637 (1949).
Bowden, M., *Atlantic Monthly*, July (2012).
Brans, C., http://arxiv.org/abs/gr-qc/0506063 (2005).
–, *AIP Conf. Proc.*, 1083, 34 (2008).

Calder, L., und O. Lahav, *Astron. & Geoph.*, 49, 1.13 (2008).
Candelas, P., et al., *Nuc. Phys. B*, 258, 46 (1985).
Carroll, S., W. Press und E. Turner, *Ann. Rev. Astron. Astroph.*, 30, 499 (1992).
Carter, B., *Phys. Rev.*, 141, 1242 (1966).
–, *Phys. Rev.*, 174, 1559 (1968).
–, http://arxiv.org/abs/gr-qc/0604064 (2006).
Centrella, J., et al., *Rev. Mod. Phys.*, 82, 3069 (2010).
Chandrasekhar, S., *Astroph. Journ.*, 74, 81 (1931a).
–, *Mon. Not. Roy. Ast. Soc.*, 91, 456 (1931b).
–, *The Observatory*, 57, 373 (1934).
–, *The Observatory*, 58, 33 (1935a).

–, *Mon. Not. Roy. Ast. Soc.,* 95, 207 (1935b).

–, *Mon. Not. Roy. Ast. Soc.,* 95, 226 (1935c).

Chandrasekhar, S., und C. Miller, *Mon. Not. Roy. Ast. Soc.,* 95, 673 (1935).

Chandrasekhar, S., und J. Wright, *Proc. Nat. Ac. Sci.,* 47, 341 (1961).

Chiu, H., *Physics Today,* May, 21 (1964).

Choptuik, M., *Astron. Soc. Pac.,* 123, 305 (1997).

Coles, P., http://arxiv.org/abs/astro-ph/0102462 (2001).

Crease, R., *Physics World,* January, 19 (2010).

Davis, M., et al., *Astroph. Jour.,* 292, 371 (1985).

–, *Nature,* 356, 489 (1992).

de Bernardis, P., et al., *Nature,* 404, 955 (2000).

de Sitter, W., *Proc. Roy. Neth. Ac. Art. Sci.,* 20, 229 (1918).

–, *The Observatory,* 53, 37 (1930).

DeVorkin, D., interview with V. Rubin for AIP, http://www.aip.org/history/ohi-list/5920_1.html (1984).

DeWitt, B., *Phys. Rev.,* 160, 1113 (1967a).

–, *Phys. Rev.,* 162, 1195 (1967b).

–, *Phys. Rev.,* 162, 1239 (1967c).

–, *Gen. Rel. Grav.,* 41, 413 (2009).

Dicke, R., et al., *Astroph. Jour.,* 142, 414 (1965).

Dirac, P., *Nature,* 168, 906 (1958a).

–, *Proc. Roy. Soc. Lon. A,* 246, 333 (1958b).

–, *Proc. Roy. Soc. A.,* 338, 439 (1974).

Doroshkevich, A., R. Sunyaev und Y. Zel'dovich, *IAU Symp.,* 63, 213 (1974).

Doroshkevich, A., Y. Zel'dovich und I. Novikov, *Sov. Ast.,* 11, 233 (1967).

Douglas, D., *Jour. Roy. Ast. Soc. Can.,* 61, 77 (1967).

Duff, M., *Phys. Rev. D,* 7, 2317 (1971).

–, *New Scientist,* January, 96 (1977).

–, http://arxiv.org/abs/hep-th/9308075 (1993).

–, *Sci. Am.,* February, 64 (1998).

–, http://arxiv.org/abs/1112.0788 (2011).

Dyson, F., A. Eddington und C. Davison, *Phil. Trans. Roy. Soc. Lon.,* A 220, 291 (1920).

Earman, J., und C. Glymour, *Arch. Hist. Exac. Sci.,* 19, 291 (1978).

Eddington, A., *The Observatory,* 36, 62 (1913).

–, *The Observatory,* 38, 93 (1915).

–, *The Observatory,* 39, 270 (1916).

–, *The Observatory,* 40, 93 (1917).

–, *The Observatory,* 42, 119 (1919a).

–, *Nature,* 114, 372 (1919b).

–, *Proc. Roy. Soc. Lon. A*, 102, 268 (1922).

–, *Mon. Not. Roy. Ast. Soc.*, 90, 668 (1930).

–, *Nature*, 127, 447 (1931).

–, *Mon. Not. Roy. Ast. Soc.*, 95, 194 (1935a).

–, *The Observatory*, 58, 33 (1935b).

–, *Mon. Not. Roy. Ast. Soc.*, 96, 20 (1935c).

–, *Proc. Roy. Soc. Lon. A*, 162, 55 (1937).

–, *Proc. Phys.*, 54, 491 (1942).

–, *The Observatory*, 37, 5 (1943).

–, *Mon. Not. Roy. Ast. Soc.*, 104, 20 (1944).

Eddington, A., und K. Schwarzschild, *Mon. Not. Roy. Ast. Soc.*, 77, 314 (1917).

Efstathiou, G., W. Sutherland und S. Maddox, *Nature*, 348, 705 (1990).

Einstein, A., *Ann. Phys.*, 17, 891 (1905a).

–, *Ann. Phys.*, 18, 639 (1905b).

–, *Ann. Phys.*, 19, 289 (1906a).

–, *Ann. Phys.*, 19, 371 (1906b).

–, *Jahr. Rad. Elek.*, 4, 411 (1907).

–, *Ann. Phys.*, 35, 989 (1911).

–, *Sitzungsberichte der Preussischen Akad. d. Wiss.*, 315 (1915).

–, *Sitzungsberichte der Preussischen Akad. d. Wiss.*, 142 (1917).

–, *Zeitschrift für Physik*, 11, 326 (1922).

–, *Zeitschrift für Physik*, 16, 228 (1923).

–, *Philosophy of Science*, 1, 163 (1934).

–, *Ann. Math.*, 40, 992 (1939).

–, *Physics Today*, August, 45 (1982).

Einstein, A., und M. Grossman, *Zeitschrift für Physik*, 62, 225 (1913).

Ellis, G., http://www.st-edmunds.cam.ac.uk/faraday/cis/Ellis (2007).

–, *Nature*, 469, 294 (2011a).

–, *Sci. Am.*, August, 38 (2011b).

Esposito, G., http://arxiv.org/abs/1108.3269v1 (2011).

Faber, S., und J. Gallagher, *Ann. Rev. Astron. Astroph. I,*, 17, 135 (1979).

Ferreira, P., *New Scientist*, 12 October (2010).

Fock, V., *Voprosy Philosophii*, 1, 168 (1953).

Fowler, R., *Mon. Not. Roy. Ast. Soc.*, 87, 114 (1926).

Friedan, D., http://arxiv.org/abs/hep-th/0204131 (2002).

Friedmann, A., *Zeitschrift für Physik*, 10, 377 (1922).

Gamow, G., *Nature*, 162, 680 (1948).

Garwin, R., *Physics Today*, 27, 9 (1974).

Giacconi, R., et al., *Phys. Rev. Lett.*, 9, 439 (1962).

Gibbs, G., *Sci. Am.*, April, 89 (2002).

Giddings, S., http://arxiv.org/abs/1105.6359v1 (2011a).

–, http://arxiv.org/abs/1108.2015v2 (2011b).

Glanz, J., *Science,* 279, 651 (1998).

Gödel, K., *Rev. Mod. Phys.,* 21, 447 (1949).

Goenner, H., *Liv. Rev. Rel.,* 7 (2004).

Gorelik, G., *Sci. Am.,* August, 72 (1997).

Green, M., und J. Schwarz, *Phys. Lett. B,* 149, 117 (1984).

Greenstein, J., *Ann. Rev. Astron. Astroph.,* 22, 1 (1984).

Gross, D., *Nuc. Phys. B.,* 236, 349 (1984).

Guth, A., *Phys. Rev. D,* 23, 347 (1981).

Guzzo, L., et al., http://arxiv.org/abs/0802.1944 (2008).

Hamber, H., http://arxiv.org/abs/0704.2895v3 (2007).

Hanany, S., *Astroph. Jour. Lett.,* 545, 5 (2000).

Hanbury-Brown, R., *IAU Supp.,* 9, 471B (1959).

Hannam, M., *Class. Quant. Grav.,* 26, 114 001 (2009).

Harvey, A., und E. Schucking, *Am. Journ. Phys.,* 68, 723 (1999).

Harwitt, M., interview with P. J. E. Peebles for AIP, http://www.aip.org/history/ohilist/4814.html (1984).

Hawking, S., *Phys. Rev. Lett.,* 17, 444 (1966).

–, *Comm. Math. Phys.,* 25, 152 (1971a).

–, *Phys. Rev. Lett.,* 26, 1344 (1971b).

–, *Nature,* 248, 30 (1974).

–, *Comm. Math. Phys.,* 43, 199 (1975).

–, *Phys. Rev. D,* 13, 13 (1976a).

–, *Phys. Rev. D,* 14, 2460 (1976b).

–, *Nuc. Phys. B,* 144, 349 (1978).

–, *Comm. Math. Phys.,* 87, 395 (1982).

Hawking, S., und G. Ellis, *Astroph. Jour.,* 152, 25 (1968).

Hawking, S., und R. Penrose, *Proc. Roy. Soc. Lon. A,* 314, 529 (1970).

Hegyi, D., ed., 6th Texas Symposium on Relativistic Astrophysics, *Ann. New York Ac. Sci.,* 224 (1973).

Hetherington, N., *Nature,* 316, 16 (1986).

Hewish, A., S. Bell, J. Pilkington, P. Scott und R. Collins, *Nature,* 217, 709 (1968).

Hoyle, F., *Mon. Not. Roy. Ast. Soc.,* 108, 372 (1948).

Hoyle, F., und G. Burbidge, *Astroph. Jour.,* 144, 534 (1966).

Hoyle, F., und J. Narlikar, *Proc. Roy. Soc. Lon. A,* 273, 1 (1963).

Hoyt, W., Biographical Memoirs, *Nat. Ac. Sci.* 52, 411 (1980).

Hubble, E., *Astr. Jour.,* 64, 321 (1926).

–, *Astr. Jour.,* 69, 103 (1929a).

–, *Proc. Nat. Ac. Sci.,* 15, 168 (1929b).

Hughes, S., http://arxiv.org/abs/hep-ph/0511217 (2005).

Humason, M., *Proc. Nat. Ac. Sci.*, 15, 167 (1929).
Huterer, D., und M. Turner, http://arxiv.org/abs/astro-ph/9808133 (1998).

Ioffe, B., http://arxiv.org/abs/hep-ph/0204295 (2002).
Isham, C., http://arxiv.org/abs/gr-qc/9210011 (1992).
Israel, W., *Phys. Rev.*, 164, 1776 (1967).

Jacobson, T., http://arxiv.org/abs/gr-qc/9908031 (1999).
Jacobson, T. und L. Smolin, *Nuc. Phys. B*, 299, 295 (1988).
Jansky, K., *Proc. IRE*, 21, 1387 (1933).
Janssen, M., University of Minnesota Colloquium at https://sites.google.com/a/umn.edu/micheljanssen/home/talks (2006).
Jennison, R., und M. Das Gupta, *Nature*, 172, 996 (1953).

Kennefick, D., *Physics Today*, September, 43 (2005).
Kerr, R., *Phys. Rev. Lett.*, 11, 237 (1963).
Kragh, H., *Centaurus*, 32, 114 (1987).
Kragh, H., und R. Smith, *Hist. Sci.*, 41, 141 (2003).
Krasnov, K., http://arxiv.org/abs/gr-qc/9710006 (1997).

Landau, L., *Physikalische Zeitschrift der Sowjetunion*, 1, 258 (1932).
–, *Nature*, 364, 333 (1938).
Lemaître, G., *Ann. de la Soc. Sci. de Brux.*, A47, 49 (1927).
–, *Nature*, 127, 706 (1931).
–, *Proc. Nat. Ac. Sci.*, 20, 12 (1934).
–, *Ricerche Astronomiche*, 5, 475 (1958).
Lenard, P., Nobel lecture, http://www.nobelprize.org/nobel_prizes/physics/laureates/1905 (1906).
Le Verrier, U., *Ann. De l'Obs. Imp. Paris*, IV (1858).
Lifshitz, E., und I. Khalatnikov, *Soviet Physics* – JETP, 12, 108 and 558 (1961).
Lightman, A., interview with G. de Vaucouleurs for AIP, http://www.aip.org/history/ohilist/33930.html (1988a).
–, interview with P. J. E. Peebles for AIP, http://www.aip.org/history/ohilist/33957.html (1988b).
Linde, A., *Phys. Lett. B*, 108, 389 (1982).
Lundmark, K., *Mon. Not. Roy. Ast. Soc.*, 84, 747 (1924).
Lynden-Bell, D., *Nature*, 223, 690 (1969).
Lynden-Bell, D., und M. Rees, *Mon. Not. Roy. Ast. Soc.*, 152, 461 (1971).

Maksimov, A., *Red Fleet*, 14 June (1952).
Mathur, S., http://arxiv.org/abs/gr-qc/0502050 (2005).
–, http://arxiv.org/abs/0909.1038v2 (2009).

Milgrom, M., *Astroph. Jour.*, 270, 365 (1983).

Mills, B., und O. Slee, *Aust. Jour. Phys.*, 10, 162 (1956).

Misner, C., *Rev. Mod. Phys.*, 29, 497 (1957).

–, *Astrophys. Space Sci. Lib.*, 367, 9 (2010).

Mooallem, J., *Harper's Magazine,* October, 84 (2007).

Mota, E., P. Crawford und A. Simoes, *Brit. Journ. Hist. Sci.*, 42, 245 (2008).

Neyman, J., und E. Scott, *Astroph. Jour.*, 116, 144 (1952).

–, *Astroph. Jour. Supp.*, 1, 269 (1954).

Norton, J., in *Reflections on Spacetime,* Kluwer Academic Publishing (1992).

–, *Stud. Hist. Phil. Mod. Phys.*, 31, 135 (2000).

Novikov, I., *Soviet Ast.*, 11, 541 (1967).

Nussbaumer, H., und L. Bieri, http://arxiv.org/abs/1107.2281 (2011).

Oppenheimer, J. R., und R. Serber, *Phys. Rev.*, 54, 540 (1938).

Oppenheimer, J. R., und H. Snyder, *Phys. Rev.*, 56, 455 (1939).

Oppenheimer, J. R., und G. Volkoff, *Phys. Rev.*, 55, 375 (1939).

Osterbrock, D., R. Brashear und J. Gwinn, *Ast. Soc. Pac.*, 10, 1 (1990).

Ostriker, J., und P. Steinhardt, *Nature,* 377, 600 (1995).

Overbye, D., *New York Times,* November 11, 2003.

Peacock, J., http://arxiv.org/abs/0809.4573 (2008).

Peat, D., und P. Buckley, interview with P. Dirac, http://www.fdavidpeat.com/interviews/dirac.htm (1972).

Peebles, P., *Astroph. Jour.*, 142, 1317 (1965).

–, *Astroph. Jour.*, 146, 542 (1966a).

–, *Phys. Rev. Lett.*, 16, 410 (1966b).

–, *Astroph. Jour.*, 147, 859 (1967).

–, *Nature,* 220, 237 (1968).

–, *Astroph. Jour.*, 158, 103 (1969).

–, *IAU Symp.*, 58, 55 (1974).

–, *Astroph. Jour. Lett.*, 263, 1 (1982).

–, *Astroph. Jour.*, 284, 439 (1984).

–, *Nature,* 327, 210 (1987a).

–, *Astroph. Jour. Lett.*, 315, 73 (1987b).

–, http://arxiv.org/abs/astro-ph/0011252v1 (2000).

–, http://arxiv.org/abs/astro-ph/0410284v1 (2004).

Peebles, P., und J. Yu, *Astroph. Jour.*, 162, 815 (1970).

Penrose, R., *Phys. Rev. Lett.*, 14, 57 (1965).

–, *Nature,* 229, 185 (1971).

Penzia, A., und R. Wilson, *Astroph. Jour.*, 142, 419 (1965).

Perlmutter, S., et al., *Astroph. Jour.*, 517, 565 (1999).

Pretorius, F., *Phys. Rev. Lett.,* 95, 121101 (2005).
–, http://arxiv.org/abs/0710.1338 (2007).
Pringle, J., M. Rees und A. Pacholczyk, *Astron. & Astroph.,* 29, 179 (1973).

Reber, G., *Astroph. Jour.,* 91, 621 (1940).
–, *Astroph. Jour.,* 100, 279 (1944).
Rees, M., *Mon. Not. Roy. Ast. Soc.,* 135, 145 (1967).
–, *IAU Symposium,* 64, 194 (1974).
–, *The Observatory,* 98, 210 (1978).
Rees, M., und D. Sciama, *Nature,* 207, 738 (1965a).
–, *Nature,* 208, 371 (1965b).
–, *Nature,* 211, 468 (1966).
Reiss, A., et al., *Astroph. Jour.,* 16, 1009 (1998).
Robertson, H., *Proc. Nat. Ac. Sci.,* 93, 527 (1949).
Rovelli, C., http://arxiv.org/abs/gr-qc/9603063 (1996).
–, http://arxiv.org/abs/1012.4707v2 (2010).
Rovelli, C., und L. Smolin, *Phys. Rev. D,* 61, 1155 (1988).
–, *Nuc. Phys. B,* 331, 80 (1990).
–, *Phys. Rev. D,* 52, 5743 (1995).
Rubin, V., *Proc. Nat. Ac. Sci.,* 40, 541 (1954).
–, *Astroph. Jour.,* 159, 379 (1970).
–, *Physics Today,* December, 8 (2006).
Ruffini, R., und J. Wheeler, *Physics Today,* January, 30 (1971).
Ryle, M., *The Observatory,* 75, 13 (1955).
Ryle, M., und J. Bailey, *Nature,* 217, 907 (1968).
Ryle, M., und R. Clarke, *Mon. Not. Roy. Ast. Soc.,* 172, 349 (1961).
Ryle, M., F. Smith und B. Elsmore, *Mon. Not. Roy. Ast. Soc.,* 110, 508 (1950).

Sachs, R., und A. Wolfe, *Astroph. Jour.,* 147, 73 (1967).
Sakharov, A., *Nature,* 331, 671 (1988).
Salpeter, E., *Astroph. Jour.,* 140, 796 (1964).
Schucking, E., *Physics Today,* August, 46 (1989).
–, http://arxiv.org/abs/0903.3768 (2009).
Sciama, D., *Nature,* 224, 1263 (1969).
Sciama, D., G. Field und M. Rees, *Phys. Rev. Lett.,* 23, 1514 (1969).
Sciama, D., und M. Rees, *Nature,* 211, 1283 (1966).
Shapiro, B., interview with M. Humason for AIP, www.aip.org/history/ohilist/4686.html (1965).
Shields, G., *Pub. Ast. Soc. Pac.,* 111, 661 (1999).
Silk, J., *Astroph. Jour.,* 151, 459 (1968).
Slipher, V., *Lowell Observatory Bulletin,* 58 (1913).
–, *Lowell Observatory Bulletin,* 62 (1914).

–,   *Proc. Amer. Phil. Soc.,* 56, 403 (1917).

Smeenk, C., interview with P. J. E. Peebles for AIP, http://www.aip.org/history/ohilist/25507_1.html (2002).

Smolin, L., *Nuc. Phys. B,* 160, 253 (1979).

Smoot, G., et al., *Astroph. Jour. Lett.,* 396, 1 (1992).

Stelle, K., http://arxiv.org/abs/hep-th/0503110v1 (2005).

–,   *Nature Physics,* 3, 448 (2007).

–,   *Fortschr. Phys.,* 57, 446 (2009).

Stoner, E., *Philosophical Magazine,* 7, 63 (1929).

Straumann, N., http://arxiv.org/abs/gr-qc/0208027 (2002).

Strominger, A., *Nuc. Phys. B,* 192, 119 (2009).

Strominger, A., und C. Vafa, *Phys. Lett. B,* 379, 99 (1996).

Susskind, L., http://arxiv.org/abs/hep-th/9309145v2 (1993).

Susskind, L., und L. Thorlacius, http://arxiv.org/abs/hep-th/9308100v1 (1993).

Susskind, L., L. Thorlacius und J. Uglum, http://arxiv.org/abs/hep-th/9306069v1 (1993).

't Hooft, G., *Nuc. Phys. B,* 256, 727 (1985).

–,   *Nuc. Phys. B,* 335, 138 (1990).

–,   http://arxiv.org/abs/gr-qc/9310026v2 (1993).

–,   http://arxiv.org/abs/hep-th/0003004v2 (2000).

Thorne, K., *LIGO Report,* P-000024–00-D (2001).

Tolman, R., *Phys. Rev. D,* 55, 364 (1939).

Trimble, V., *Beam Line,* 28, 21 (1998).

Tyson, A., und R. Giffard, *Ann. Rev. Astron. Astroph.,* 16, 521 (1978).

Unzicker, A., http://arxiv.org/abs/0708.3518 (2008).

van den Bergh, S., http://arxiv.org/abs/astro-ph/9904251 (1991).

Vittorio, N., und J. Silk, *Astroph. Jour.,* 297, L1 (1985).

Wang, L., et al., *Astroph. Jour.,* 530, 17 (2000).

Wazak, M., *New Scientist,* November, 27 (2010).

Weart, S., interview with S. Chandrasekhar for AIP, http://www.aip.org/history/ohilist/4551_3.html (1977).

–,   interview with T. Gold for AIP, http://www.aip.org/history/ohilist/4627.html (1978).

Weber, J., *Phys. Rev. Lett.,* 22, 1320 (1969).

–,   *Phys. Rev. Lett.,* 24, 276 (1970a).

–,   *Phys. Rev. Lett.,* 25, 180 (1970b).

–,   *Nature,* 240, 28 (1972).

Weber, J., und J. Wheeler, *Rev. Mod. Phys.,* 29, 509 (1957).

Weinberg, S., *Phys. Rev.,* 138, 988 (1965).
–,   *Phys. Rev. Lett.,* 59, 2607 (1987).
Weyl, H., *Zeitschrift für Physik,* 24, 230 (1923).
Wheeler, J., *Phys. Rev.,* 97, 511 (1955).
–,   *Phys. Rev.,* 2, 604 (1957).
–,   *Ann. Rev. Astron. Astroph.,* 4, 393 (1966).
White, S., et al., *Nature,* 330, 451 (1987).
Wick, G., *Physics Today,* February, 1237 (1970).
Williamson, R., *Jour. Roy. Astron. Soc. Can.,* 45, 185 (1951).
Witten, E., *Physics Today,* April, 24 (1996a).
–,   *Nature,* 383, 215 (1996b).
–,   *Notices of the* AMS, 45, 1124 (1998).
Woodard, R., http://arxiv.org/abs/0907.4238 (2009).
Wright, P., interview with M. Schmidt for AIP, http://www.aip.org/history/ohi-list/4861.html (1975).

Zel'dovich, Y., *Soviet Physics – Doklady,* 9, 195 (1964).
–,   *Soviet Physics Uspekhi,* 11, 381 (1968).
–,   *JETP Letters,* 14, 180 (1971).
–,   *Mon. Not. Roy. Ast. Soc.,* 160, 7 (1972).
Zel'dovich, Y., und O. Guseinov, *Astroph, Jour.,* 144, 840 (1965).
Zel'dovich, Y., und A. Starobinsky, *Soviet Physics –* JETP, 34, 1159 (1972).

Register